U0711551

全国中医药行业高等教育"十三五"创新教材
医学实验技术、医学美容相关专业创新系列教材

美容化妆品学

（供医学实验技术、医学美容相关专业用）

主 编　谷建梅　孟 宏

中国中医药出版社
·北 京·

图书在版编目（CIP）数据

美容化妆品学/谷建梅，孟宏主编 . —北京：中国中医药出版社，2020.9（2025.2 重印）

全国中医药行业高等教育"十三五"创新教材

ISBN 978-7-5132-6417-4

Ⅰ.①美… Ⅱ.①谷… ②孟… Ⅲ.①美容用化妆品-中医学院-教材

Ⅳ.①TQ658.5

中国版本图书馆 CIP 数据核字（2020）第 175579 号

中国中医药出版社出版

北京经济技术开发区科创十三街 31 号院二区 8 号楼

邮政编码　100176

传真　010-64405750

河北联合印务有限公司印刷

各地新华书店经销

开本 787×1092　1/16　印张 15.75　字数 350 千字

2020 年 9 月第 1 版　2025 年 2 月第 4 次印刷

书号　ISBN 978-7-5132-6417-4

定价　62.00 元

网址　www.cptcm.com

服 务 热 线　010-64405510

购 书 热 线　010-89535836

维 权 打 假　010-64405753

微信服务号　zgzyycbs

微商城网址　https://kdt.im/LIdUGr

官 方 微 博　http://e.weibo.com/cptcm

天猫旗舰店网址　https://zgzyycbs.tmall.com

如有印装质量问题请与本社出版部联系（010-64405510）

全国中医药行业高等教育"十三五"创新教材
医学实验技术、医学美容相关专业创新系列教材

编委会

全国中医药行业高等教育"十三五"创新教材
医学实验技术、医学美容相关专业创新系列教材

《美容化妆品学》编委会

前　言

　　2019 年，《教育部办公厅关于实施一流本科专业建设"双万计划"的通知》（教高厅函〔2019〕18 号）提出：建设新工科、新医科、新农科、新文科示范性本科专业，引领带动高校优化专业结构、促进专业建设质量提升，推动形成高水平人才培养体系。以医学美容技术为主体培养方向的医学实验技术专业，是顺应新时期高等教育策略和人才培养要求，改革创新，培养健康服务领域、中医学、西医学、医学美容等多学科相融合的技术应用型人才的特色专业，是新医科专业建设和一流本科专业建设的形势要求和必然趋势。

　　课程是人才培养的核心要素，课程质量直接决定人才培养质量。落实课程建设，就要有适合专业人才培养的教材。教材建设是课程建设和人才培养的基础保障，是专业建设的重要环节。为推动课程建设和教材建设，中国中医药出版社有限公司倾力支持，组织编写本套医学实验技术、医学美容相关专业本科创新系列教材。

　　本套教材的编写，是一流本科专业建设、人才培养、课程建设等一系列教育教学改革的重要举措和重大创新，是发挥中医药服务健康领域、突出中医药美容优势和特色的具体体现。对推动一流本科专业建设，培养适应健康中国战略、美容新业态需求的高质量医学美容技术人才具有重要意义，将弥补医学美容相关课程教学用书的空白和不足。

　　本套教材以适应创新型、复合型、应用型人才培养需要及一流本科课程建设要求为导向，围绕专业人才培养目标，将医学技术、中医学、西医学、医学美容等多学科相融，优化创新课程内容和知识体系，体现多学科思维融合、多学科项目实践融合、多学科理论与产业技术融合、跨专业能力融合的新理念，以符合技术应用型人才知识、能力、素质的培养要求，力求科学性、创新性和实用性。

　　教材编写将继承传承、创新创造的改革理念贯穿始终。继承中医药美容、中医药摄生延衰的理论和技术方法，发扬光大中医药美容优势和特色。传承中医整体观、辨证观对美容技术应用的指导作用，吸收现代科技，创新美容理论，开发特色技术和方法，引导培养学生创新思维和创造能力，逐步形成医学美容科研意识，具备医学美容科研实验的基本能力，真正导向技术应用型医学美容人才的培育路径。

本套教材第一批编写四册，分别为：

1.《美容应用技术学》是以医学美学原理为指导，研究各种美容技术的应用原理、操作技巧和手法，维护、修复、改善人体形态美的一门学科，包括美容应用技术的地位、美容实训礼仪、面部养护技术、身体养护技术、美容化妆技术、美甲技术、文饰技术、芳香美容等。

2.《皮肤医学美容学》分上篇、下篇。上篇阐述皮肤医学美容学的基本理论；下篇阐述皮肤化妆品损害、皮肤光损害、皮肤色素异常、皮脂腺功能异常、皮肤变态反应性损害等50余种常见皮肤损美病症的美容诊治指导。除了体现医学美容技术在皮肤医学美容中的应用外，还有机融合了医学实验技术基本知识，引导学生形成医学美容科研意识和学术思维。

3.《美容保健学》是以中医学为基础，与人体体质学、营养学、心理学、睡眠医学、环境医学、音乐学、运动学、养生学及美学等多学科交叉融合的新型课程整合教材，主要阐述延缓衰老、驻颜美形、防病健体的理论、原则和技术方法，包括药物美容保健、经络美容保健、膳食美容保健、音乐美容保健、运动美容保健，以及体质调养、睡眠调养、情志调养、季节调养等。

4.《美容化妆品学》分为上篇、下篇。上篇为化妆品的基本理论知识，主要包括化妆品的基础知识、表面活性剂基本理论、化妆品的透皮吸收、化妆品原料、各类化妆品的配方组成及作用机制等内容；下篇为化妆品的制备及性能评价知识，主要包括常见剂型化妆品的制备技术、化妆品的感官评价、化妆品安全性检测与评价、化妆品理化性质检测与评价、化妆品微生物检测与评价及功效性评价与检测。

本套教材联合了全国十余所高等中医药院校医学美容教学、科研及临床一线的资深教师共同编写，同时吸纳了多所美容化妆品企业及科研院所的教研力量。校、院、企协同参与，贴近岗位实际，知识体系完整，突出技术应用能力培养，同时配备相关数字化补充资源，将很好地发挥教材在人才培养和课程建设中的基本保障作用。

全国中医药行业高等教育"十三五"创新教材
医学实验技术、医学美容相关专业创新系列教材　编委会
2020 年 8 月

编写说明

美容化妆品学是研究化妆品的相关基本理论、配方组成、制备工艺、性能检测及安全使用等知识的一门综合性学科，是医学实验技术（医学美容技术）专业的一门重要专业技能课程。

为全面振兴本科教育，提升我国高等院校本科教育的教育教学质量，教育部印发了《关于一流本科课程建设的实施意见》，并开启了一流本科专业"双万计划"的实施工作。在这种形势下，我院医学实验技术（医学美容技术）专业被评定为黑龙江省省级一流本科建设专业，在专业建设过程中，学院领导对于本专业的教材建设给予了大力支持，在与中国中医药出版社有限公司的共同努力下，于2019年11月1~3日在我院召开了全国中医药行业高等教育"十三五"创新教材暨医学实验技术、医学美容相关专业系列创新教材编写会议。本套教材的编写填补了我国医学实验技术、医学美容相关专业教材建设的空白现状。

《美容化妆品学》作为本套教材之一，编写内容分为上篇和下篇两部分。上篇为化妆品基本知识与相关理论：第1~3章，介绍化妆品的基础知识、表面活性剂基本理论、化妆品的透皮吸收及化妆品原料基本内容；第4~7章，介绍各类化妆品的配方组成及作用机制等内容，包括肤用化妆品、发用化妆品、彩妆化妆品及特殊用途化妆品。下篇为化妆品的制备及性能评价知识：第8章为常见剂型化妆品的制备技术；第9~13章，介绍化妆品的性能检测与评价知识，包括化妆品的感官评价、安全性检测与评价、理化性质检测与评价、微生物检测与评价以及功效性评价与检测。化妆品检测与评价内容主要以《化妆品安全技术规范》（2015年版）为依据。

本教材适用于医学实验技术、医学美容相关专业学生，也可作为化妆品相关专业学生、化妆品行业技术人员及化妆品爱好者的参考用书。教材编写分工如下：第一章由谷建梅编写；第二章由谷建梅、许多编写；第三章由李树全和陈慧敏编写；第四章由孟宏编写；第五、六章由员晓云编写；第七章由徐姣编写；第八章由谷建梅和高金祥编写；第九章由宋海宇编写；第十章由张宁和张金良编写；第十一章由薛慧编写；第十二章由杨克科编写；第十三章由陈巧云和张金良编写。

本教材在编写过程中得到中国中医药出版社有限公司、各参编院校领导与同仁，以及相关美容化妆品公司的大力支持和帮助，在此一并表示衷心的感谢！

化妆品行业发展迅速，知识更新速度较快，如在使用过程中发现有不完善或不妥之处，恳请各院校同仁以及广大读者不吝指正，以便再版时修订提高。

《美容化妆品学》编委会

2020 年 3 月

目　录

下篇 化妆品制备技术与性能评价

第八章 常见剂型化妆品的制备技术 …………………… 147

当时古埃及人在宗教仪式上利用熏香来供奉神灵，用动植物混合油脂涂抹皮肤。

约从公元前 5 世纪的古埃及时代开始，埃及人利用蜂蜜、牛奶和植物粉末制成浆，用动物、植物油脂和蜂蜡制成护肤霜，用指甲花、烤焙过的五倍子和铁片制作染发剂。至公元前 1500 年，古埃及妇女用孔雀石、铜绿研磨成粉化妆眼部，用锑、煤灰粉描画眼圈，用散沫花的红色妆饰指甲。公元前 4 世纪，古希腊文明更为突出，有"医学之父"之称的希波克拉底使医学从巫术、迷信和宗教中解脱出来，提出正确饮食、运动、阳光，特别是沐浴和按摩有助于良好的健康和美貌。

约在公元 200 年，古希腊名医盖伦制备出冷却油膏、冷霜。当时罗马男士喜爱蒸汽浴、涂油、按摩、香水，女士在家美容。除家庭美容外，香水商店也销售药膏、液体和粉末化妆品，理发店为男士提供剪发、剃须、按摩、脱毛、造型、指甲抛光等服务。公元 5 世纪 30 年代，印度已使用膏霜、油、美容化妆品及染发剂等。至公元 7 世纪，印度人用朱砂和其他着色剂与蜡混合涂面，用杏仁浆代替肥皂清洁身体，在宗教和社交场合使用香水。

13～16 世纪文艺复兴时期，法国人 Henri de Mondicin 首先建议将化妆品从医药中分离出来，化妆品和香料在此时期获得很大发展。当时，法国人将头发浸入苏打水（碳酸氢钠溶液）或明矾（十二水硫酸铝钾）溶液中，然后在日光下晒干，来达到漂白头发的目的。在英国，面部美容粉由铅白组成，有时混入纯汞和研细的菖蒲根。胭脂由红色赭石、朱砂等组成。

17 世纪，化妆品仍然处于医生的监管之下，人们认为真正的美丽源于健康的身体，忽略使用外部化妆品手段的价值。化学在这一时期开始被认为是一门科学的分支。蒸馏方法的改进使精油知识有所发展，染料、油脂、肥皂和其他物料工艺过程也被用于化妆品。17 世纪末，在法国已建立了兴旺的植物香料工业，调香师被承认为独立职业。

19 世纪初，在英国、美国，除了在舞台上，女士平时使用胭脂、面扑粉和唇膏都被视为不道德。而在法国提倡发展化妆品制造，所以法国女士早在英裔美国人上流社会接受美容化妆品之前很久就使用美容化妆品，到第一次世界大战后，英裔美国人歧视化妆品的观念开始转变。

20 世纪，化妆品的重要发展主要体现为以下几个方面。

1. 美发产品

伦敦 Charle Nessler 于 1905 年发明热烫发法，通过硼砂溶液使头发软化，然后用热铁棒（后来用电加热）使头发成型，这种烫发方法费时且麻烦，至 20 世纪 30 年代，冷烫发法使得烫发剂取得了突破性的进步，该法只需 10 分钟就能将直发卷曲，而且冷烫后的效果优于热烫法。同时，染发产品在这一时期也取得了较大的进展。第二次世界大战前，染发的目的主要是掩盖白发、灰发，战后染发产业不断发展，有经一次洗涤就可洗掉的暂时染发剂，还有可耐约 6 次洗涤的半暂时性染发剂，能产生天然色调的氧化型合成染料使染发剂工业进一步发展，这类氧化型染发剂不褪色，效果至少保持 1 个月直至发根处重新长出白发。染发剂的色调也多种多样，染发颜色随潮流而变化。

2. 防晒品

1928 年，第一个防晒产品在美国销售，防晒成分是肉桂酸苄酯和水杨酸苄酯。在第二次世界大战期间，发现了更为有效的化学和物理防晒剂，自 19 世纪起，随着人们对紫外线引起皮肤癌和皮肤老化的认识加深，迅速推动了防晒产品的发展。

3. 彩妆

将唇膏和指甲油的色调与流行潮流相匹配，色调范围由原来的浅调、中等调、深色调扩展到符合每年潮流的多种多样色调。

此外，自 20 世纪 20 年代后，一些著名的化妆品企业陆续出现，极大地推动了化妆品行业的迅速发展。

（二） 我国化妆品的起源与发展

中国作为历史悠久的文明古国，化妆品起源于殷商时期。"纣烧铅作粉涂面美容"的记载，说明铅粉在商朝时期已经作为化妆品开始使用。铅粉是最早的人造颜料之一，但由于铅粉容易硫化变黑，使得米粉作为化妆用粉在当时更为常用，米粉是以米粒研碎后加入香料而制成。此时期还有一种水银作的"水银腻"，这些白粉涂在肌肤上，使肌肤洁白柔嫩，当时有"白妆"之称。在殷商末期，胭脂的出现使得当时女性的面部已经有了"色彩"，如《中华古今注》记载："燕脂起自纣，以红蓝花汁凝作之，调脂饰女面，产于燕地，故名燕脂。"商周时期，化妆以宫廷内部多见，直到东周春秋战国之际，化妆才在平民女性中逐渐流行。

秦汉时期，面脂已经成为化妆品的一种剂型，当时中医美容学理念既重视美容化妆，更重视内服调治，重在药物美容，辅以食疗。

北魏贾思勰《齐民要术》中载有燕脂法、合面脂法、做紫粉法、做米粉法等多种化妆品的加工配制方法。到了南宋，"杭粉"久负脂粉品牌的盛名，杭州已成为化妆品生产的重要基地。清道光九年（1830 年），由谢宏业创建的"扬州谢馥春号"是我国最早的化妆品生产基地之一，生产宫粉、水粉、胭脂、桂花油等。清同治元年（1862年），孔传鸿创建"杭州孔凤春香粉号"生产鹅蛋粉、水粉、扑粉、雪花粉等。

进入 20 世纪后，我国化妆品工业有了长足的发展。1905 年，"广生行"在香港建立，这是我国率先从作坊生产发展到采用机械化生产的化妆品工厂，随后又陆续在上海、广州、营口等地建厂，生产"双妹牌"雪花膏，以及如意油、如意膏等产品。1911 年，中国化学工业社（即上海牙膏厂前身）在上海建立；1913 年，中华化妆品厂也在上海建立；1941 年，上海明星花露水厂在上海成立。我国的化妆品工业逐渐形成了一定的规模。

中华人民共和国成立后，各地相继建起了一些化妆品厂，由于当时化妆品仍被视作一种奢侈品，所以化妆品工业发展十分缓慢，市售化妆品主要是一些基本护肤品，如雪花膏、香脂、蛤蜊油、洗头膏、花露水等。

改革开放后，随着人民生活水平不断提高，化妆品从奢侈品逐步转变为人们日常生活必需品。国外很多著名化妆品公司在上海、广州、北京等城市建立合资化妆品企业。

国内化妆品厂也如雨后春笋般在我国沿海城市建立，仅从 1985 年到 1996 年十余年间，中国化妆品工业总产值就增长了 20 余倍，并每年仍以较快的速度持续增长，中国化妆品产业孕育着无限的生机。然而，随着诸多国际化妆品著名公司进入中国化妆品市场，仅仅几年时间，便逐渐占据了中国化妆品中高端市场的绝大部分份额，尚处于初级阶段的中国化妆品行业遇到了强劲的国际市场的挑战。

二、我国化妆品产业发展现状与未来

随着科技发展及人民生活水平的提高，我国化妆品产业得到了快速发展，下面从我国化妆品市场、化妆品行业、化妆品原料、化妆品产品及新型科技运用几方面对我国化妆品产业发展的现状与未来做一简要介绍。

（一）化妆品市场与化妆品企业发展迅猛

从我国化妆品市场发展来看，体现为以下几方面特点：①我国化妆品消费市场体量不断扩大，根据相关数据可知，我国化妆品市场的整体消费规模已位列全球第三，但人均化妆品的消费规模却远不及其他国家或地区。②高端化妆品正受到越来越多消费者的青睐。③虽然护肤品销售额仍居首位，但增速已远不及彩妆迅猛。④传统销售渠道（如商超、百货等）增速放缓，新兴销售渠道（如电商、微商等）增速较快。⑤化妆品销售区域进一步向三线、四线城市下沉，据不完全统计，我国三线城市以下市场销售额增长远超一线、二线城市，且市场的占比不断攀升。

在我国经济持续稳定向好的大背景下，我国化妆品行业企业数量规模呈现稳定性增长，截至 2018 年 3 月 18 日，我国化妆品生产企业共计 4341 家，主要集中在我国东南沿海地区，以广东省、浙江省、江苏省和上海市为主要聚集区，其次是与东南沿海相邻的沿海地区（山东、福建、天津、辽宁）和内陆地区（河南、湖北、北京），而其他地区的化妆品生产企业数量则较少，普遍在 50 家企业以内。总体来说，我国化妆品生产企业的布局特点呈现东南沿海集中，向中西部逐渐减少的趋势。

近年来，随着市场竞争的日益激烈，"专业线"的化妆品企业纷纷进军"日化线"，同时"日化线"的化妆品企业也开始涉足专业线，"日化线"与"专业线"两线合并的"两栖企业"不断涌现，改变了以往两线互不相干的局面。专销于美容院的专业线产品素以服务制胜，而在商场柜台销售的日化线产品则侧重于品牌推广，这种多元化渠道运作模式必然会推动化妆品营销水平的进一步升华。

由于化妆品行业巨大的利润空间及广阔的市场前景，使得一些知名制药企业纷纷涉足化妆品行业。由于制药企业的专业背景，使其十分有利于进入"日化线"，特别是功能性化妆品领域，但如何适应化妆品行业的营销特性，是一个摆在药企面前紧迫而又重要的课题。同时，本来以经营药品为主业的药店，纷纷开始向药妆品要利润，但目前来讲，能为药店带来利润的药妆品基本以知名的国际品牌为主，本土品牌的药妆品大多还不尽人意。

（二） 化妆品原料力求天然、安全、环保

化妆品原料作为化妆品行业的源头，追求天然、安全、环保一直是其不变的主题。化妆品根据来源不同，可分为天然原料与合成原料两类：①天然原料：天然动植物提取物因其使用安全的优势，越来越受到消费者的青睐。利用现代化妆品配方技术，将天然动植物提取物添加到化妆品中，在确保化妆品安全性的同时，能够赋予化妆品产品特定的功能，尤其是将中草药应用于化妆品，符合当今世界化妆品的发展潮流，对我国化妆品产业的发展将起到积极的推动作用。目前已经有许多不同功用的天然动植物提取物被用于化妆品中，如海藻提取物、植物水解蛋白、天然透明质酸、芦荟提取物、槐米提取物、苦丁茶提取物、蜂蜜提取物等。②合成原料：天然原料提取物虽然具有良好的使用安全性和环境友好性，但也存在一些应用局限，因此现今化妆品配方原料用量较大的还是化学合成原料，但这类原料在合成过程中力求安全、环保。近年来，一些表面活性剂是以天然产物为原料，采用清洁化工艺生产而得，对环境与人体均十分安全且性能理想，如烷基多苷、葡糖酰胺、醇醚羧酸盐等。此外，许多化学工作者将天然原料进行合理改性，改性后的原料既保持其原有的优势，又克服了自身的不足。

（三） 品种细分化、赋予功能化、趋向生物化

现代化妆品必须突出功能性和个性化，才能在激烈的市场竞争中领先取胜。为此，化妆品品种需进一步细分化，针对不同年龄、不同性别、不同使用时间、不同肤质，以及适应体育运动和旅游业的化妆品应运而生。同时，随着人们对皮肤保健意识的逐渐增强，人们对化妆品的性能提出了更高的要求，除了要求产品使用必须安全且具有美容、护肤等基本作用外，还应具有营养皮肤、延缓衰老、防治某些皮肤病等多种功效。美白、防晒、抗衰老化妆品将一直是消费者及化妆品生产企业所关注和研究的热点。

另外，生物技术的发展极大推进了化妆品科学的发展。人类可以利用仿生的方法，设计和制造一些生物技术制剂，发挥抗衰老、美白、防晒及促进皮肤组织修复等所需要的特定疗效，如透明质酸、超氧化物歧化酶及聚氨基葡萄糖等生物制品已在化妆品中得到了日益广泛的应用。

（四） 新型科技对行业产生重大影响

高科技手段为化妆品品质的全面提升提供了多种可能，如脂质体技术、微胶囊技术、纳米技术、微乳技术等逐步应用到化妆品中，随着这些技术的不断完善，化妆品的品质也会实现全面的提升。此外，细胞及基因调控技术、3D 皮肤模型评价技术等基础研究新技术已经逐渐应用到化妆品行业中，将可能成为化妆品技术的发展趋势。大数据、互联网技术、人工智能、3D 打印及虚拟现实等技术已经开始改变一部分消费者的购物习惯，终将对化妆品行业供应链的模式、行业的销售渠道及品牌营销等产生巨大影响。

第二节　化妆品的基本知识

一、化妆品的定义

在希腊语中，化妆的含义是指"装饰的技巧"，若按照词义解释，化妆品即是为"修饰"和"妆扮"而使用的制品。目前，虽然国际上对化妆品尚无统一定义，但各国对化妆品的定义大同小异。

美国食品和药品管理局对化妆品的定义为：化妆品是指用涂抹、散布、喷雾或其他方法用于人体的物品，能起到清洁、美化、促使有魅力或改变外观的作用。

日本《药事法》对化妆品的定义：为了达到清洁、美化身体、增加魅力、改变容颜、保护皮肤和头发健康，以涂敷、撒布或其他类似方法在身体上使用为目的，对人体作用缓和的制品。

我国《化妆品卫生监督条例》中将化妆品定义为：化妆品是指以涂擦、喷洒或其他类似的方法，散布于人体表面任何部位（皮肤、毛发、指甲、口唇等），以达到清洁、消除不良气味、护肤、美容和修饰目的的日用化学工业产品。此定义分别从化妆品的使用方式、施用部位及化妆品使用目的三方面对化妆品进行了较为全面的概括。

二、化妆品的分类

化妆品品种繁多，形态交错，很难科学、系统地对其进行划界分类。目前，我国对化妆品尚无统一的分类方法，其他国家的分类方法也不尽相同，不同的分类方法有其各自不同的优缺点。下面介绍几种常用的分类方法。

（一）按国家法规分类

依据《化妆品卫生监督条例》，我国将化妆品分为以下两大类：特殊用途化妆品和非特殊用途化妆品（普通化妆品）。其中特殊用途化妆品一共分为九类，分别是育发、染发、烫发、脱毛、美乳、健美、除臭、祛斑及防晒化妆品，国家对这九类特殊用途化妆品的监管很严格，必须经国务院卫生部门批准，取得批准文号后方可生产上市。目前，美白化妆品被列为特殊用途化妆品的范畴，审批要求与祛斑化妆品相同。

（二）按化妆品的功用分类

化妆品按其功用不同可分为五类：①清洁类化妆品：如洗面奶、沐浴露、洗发香波、洗手液等。②护理类化妆品：如化妆水、护肤霜、面膜、发乳、焗油膏等。③营养类化妆品：如营养面霜、营养面膜等。④美容类化妆品：如粉底霜、唇膏、胭脂、眼影、指甲油、烫发剂、染发剂等。⑤特殊功能化妆品：此类化妆品是指具有特定功能的一类化妆品，除了我国《化妆品卫生监督条例》中规定的九种特殊用途化妆品外，抗痤疮类、延缓皮肤衰老类、去除红血丝类等化妆品也可概括在此类产品中。

（三）　按化妆品的使用部位分类

根据使用部位的不同，可将化妆品分为肤用化妆品、发用化妆品、唇眼用化妆品、指甲用化妆品及口腔用化妆品五类。

（四）　按化妆品的剂型分类

根据剂型或外观形态的不同，可将化妆品分为乳剂类化妆品、油剂类化妆品、水剂类化妆品、粉状化妆品、块状化妆品、凝胶类化妆品、膏状化妆品、气雾剂化妆品、笔状化妆品、锭状化妆品等。

（五）　按国家标准分类

按照我国国家标准 GB/T18670-2017，按功能不同，化妆品可分为清洁类化妆品、护理类化妆品及美容/修饰类化妆品三大类，具体简介如下。

1. 清洁类化妆品

清洁类化妆品按使用部位不同又分为以下四类：①皮肤类：主要有洗面奶、卸妆油、面膜、浴液、洗手液、洁肤啫喱、洁面粉等。②毛发类：主要有洗发液、洗发膏、洗发露、剃须膏等。③指（趾）甲类：如洗甲液。④口唇类：如唇部卸妆液。

2. 护理类化妆品

护理类化妆品按使用部位不同又分为以下四类：①皮肤类：主要有护肤膏霜、乳液、啫喱、面膜、化妆水、花露水、痱子粉、爽身粉、润肤油、按摩油等。②毛发类：主要有护发素、发乳、发油/发蜡、焗油膏、发膜、睫毛基底液、护发喷雾等。③指（趾）甲类：主要有护甲水、指甲硬化剂、指甲护理油等。④口唇类：主要有润唇膏、润唇啫喱、护唇液（油）。

3. 美容/修饰类化妆品

美容/修饰类化妆品按使用部位不同又分为以下四类：①皮肤类：主要有粉饼、粉棒、香粉、胭脂、眼影、眼线笔、眉笔、香水、古龙水、粉底霜等。②毛发类：主要有定型摩丝、发胶、啫喱、染发剂、烫发剂、睫毛膏、生发剂、脱毛剂等。③指（趾）甲类：如指甲油。④口唇类：主要有唇膏、唇彩、唇线笔、唇油、唇釉、染唇液。

三、化妆品的质量特性

化妆品是人类日常生活使用的一类消费品，除满足有关化妆品法规的要求外，还必须满足以下基本特性。

（一）　高度的安全性

化妆品是与人体直接接触的日常生活用品，使用群体广泛，使用周期长久，长时间地停留在皮肤、毛发、口唇等部位。因此，防止化妆品对人体产生损害，保证化妆品长期使用的安全性是极为重要的。高度的安全性是化妆品的首要特性。

为保证化妆品的安全性，防止化妆品对人体近期和远期所产生的危害，我国制定了相关法规，对化妆品生产企业进行规范性监管，如《化妆品安全性评价程序和方法》中规定了在我国生产和销售的一切化妆品原料和化妆品产品的安全性评价方法和程序；《化妆品安全技术规范》（2015年版）中详细列出了化妆品中的禁用组分、限用组分，以及准用的防腐剂、防晒剂、着色剂、染发剂的清单和具体内容等。这些法规的出台为化妆品的安全性提供了有力的保障。

（二） 相对的稳定性

化妆品应具有一定的稳定性，即在一段时间内（保质期内）的储存、使用过程中，即使在气候炎热或寒冷的环境中，化妆品也能保持其原有的性质不发生改变。

化妆品大多数属于胶体或粗分散系，尽管体系中存在乳化剂，但体系中始终存在着分散与聚集两种相互对峙的倾向，因此化妆品的稳定性只是相对的，不可能永久稳定。对一般化妆品来说，要求其在2~3年内稳定即可。

（三） 使用的舒适性

化妆品与药品不同，除要求其安全、稳定外，还需要有良好的感官效果，既要有愉悦的颜色和香气，还应使用舒适，使消费者乐于使用。但不同消费者对于化妆品的使用感觉并不完全相同，所以，产品在使用感方面只要能够满足大多数人群的需求即可。

（四） 一定的有效性

与药品不同，化妆品的使用对象是健康人，其有效性主要依赖于配方中的活性物质及配方基质的效果。每类化妆品都有其相应的作用，如清洁、保湿、防晒、美白、延缓皮肤衰老等。因此，化妆品应充分体现出与其标明的功效性相符的特征。

四、化妆品的标签标识

化妆品通用标签包括标签形式、基本原则及必须标注的内容几方面。

（一） 标签的形式

化妆品标签通常有以下几种形式：①直接印刷或黏贴在产品容器上的标签。②小包装上的标签。③小包装内放置的说明性材料。

（二） 基本原则

化妆品标识应当真实、准确、科学、合法。标注内容应简单明了、通俗易懂，不应有夸大和虚假的宣传内容，不应使用医疗用语或易与药品混淆的用语。

（三） 必须标注内容

化妆品通用标签中必须标注以下内容。

1. 化妆品名称。化妆品名称应标注在包装的主视面。化妆品名称一般由商标名、通用名和属性名三部分组成，并符合下列要求：①商标名应当符合国家有关法律、行政法规的规定。②通用名应当准确、科学，不得使用明示或者暗示医疗作用的文字，但可以使用表明主要原料、主要功效成分或产品功能的文字。③属性名应当表明产品的客观形态，不得使用抽象名称；约定俗成的产品名称，可省略其属性名。国家标准、行业标准对产品名称有规定的，应当标注标准规定的名称。

2. 生产者的名称和地址。生产者名称和地址应当是依法登记注册、能承担产品质量责任的生产者的名称、地址。对于进口化妆品，应标明原产国及地区名称、制造者名称，以及地址或经销商、进口商、在华代理商在国内依法登记注册的名称和地址。

3. 实际生产加工地。化妆品标识应当标注化妆品的实际生产加工地，应当按照行政区划分，至少标注到省级地域。

4. 日期标注。化妆品标识应当清晰地标注化妆品的生产日期和保质期或生产批号和限期使用日期。

5. 内装物量。化妆品标识应当标注净含量。液态化妆品以体积标明净含量；固态化妆品以质量标明净含量；半固态或者黏性化妆品，用质量或者体积标明净含量。

6. 成分表。化妆品标识应当标注全成分表，标注方法及要求应当符合相应的标准规定。

7. 生产企业的化妆品生产许可证号和产品执行标准号。《化妆品生产许可证》编号格式为：省、自治区、直辖市简称+妆+年份（4位阿拉伯数字）+流水号（4位阿拉伯数字），如粤妆20160752；产品执行标准有国家标准、行业标准或经备案的企业标准之分，如QB/T2660，QB/T是指轻工业行业推荐标准，若为GB是指国家标准。

8. 特殊用途化妆品须标注特殊用途化妆品卫生批准文号，如国妆特字G20150536。

9. 进口化妆品应标明进口化妆品卫生许可证批准文号或备案文号。对于进口特殊用途化妆品应有批准文号，如国妆特进字J20100005；对于进口普通化妆品应有备案文号，如国妆备进字J20124506。

10. 必要时应注明安全警告和使用指南，以及能够满足保质期和安全性要求的储存条件。

复习思考题

1. 简述化妆品的定义。
2. 化妆品有哪些质量特性？如何分类？
3. 我国特殊用途化妆品有哪几类？
4. 简述我国化妆品标签应标识的主要内容。

扫一扫，见答案

第二章　化妆品相关基础理论

第一节　表面活性剂基础理论

表面活性剂是一类非常重要、应用广泛的化妆品原料，在化妆品中具有乳化、增溶、分散、洗涤、发泡、柔软、润滑、抗静电等多方面作用。掌握、理解表面活性剂的基础理论知识对于本课程后续内容的学习具有极其重要的意义。

一、表面活性剂概述

（一）表面活性剂相关概念

1. 均相体系与非均相体系

为了便于研究，人们通常把研究对象中的物质或空间称为体系。体系中性质完全相同而与其他部分有明显分界面的均匀部分称为相。例如，空气虽然是一种混合物，但由于空气内部的组成是相同且均匀的，与空间中其他物质有明显分界面，所以认为空气是一种单相物质。又如，在一杯茶水中，茶叶和水之间有分界面，茶叶为固相，水为液相，所以茶水是含有两个相的体系。只含一个相的体系称为单相体系（或均相体系），如空气、糖水、食用油等。含有两个或两个以上相的体系称为多相体系（非均相体系），如茶水、压榨果汁、防晒霜等。

2. 分散系

分散系是混合分散体系的简称，是指一种或几种物质分散在另一种物质中所得到的体系。其中被分散的物质叫作分散相或分散质，容纳分散质的物质叫作分散介质或分散剂。如盐水、泥浆、润肤霜都属于分散系，盐水中的盐、泥浆中的泥土、润肤霜中的油脂都是分散相，而水则是分散介质。分散系可以是单相体系，如盐水，也可以是多相体系，如润肤霜、泥浆。

根据分散相粒子的大小可将分散系分为粗分散系（分散相粒径 > 100nm）、胶体（分散相粒径在 1~100nm）、分子离子分散系（分散相粒径 < 1nm），其中胶体和分子离子分散系（即溶液）的外观都是透明的液体，而粗分散系的外观则不透明。绝大多数化妆品都属于胶体或粗分散系。

3. 界面与表面

在非均相体系中相与相之间的接触面称为界面，如水油分散系中水与油的接触面。通常所说的表面是指物体与空气的接触面，实际上就是物体与空气的界面。如河面，就是河水与空气的界面。

按固相、液相和气相的组合方式，界面可分为固相-液相、固相-气相、固相-固相、液相-液相、液相-气相五种界面。但在通常情况下，两个固相之间总是充满气相或液相，所以界面通常只是指固相-液相、固相-气相、液相-液相、液相-气相四种界面。

4. 表面张力

表面张力又称界面张力，它是相表面（界面）层分子所受到的一种力。

（1）液体的表面张力　液体的表面张力实际上就是液-气界面张力。以一杯水为例，水的表面张力就是这杯水的表面层分子所受到的一种力，也就是水与空气界面层的水分子所受到的力。

在任何体系当中，物质分子之间都存在相互作用力，每一分子都会受到周围分子的吸引，并且在不同的相中，分子吸引力的大小不同。对于处在水杯内部的水分子而言，来自各方向的分子吸引力大小相等，彼此相互抵消，分子所受的合力为零。而对于处在水杯中液体表面层的水分子而言，由于是处在液体表面，也就是水与空气的界面，其受力情况与液体内部的分子不同，界面上方空气分子对它的吸引力是微不足道的，只受到液体中水分子的吸引力，因此它在上下方向上所受的合力不为零，其合力是一个指向液体内部并与液面表面垂直的作用力，这种合力把液体表面上的分子拉向液体内部，使液体表面积具有缩小的趋势。我们将单位长度上表面层分子受到的这种向内收缩的作用力，称为表面张力，单位为 $N \cdot m^{-1}$（牛顿每米）。

表面张力的大小取决于表面层分子受力的大小，在液-气界面上，液面上分子的受力主要是液体内部分子的吸引力，分子间的吸引力越大，表面张力越大。日常生活中我们见到的荷叶上的水珠、吹出的肥皂泡沫等，它们都是球形，就是因为表面层分子受到向内收缩的表面张力作用的缘故。下表列出了一些液体的表面张力（表 2-1）。

表 2-1　部分液体的表面张力

液体	温度（℃）	表面张力（$10^{-5}\ N \cdot cm^{-1}$）	液体	温度（℃）	表面张力（$10^{-5}\ N \cdot cm^{-1}$）
水	20	72.8	苯	20	28.9
水	40	69.6	蓖麻油	20	39.0
油酸	20	32.5	液状石蜡	20	33.1
乙醇	20	22.3	汞	20	485.0

（2）液-液界面张力　不仅液-气界面上有表面张力，而且任何能形成界面（固-液、固-气、液-液）的体系，在其界面上都存在表面张力，一般称为界面张力。

液-液界面张力是指两种互不相溶的液体接触时，在界面上的液体分子所受到的力。

表 2-4　表面活性剂分子中化学基的基数

化学基	基数	化学基	基数
亲水基		亲油基	
—SO₃Na	+38.7	—CH<	-0.475
—COOK	+21.1	—CH₂—	-0.475
—COONa	+19.1	—CH₃	-0.475
酯基（缩水山梨醇环）	+6.8	=CH—	-0.475
酯基（游离）	+2.4	—CF₂—	-0.870
—COOH	+2.1	—CF₃	-0.870
—OH（缩水山梨醇环）	+0.5	衍生基团	
—OH（自由）	+1.9	—（CH₂CH₂O）—	+0.33
—O—（醚基）	+1.3	—（CH₂CH₂CH₂O）—	-0.15

3）川上计算方式：川上提出，对于非离子表面活性剂，HLB 值可由下式计算求得。

$$HLB \text{ 值} = 7 + 11.7\log\left(M_{\mathrm{W}}/M_{\mathrm{O}}\right)$$

式中：M_{W}—表面活性剂分子中亲水基的相对分子量；M_{O}—亲油基的相对分子量。

（三）　表面活性剂水溶液的表面效应

1. 表面活性剂分子的定向排列

将表面活性剂溶于水中，当水溶液中表面活性剂浓度较低时，表面活性剂的两亲性使得大部分表面活性剂分子定向有序地排列在液-气两相的界面（即水溶液表面）上，亲水基团伸向水中，亲油基团伸向空气。若将表面活性剂加入互不相溶的油水两相体系中，则在油-水两相界面上，表面活性剂分子也是以有序定向方式排列，其亲水基团伸向水相，亲油基团伸入油相，从而使两相界面性质发生改变，降低了油-水两相的界面张力。

2. 胶束形成

将表面活性剂溶于水中，当水溶液中表面活性剂浓度较低时，表面活性剂分子定向有序地排列在液-气两相的界面（即水溶液表面）上，但随着表面活性剂的浓度增大，界面上渐渐被表面活性剂分子排满，形成单分子吸附层；随着单分子吸附层的形成，溶液内部表面活性剂分子的数目也在增多，由于其亲油基团的疏水性，使得它们的亲油基会相互靠拢，亲水基朝向水而分散在水中，当达到一定浓度时，表面活性剂分子立即会相互聚集成较大的球状、棒状或层状的聚集体，称为胶束。形成胶束结构的众多表面活性剂分子中，亲水基团朝外，与水相接触；亲油基团朝里被包裹在胶束内部，几乎和水脱离。

表面活性剂在溶剂中形成胶束的最低浓度称为临界胶束浓度（CMC）。CMC 是表面活性剂的一个重要指标，表面活性剂的用量总是以略高于 CMC 为好。通过实验，已经测定出大多数表面活性剂的 CMC。

（四） 表面活性剂溶解度与温度的关系

通常情况下，溶质的溶解度随温度的升高而增大，而表面活性剂的溶解度随温度的改变有所不同，其中离子型表面活性剂与非离子型表面活性剂在这方面的表现也有区别。

1. 离子型表面活性剂

离子型表面活性剂是指在水溶液中能够解离成离子的一类表面活性剂。在较低温度下，离子型表面活性剂的溶解度较低，并随着温度的升高而增大，当升高到某一温度时，其溶解度急剧增高，该温度称为克拉夫点（Krafft point）。

2. 非离子型表面活性剂

非离子型表面活性剂是指在水溶液中不能够解离成离子的一类表面活性剂。与离子型表面活性剂相反，非离子型表面活性剂的溶解度随着温度升高而降低，升高到某一温度时，溶液变为浑浊，此温度称为浊点。产生浊点现象的原因，是因为非离子型表面活性剂的亲水基团与水分子形成氢键而溶解，温度升高时导致氢键发生断裂而使其溶解度降低。

无机盐对浊点的影响较大，如具有盐析作用的阴离子 Cl^- 等能使浊点降低，而具有盐溶作用的阴离子 I^- 等能使浊点上升。

二、表面活性剂的乳化作用

由于表面活性剂分子结构的特点，使其在化妆品中具有多方面的作用，其中乳化作用是表面活性剂应用最为广泛的作用之一。发挥乳化作用的表面活性剂被称为乳化剂，而乳化剂是最为常见的乳剂类化妆品中必不可少的一类重要原料。

（一） 乳剂与乳化剂的含义

乳剂是指不相混溶的油、水两相在外力作用下，使其中一相以微小液珠分散在另一相中构成的相对稳定的分散体系，又称乳化体系。具有促进油、水分散并使分散体系相对稳定的表面活性剂称为乳化剂，乳化剂所起的作用称为乳化作用。

乳剂中以小液珠形式被分散的液体称为内相，又可称为分散相或不连续相；包围在小液滴外面的液体称为外相，又称分散介质或连续相。在乳剂中，分散相可以是水，也可以是油。如果分散相是油相，连续相则是水相，此分散系称为水包油型，表示为油/水或 O/W （"O"是英文单词"Oil"的第一个字母，"W"是英文单词"Water"的第一个字母）；反之则是油包水型，表示为水/油或 W/O。化妆品中乳剂除了 O/W 型和 W/O 型两种基本类型外，还有 W/O/W 型和 O/W/O 型或更多界面的多重乳液类型。

乳剂的外观形态与其分散相粒径大小密切相关，如下表所示（表2-5）。一般乳剂的外观多为乳白色。

表 2-5　分散相粒径大小对乳剂外观的影响

粒径大小（nm）	外观	粒径大小（nm）	外观
>1000	乳白色	100~50	乳白色半透明
1000~100	蓝白色	<50	透明

（二）　乳剂基本类型的判定方法

根据乳剂乳化性质的不同，可将乳剂分为水包油（O/W）和油包水（W/O）两种基本类型。由于油和水的不同性质，通常可采用以下方法鉴别乳剂的基本类型。

1. 稀释法

取少量乳剂样品置于洁净的容器中，向容器中滴加水，搅拌后能与水混溶的为油/水型，否则为水/油型。

2. 染色法

于乳剂样品中滴入一种红色油性染料，若整个乳剂样品呈现红色，则此乳剂样品为水/油型；若只见到分散相呈红色，则为油/水型。

此外，还有电导法、荧光法等也可鉴别乳剂的类型，在此不进行详述。

（三）　乳剂的稳定性

化妆品保质期的长短是化妆品的一项重要质量指标，所以产品的稳定性是非常重要的。对于乳剂类产品来说，由于乳剂是一种多相分散体系，属于热力学不稳定体系，因此这里所说的稳定性指的是相对稳定性。影响乳剂稳定性的因素非常复杂，迄今为止，还没有一个比较完整的乳剂稳定性理论。本节主要从乳剂的界面性质来讨论影响乳剂稳定性的一些因素。

1. 界面张力

如前所述，界面张力是多相分散体系中界面层分子受到的一种向内收缩的作用力，这种力具有使两相界面积缩小的趋势，分散体系的界面张力越高，体系越不稳定，因此降低界面张力是确保多相分散体系稳定性提高的重要因素。

乳剂是含有油、水两相物质的多相分散体系。在没有乳化剂参与的情况下，互不相溶的油、水两相物质借助搅拌等外力方式使其混合后，其中一相以球状液滴的形式分散在另一相中，使得油、水两相的界面积快速增加，体系能量增高，从而形成的是一种极不稳定的分散体系。该分散体系在静置过程中，油水两相界面张力力图缩小油、水两相的界面积，从而使得被分散的液滴在静置过程中会逐渐聚合，最终达到油、水两相界面积最小的状态，也就是油、水分层的状态。

若在油-水两相分散体系中加入表面活性剂（乳化剂），表面活性剂就会在两相的界面上发生吸附作用，表面活性剂分子定向、紧密地吸附在两相界面上，形成界面膜，降低了界面张力，避免了被分散的液滴的聚合，提高了分散体系的稳定性。

因而，界面张力的高低表明乳剂形成的难易，加入表面活性剂（乳化剂）是形成乳剂的必要条件，表面活性剂的使用浓度应超过该表面活性剂的临界胶束浓度。

2. 界面膜

在乳剂分散体系中，除了需要降低界面张力以提高乳剂的稳定性外，乳化剂分子在油-水界面上形成的界面膜的强度与紧密程度也是影响乳剂稳定性的关键因素。

界面膜的强度与紧密度主要与以下因素有关：①混合表面活性剂体系：通常情况下，使用单一表面活性剂所形成的界面膜往往致密度不高，导致界面膜的强度不高，较好的乳化剂体系一般是两种或两种以上的表面活性剂混合物，而不是单一的表面活性剂，比如脂溶性表面活性剂和水溶性表面活性剂混合体系已广泛用作乳化剂。②界面复合物的形成：研究发现，在表面活性剂形成的界面吸附膜中，若有脂肪醇、脂肪酸等脂溶性极性有机物（如十八醇、十六醇等）存在时，这种界面复合物使得界面膜的强度大为提高。因此，将脂溶性极性有机物与表面活性剂混合使用时，则能使乳剂的稳定性进一步提高。

此外，界面电荷、乳剂的黏稠度、分散相液滴的大小及分布、两相的体积比及温度等均会影响乳剂的稳定性，在此不做详述。

（四）多重乳液

多重乳液是一种 O/W 型和 W/O 型乳液共存的复合体系，可能出现的情况有两种：一种是油滴里含有一个或多个水滴，这种含有水滴的油滴被悬浮在水相中形成乳状液，这样的体系称为 $W_1/O/W_2$ 型乳液；另一种是含有油滴的水滴被悬浮在油相中形成的乳状液，称为 $O_1/W/O_2$ 型乳液。在化妆品应用领域中，主要是 $W_1/O/W_2$ 型乳状液。

1. 多重乳液的性能特点

多重乳状液具有 O/W 型和 W/O 型两种基本类型乳剂所不具备的优势，主要体现为以下几方面。

（1）兼具 O/W 型和 W/O 型两种类型乳液的优点 $W_1/O/W_2$ 型乳状液既具有 O/W 型乳液的铺展性好、不油腻、有清新使用感等优点，又兼具 W/O 型乳液的优良润肤性、高效洗净力以及光滑外观的优势，从而赋予产品更加优越的特性。

（2）控制活性物质释放，延长活性物质作用时间 由于多重乳液的多重结构，使得添加于内相的有效成分或活性物质需要通过两相界面才能释放出来，从而达到控制释放和长效的作用。

2. 多重乳液的配方组成

多重乳液体系的基本构架组成同样是油、水和乳化剂。

（1）油相原料 多重乳液中常用的油相原料主要有碳氢化合物（如矿物油）、三甘油酯（如大多数植物油）、高级脂肪醇、高级脂肪酸及聚二甲基硅氧烷等。

（2）乳化剂 在多重乳液中，一般使用两种以上表面活性剂作为乳化剂。例如，在 $W_1/O/W_2$ 体系中，第一种是亲油性的乳化剂（S_1），在内部 W_1/O 的界面上定向排列；第二种是亲水性的乳化剂（S_2），在外部 O/W_2 的界面上定向排列，乳化剂的亲油基团伸向油相中，亲水基团伸向内水相 W_1 和外水相 W_2 中。

多重乳液中的乳化剂主要是非离子型表面活性剂。对于乳化剂 S_1 来说，常选用长碳氢链的失水山梨醇酯类、全氟衍生物和聚合物表面活性剂（如鲸蜡醇二甲基硅氧烷共聚醚）；对于乳化剂 S_2，常选用乙氧基化山梨醇脂肪酸酯、高度乙氧基化脂肪酸酯等。

3. 多重乳液的稳定性

多重乳液属于热力学不稳定体系，导致其不稳定性的机理十分复杂，还没有一完整的理论来阐明其不稳定性的问题。尽管多重乳液在实际应用中很重要，潜在的应用前景很广阔，但若要制备出稳定性好、重现性高的多重乳液是较为困难的。

此外，多重乳液除了常见的 $W_1/O/W_2$ 型和 $O_1/W/O_2$ 型两种类型外，还有更为复杂的多重乳液，如全氟聚乙烯醚-油-水的三相乳液体系，含有水、全氟化油类、分散于硅油中的液晶以及水凝胶组成的五相溶液体系。

三、表面活性剂的增溶作用与微乳状液

（一）表面活性剂的增溶作用

表面活性剂在水溶液中形成胶束后，能使不溶于或微溶于水的有机物溶解度显著提高，形成热力学稳定的、均匀的透明或半透明溶液，这种作用称为增溶作用，发挥增溶作用的表面活性剂称为增溶剂，被增溶的有机物称为（被）增溶物。表面活性剂的增溶作用在化妆品领域广为应用。

表面活性剂的增溶作用与一般的乳化作用不同，乳化作用产生的乳液在热力学上是不稳定的多相体系，而增溶后产生的溶液体系属于热力学稳定体系，而且增溶作用一般可自发进行。

增溶作用与表面活性剂溶液形成的胶束有密切关系，被增溶物进入到胶束内部的不同位置或吸附在胶束的表面，而使其溶解度显著提高。被增溶物的分子结构及胶束类型不同，被增溶物在胶束中的状态及位置也不同。各类极性和非极性的有机物在胶束溶液中都可以找到适合的溶解环境而身存其中。

表面活性剂及被增溶物的结构是影响增溶作用的重要因素：①表面活性剂类型不同，其增溶能力也不相同，具有同样疏水基的不同类型表面活性剂的增溶能力如下：非离子型>阳离子型>阴离子型；表面活性剂疏水基链的长短、是否带有支链、不饱和度的不同等均会对增溶作用产生影响。②对于某一表面活性剂的增溶体系，被增溶物的分子大小、极性大小、碳氢链的长短、是否有支链、不饱和度等对体系的增溶作用均会产生较大的影响。

此外，增溶体系中的电解质、有机添加剂及温度等因素也对增溶作用产生不可忽视的影响。

（二）微乳状液

微乳状液的分散相液珠很小，是由水、油、表面活性剂和助表面活性剂所形成的分散相液滴直径为 $10 \sim 100nm$ 的透明或半透明的自发生成的热力学稳定体系，有 O/W 和

W/O 两种类型。

微乳状液除了具有乳剂的一般特性之外，还具有粒径小、透明、稳定等特殊优点，主要体现为以下几方面：①光学透明性：由于微乳状液的分散相液珠小于 $0.1\mu m$，所以产品外观为半透明或透明状。②节能高效性：微乳状液是自发形成的，具有节能高效的特点。③优良的稳定性：微乳液作为一种热力学稳定体系，与乳状液相比，其所具有的超低界面张力使其具有极好的稳定性，经离心也不能使其分层，可长期贮存。④良好的增溶性：不论是 O/W 型还是 W/O 型微乳液，均可与油或水在一定范围内混溶。微乳液可制成含油分较高的产品，且产品无油腻感。⑤易渗透性：微乳液纳米级的液珠易于渗入皮肤而被皮肤吸收，从而发挥其预期效果。

微乳液的上述特性使得微乳液化妆品近年来发展非常迅速，在化妆品的多个领域得到了很好的应用，市场前景非常广阔。

第二节　化妆品活性成分的透皮吸收

化妆品透皮吸收，又称化妆品渗透吸收，是指化妆品中的活性成分通过表皮角质层，并到达不同作用皮肤层发挥各种功能作用的过程。需要指出的是，化妆品透皮吸收不同于药物的透皮吸收，主要区别在于化妆品中的活性成分是以经皮渗透后积聚在作用皮肤层为最终目的，并不需要穿透皮肤进入体循环。

根据产品功用的不同，化妆品中的活性成分需要到达的皮肤层也不同，包括皮肤表面、表皮及真皮，并在该部位层积聚和发挥作用。例如，美白产品中的美白活性成分应渗入表皮中的基底层，作用于黑色素细胞来阻断黑色素的产生；抗衰老产品中的抗皱性活性成分应吸收至真皮层，促进成纤维细胞的分化与增殖，使皮肤富有弹性；而防晒化妆品中的防晒原料则应防止其渗透进入皮肤，需停留在皮肤表面，对照射到皮肤表面的紫外线进行屏蔽或吸收。

一、影响化妆品透皮吸收的主要因素

（一）化妆品透皮吸收的途径

化妆品透皮吸收主要有两条途径：经表皮的角质层途径和经皮肤附属器途径。

1. 经表皮的角质层途径

角质层为表皮的最外层，由多层死亡的角质化细胞组成，胞质内充满了纤维化角蛋白，它既是化妆品透皮吸收的主要屏障，同时也是化妆品透皮吸收的主要途径。

经角质层的透皮吸收途径主要有通过角质细胞膜扩散和通过角质细胞间隙扩散两条途径，由于角质细胞间隙的脂质双分子层结构的阻力较角质细胞小，所以通过角质细胞间隙扩散途径在角质层透皮吸收过程中发挥主要作用。其中非极性物质主要通过细胞间隙途径渗透吸收，而极性物质则主要依靠角质细胞通道进入皮肤。

2. 经皮肤附属器途径

皮肤附属器包括毛囊、皮脂腺和汗腺，化妆品中活性成分可通过这些附属器途径渗入皮肤，而且其穿透速度比经表皮的角质层途径快，通常被称为短路途径。但由于皮肤附属器仅占角质层面积的1%左右，故该途径不是化妆品透皮吸收的主要途径，而对于离子型及极性较强的大分子活性物质而言，由于难以通过富含类脂的角质层，可能经由这一途径进入皮肤。在离子导入过程中，皮肤附属器是离子型活性成分渗入皮肤的主要通道。

（二）影响化妆品透皮吸收的主要因素

1. 皮肤因素

皮肤部位、年龄与性别、皮肤的水合作用、皮肤温度及皮肤健康状况等因素均会对化妆品的透皮吸收产生不同的影响。

（1）皮肤部位　由于人体面部不同部位的角质层厚度及皮肤附属器数量等各不相同，因此对化妆品的透过能力也就存在差异。通常情况下，鼻翼两侧部位的吸收能力最强，上额和下颌次之，两侧面颊皮肤最差。

（2）年龄与性别　年龄及性别差异也会影响化妆品的皮肤透过性。不同年龄段皮肤的角质层含水量、血流量不同，导致皮肤对化妆品的透过性也不同。婴儿皮肤的透过性强于其他年龄段人群；而对于老年人皮肤的透过性，试验研究显示，皮肤老化对亲水性物质的透皮吸收影响较大，使其吸收性显著降低。此外，性别不同，对化妆品透皮吸收的影响也存在差异，男性皮肤往往比女性皮肤厚，所以女性皮肤对化妆品的透过性强于男性；女性在不同年龄段的角质层状态不同，而男性则没有变化。

（3）皮肤水合作用与皮肤温度　皮肤的水合作用能显著影响化妆品活性成分的透皮吸收效果，角质层的水合作用可使其含水量由正常的10%～20%增加到50%以上，从而引起角质层肿胀，细胞间隙疏松，能够促进皮肤对亲脂性物质的渗透吸收，但对亲水性物质影响不大。如蒸汽熏面、利用面膜促进角质层的水合作用均有利于亲脂性功效性成分的渗透吸收。另外，皮肤温度升高，可增加物质的弥散速度，而且使血管扩张、血流增加，对亲水性及亲脂性物质的透皮吸收均有促进作用。

（4）皮肤健康状况　皮肤病理状态或受到机械、物理、化学等损伤时，角质层屏障作用将降低或丧失，化妆品的皮肤透过性明显增加。但某些皮肤疾病，如硬皮病、牛皮癣、老年角化病等使皮肤角质层致密，可降低化妆品透过性。

2. 活性成分的理化性质

（1）油/水分配系数　角质层具有类脂质特性，非极性强，一般脂溶性物质比水溶性物质更易穿透皮肤，但组织液是极性的，因此既有一定脂溶性又有一定水溶性的物质，即具有合适的油/水分配系数的活性成分更易透皮吸收，透过速率与该物质的油/水分配系数成正比，分配系数越大，越有利于透皮吸收，直至达到最佳值，超过最佳值时，则渗透吸收作用降低。

（2）分子量和熔点　一般认为分子量小的物质利于皮肤吸收，分子量大于500的物质较难透过角质层。需要注意的是，物质的透皮吸收能力与其分子量之间并不是简单的相关性，还与其分子结构、溶解度等多方面因素有关，因此有些小分子物质可以透皮吸收，而有些则不能。

另外，化妆品功效性原料的熔点高低也是影响其透皮吸收的因素之一，一般情况下，熔点低的物质更易于透过皮肤。

3. 化妆品剂型及配方组成

（1）剂型 不同剂型的化妆品影响其活性成分的释放性能，进而影响活性成分的透皮效果。活性成分释放越快，越有利于其透皮吸收。利于透皮吸收的化妆品应是油与水混合的乳化剂型，故在皮肤护理时紧贴皮肤一层要选用乳剂类型的化妆品。各种剂型化妆品的透皮吸收速度依次为：乳剂>凝胶或溶液>悬浮液。

（2）基质 化妆品基质的种类与组成不同，会直接影响皮肤的生理状态及活性成分的释放、渗透和吸收。如油脂性强的基质，利于皮肤水合作用，透皮吸收效果较好；水溶性基质，成分释放快，但吸收差。对于基质中的油相原料，其透皮吸收程度依次为：动物油>植物油>矿物油，矿物油基本不被皮肤吸收。基质与活性成分的亲和力不同，会影响活性成分的释放，活性成分从基质中释放越容易，则越有利于其透皮吸收。另外，基质适宜的 pH 值，利于活性成分的吸收，一般调整至偏酸状态或接近皮肤 pH 值较为适宜。

（3）活性成分浓度 化妆品中活性成分浓度与皮肤吸收率在一定范围内呈正比关系。因此，基质中活性成分浓度越大，透皮吸收量越大，但浓度超过一定范围时，吸收量则不再增加。

（4）透皮吸收促进剂 适当添加透皮吸收促进剂，可提高皮肤对化妆品的透皮吸收效果。但需要注意的是，应用量小时可能效果差，而应用量大时又可能会对皮肤产生刺激性。

二、促进化妆品透皮吸收的方法

作为人体的天然屏障，角质层阻碍了化妆品活性成分的进入，而如何促进化妆品中活性成分更好地渗入皮肤，是目前化妆品研发的重点与难点。目前，促进化妆品透皮吸收的方法，主要借鉴药剂学领域的研究技术，主要包括物理方法、化学方法及其他方法。

（一）物理促渗技术

物理促渗法主要是通过热效应的散射或电荷吸引等作用干扰正常的角质层屏障，以促进化妆品中活性成分的透皮吸收，主要有离子导入技术、超声波技术及微针技术等。

1. 离子导入技术

离子导入技术是利用微量电流帮助离子型活性物质在皮肤中渗透吸收的一项技术。离子型活性物质在微量电流的作用下解离成离子后，主要从皮肤附属器途径进入皮肤。

此技术适用于在电流作用下能够解离成离子的化妆品活性成分。近年来，此项技术较多地被应用于含多肽和蛋白质类活性成分的化妆品。

2. 超声波技术

超声波是一种超出人耳听觉界限的声波。超声波促渗技术是指在特定的超声频率下，促进活性成分在皮肤中渗透吸收的一项技术。此项技术的促渗机理可能与热效应（温度升高）、力学效应（由超声诱导的辐射压）及空化效应（气泡的产生与震荡）等因素有关。与化学促渗剂相比，此技术安全性高，超声停止后皮肤屏障功能恢复更快，同时活性成分不会被电解破坏，无电刺激现象。但该技术还有很多方面需要进一步完善，如需要系统地研究皮肤对超声波的耐受性和经皮渗透性、不同活性成分导入时对超声波条件的需求等。

3. 微针

微针是一种类似注射器针头的微米级实心或空心针，具有给药意义的装置是微针阵列，即由数十至数百枚微针组成 $1 \sim 2 \ cm^2$ 的阵列排列在给药载体上。微针的长度几百微米不等，可以恰好穿过角质层而又不触及痛觉神经，在发挥促渗作用的同时不会引起疼痛和皮肤损伤。

微针的促渗机理与其他物理促渗法不同。离子导入、超声波导入等方法实施的结果都是打乱皮肤角质层脂质的有序排列，使活性物质对角质层的通透性增加；而微针则是在角质层上造成了事实上的通道，理论上讲，这种通道远比用化学促渗剂、离子导入及超声波导入等方式造成的"模糊"通道功能强大。尽管微针技术属于侵入式促渗方式，但由于其直径属于微米级（$10 \sim 50 \ \mu m$），比人的头发还细，所以仍然可认为是一种对人体无损伤的促渗方式。

近年来，微针的材料也有很大的革新，除传统的金属微针、硅材料微针、高分子材料微针外，还推出了可溶性微针。目前，常用的水溶性高分子材料主要有羧甲基纤维素（CMC）、聚乙烯吡咯烷酮（PVP）、聚乙烯醇/聚乙烯吡咯烷酮（PVA/PVP）混合材料、蚕丝蛋白、硫酸软骨素、透明质酸等。

4. 电穿孔技术

电穿孔技术是利用一种瞬时（毫秒至微秒之间）的高压（$100 \sim 1500 \ V$）脉冲使生物膜渗透性暂时增加，而又不损伤生物膜的一种技术。其促渗机制可能是在高压脉冲电场的作用下，角质层结构产生可逆的渗透性孔道，孔道的大小及维持时间与受到的电压、脉冲数和脉冲时间有关。

（二）化学促渗方法

最常用的化学促渗方法就是在化妆品基质配方中加入透皮吸收促进剂。透皮吸收促进剂也称透皮吸收促渗剂或渗透促进剂，是指能够增加化学物质透皮速度或透过量的一类物质，主要包括氮酮类、醇类、有机酸类、表面活性剂类、萜类及吡咯烷酮类等物质，有时单独应用效果较差，常联合应用。

1. 酰胺类促渗剂

酰胺类促渗剂主要有氮酮类和吡咯烷酮类。

（1）氮酮 是化妆品中较为理想的透皮促进剂，其毒性和刺激性均较小，促渗作用起效较慢，但维持时间较长，常用浓度为 1%~5%。

氮酮应用广泛，具有很强的适应性。研究显示，氮酮对水溶性物质及脂溶性物质的透皮吸收有不同的促渗效果，对大部分水溶性物质有较好的促渗作用，而对一般脂溶性物质则没有促渗作用。氮酮的促渗作用强弱与其使用浓度密切相关，多数研究者认为，氮酮的最佳促渗浓度为 2%~3%。氮酮单独使用时往往效果不太理想，故常与其他促渗剂联合使用。

（2）吡咯烷酮类 与氮酮相似，吡咯烷酮类促渗剂具有毒性小、用量低的特点，促渗作用强，对亲水性和亲脂性物质均有一定的促渗作用，作为促渗剂时，一般单独使用较多。该类促渗剂主要品种有 N-甲基-2-吡咯烷酮、1-丁基-3-十二烷基-2-吡咯烷酮、1-月桂酰-2-吡咯烷酮等。

2. 醇类促渗剂

醇类促渗剂在化妆品中既可作为溶剂，又可促进其他物质的透皮吸收，主要有丙二醇、乙氧基二甘醇等。

（1）丙二醇 是化学促渗剂中较为温和的一种，单独使用即可达到较好的作用，与其他促渗剂联合使用可起到协同作用，达到更好的促渗效果。例如，丙二醇与氮酮、丙二醇与油酸的联合使用。

（2）乙氧基二甘醇 又称乙氧基二乙二醇、卡必醇。作为溶剂，很多脂溶性和水溶性物质在乙氧基二甘醇中的溶解度远远高于丙二醇、丁二醇等。选用乙氧基二甘醇作为化妆品透皮吸收促进剂时，既可促进活性成分的透皮吸收，也可增加活性成分的溶解性。乙氧基二甘醇与丙二醇、氮酮等联用，可进一步提高促渗效果。

3. 表面活性剂

表面活性剂作为透皮吸收促渗剂，主要包括阴离子型、阳离子型和非离子型表面活性剂，品种有吐温-80、司盘-60、泊洛沙姆、卵磷脂等。

4. 脂肪酸及其衍生物

脂肪酸作为透皮吸收促渗剂，应用较多的主要是碳原子数为 18 的不饱和长链脂肪酸及碳原子数在 10~12 的饱和长链脂肪酸及其酯类衍生物，主要有油酸、亚麻酸、癸酸、月桂酸等有机酸及其酯类。当碳原子数相同时，不饱和的脂肪酸比饱和脂肪酸有更好的促渗效果。

5. 挥发油类

很多中药中的挥发性成分被证实具有透皮吸收促进剂作用，如薄荷醇、柠檬精油、桉叶油醇、松节油、松节醇、丁香油等。对于许多活性物质而言，挥发油的促渗效果不亚于经典的促渗剂氮酮，并且相对安全。但目前有关挥发油的透皮促渗研究甚少，挥发油作为透皮吸收促渗剂的实际应用也很少，这些有待于进一步研究与推广。

6. 生物促渗剂

生物促渗剂主要是一类肽类物质，如穿胞肽和致孔肽。

（1）穿胞肽　是一类具有细胞穿透功能的多肽，氨基酸数目不超过 30 个，通常带正电。穿胞肽可以携带大分子物质进入细胞，既可以促进活性物质的渗透，又可以促进活性物质的跨膜转运，同时具有生物相容性好、运载效率高、毒性低等优点，对于亲水性物质、大分子物质的透皮促渗作用优势明显。

（2）致孔肽　是一种线性肽，广泛存在于自然界中。致孔肽可以诱导脂质膜的渗透，在膜的表面自组装形成孔，使得小分子物质从膜内流出。作为一种生物透皮吸收促渗剂，致孔肽毒性低、生物相容性好，具有独到的优势和发展潜力。

（三）其他促渗技术

1. 脂质体　脂质体是一种由磷脂等类脂组成、能将活性成分封闭其中的具有双分子层结构的封闭空心小球。作为活性物质的载体，脂质体既可携载脂溶性物质，又可携载水溶性物质。脂质体的类脂双分子层结构使其易于透过角质层，将其携带的活性物质带入皮肤内部，增加化妆品活性物质的透皮吸收。

（1）脂质体在化妆品中的作用　脂质体在化妆品中主要具有以下几方面作用。

1）融合作用：脂质体的双分子膜结构与细胞膜结构相似，同时磷脂又是人体细胞膜的主要成分。所含磷脂能够轻度地键合到角质层的角蛋白上，使皮肤有一种舒畅的自然感觉；未与角蛋白键合的磷脂可能进入皮肤深层，被细胞膜所吸收，使细胞膜流态化，增加膜的流动性和渗透性，对皮肤粗糙度的改善具有明显效果。

2）穿透作用：脂质体的特殊结构使其能够直接穿透皮肤角质层，而且能达到皮肤深层。

3）保湿作用：脂质体能够增加角质层水合作用，使角质层细胞间结构改变，活性物质通过扩散等作用进入细胞间质。

4）长效作用：脂质体作为化妆品活性物质的载体，被包裹的活性物质不可能在很短的时间内全部释放出来，而是在穿过皮肤表层而渗透至皮肤深处的过程中，在表皮、真皮内沉积而形成"储存库"，缓缓地释放出来，在皮肤细胞内外直接、持久地发挥各种作用，同时又可降低由于活性物质释放过快而可能产生的一些副反应。

5）保护活性组分作用：脂质体对其所包裹的活性物质具有保护作用。

（2）脂质体在化妆品中的应用　目前，脂质体的制备已在国内外许多化妆品原料公司实现了工业化生产，生产出包覆各种活性物质的脂质体，如超氧化物歧化酶（SOD）脂质体、维生素 E 脂质体、透明质酸脂质体、精油脂质体、胡萝卜素脂质体、光甘草定脂质体等。这些脂质体能否在化妆品中合理使用，不但要考虑到脂质体在配方中的稳定性，还要注意脂质体的添加方法及添加脂质体的化妆品的安全性。

2. 微胶囊

微胶囊是指用成膜物质将固体、液体或气体物质包覆起来而形成的微小胶囊物，简称微囊。微胶囊技术近年来在化妆品行业中已得到广泛的应用。

（1）微胶囊在化妆品中的作用　微胶囊具有许多独特的性质和功能，在化妆品中的作用主要表现为以下几方面：①隔离活性物质：一方面微胶囊使被包覆的活性物质免受环境中温度、湿度、紫外线等因素的影响，从而保持其活性不被破坏；另一方面能阻止被包覆的活性物质与化妆品配方中的其他组分发生化学反应。②改变物质的形态特征：将液态或气态物质微胶囊化后，可得到微细如粉的微胶囊，在外形及使用上具有固体特征，还可掩盖被包裹物质的颜色及不良气味等。③控制活性物质的释放：在微胶囊囊壳不受损的情况下，囊心物质（活性物质）会从微胶囊中逐渐释放出来，以达到缓释长效的目的。

（2）微胶囊化妆品的不足　微胶囊在化妆品中的稳定性是限制其应用的关键因素，所以在实际应用过程中，要尽可能提高微胶囊的包裹能力，同时囊壳材料要具备足够好的力学强度，保证囊壳厚度、微囊尺度及包裹能力的合理性。

3. 聚合物微球

聚合物微球载体是一类采用高分子材料制成、具有吸附作用的微型海绵状的球体，球体包括或吸附各种不同的药物或活性物质，这种释放体系称为微球载体或延时释放球体。

（1）聚合物微球载体在化妆品中的作用　聚合物微球载体的稳定性优于微胶囊，在化妆品中具备如下功能：①改变物质的形态特征：将难以处理的液态制剂吸附入微球载体内，使之成为易于使用的粉末状。②保护活性物质的稳定性：将一些对介质敏感的活性物质或不能与介质配伍的物质吸附在微球内，将其与介质分隔开，从而保证这类物质的稳定性。③维持活性物质的长效性：聚合物微球载体能够缓慢地将活性物质释放到皮肤表面，从而使活性物质能够较长时间地发挥其特有的功效，同时降低了某些活性物质可能出现的刺激性和致敏作用。④具有释放与吸收双重功效：聚合物微球载体除了能够缓慢、持续释放活性物质之外，其吸附作用又能吸收皮肤的分泌物，特别适用于营养按摩膏和磨砂膏。

（2）聚合物微球载体所吸附的活性物质种类　主要包括角鲨烯、角鲨烷、维生素A、维生素E、吡咯烷酮羧酸、透明质酸、尿囊素、植物甾烷、胆甾醇、表皮生长因子、对氨基苯甲酸乙酯、过氧化苯甲酰、水杨酸、动植物提取物、香精、尼泊金酯类等。

4. β-环糊精包合技术

β-环糊精为环状糊精葡萄糖基转移酶作用于淀粉而生成的 7 个葡萄糖以 $\alpha-1,4-$ 糖苷键连接而成的环状低聚糖，具有筒状结构，筒内形成疏水性空腔，可作为载体包封活性物质。化妆品中的活性物质制成 β-环糊精包合物后，可使其渗透系数增大，提高其透皮吸收性。

5. 纳米技术

化妆品中有些难溶性的活性物质很难被皮肤吸收，通过纳米技术能使活性物质转变为稳定的纳米微粒，使其粒径减小，比表面积增大，利于活性物质的释放、溶出、渗透，使其功效充分发挥，大大提高化妆品的性能。

此外，微乳液的易渗透性使其也能提高活性物质的透皮吸收效果。

复习思考题

1. 简述表面活性剂的含义、结构特点。
2. 何为乳化作用？影响乳剂稳定性的因素有哪些？
3. 何为增溶作用？影响增溶作用的因素有哪些？
4. 简述影响化妆品透皮吸收的主要因素。

扫一扫，见答案

第三章　化妆品原料

　　化妆品是由不同功用的化妆品原料按一定的科学配方组合，通过一定加工技术调配制成的混合物。因此，化妆品原料的选用是影响化妆品产品的重要因素。了解化妆品原料的相关知识对于化妆品领域专业人员至关重要。

　　化妆品原料种类繁多且性能各异，原国家食品药品监管总局发布的我国《已使用化妆品原料名称目录》（2015 版）清单中包括 8783 种化妆品原料。化妆品原料按性能和用途可分为基质原料、辅助原料和功能性原料三类，其中基质原料是赋予产品基础骨架的主要成分，体现了化妆品的基本性质和作用，在配方中用量较大，主要有油脂和蜡类原料、粉质原料以及溶剂原料；辅助原料则是对化妆品的成型、稳定、色泽、香气等方面发挥重要作用，用量虽少，但不可或缺，主要包括表面活性剂、防腐剂与抗氧剂、香精与香料、着色剂等；功能性原料能够赋予化妆品某种特殊功用，是功能性化妆品的灵魂。

　　在选用化妆品原料时应符合国家相关法规要求，我国《化妆品安全技术规范》（2015 年版）中规定了在化妆品中的禁用成分、限用成分、准用防腐剂、准用防晒剂、准用着色剂及准用染发剂。对于化妆品新原料，也就是首次在我国使用于化妆品生产的天然或人工原料，需要根据国家相关法规要求申请化妆品新原料行政许可后方可使用。

第一节　油脂和蜡类原料

一、概述

　　油脂和蜡类原料是化妆品中油性原料的总称，是组成膏霜、乳液及油剂类产品的基质原料，在配方中往往用量较大，并且在化妆品中具有多方面的作用。

（一）油脂和蜡类原料在化妆品中的主要作用

　　油脂和蜡类原料是化妆品中最重要的一类基质原料，在化妆品中主要具有以下作用：①屏障作用：可在皮肤表面形成憎水性薄膜，抑制水分蒸发，阻止外来刺激，保护皮肤。②滋润作用：可使皮肤及毛发柔顺、光滑，并具有弹性和光泽。③清洁作用：可溶解皮肤上的污垢而便于清洗。④溶剂作用：液态油质原料可同时作为功能性原料的载体，易被皮肤吸收。⑤乳化作用：高级脂肪酸及高级脂肪醇在乳剂产品中具有辅助乳化的作用，而磷脂则是性能优良的天然乳化剂。⑥固化作用：固态油质原料作为赋形剂，可赋予产品一定的外观形态，还可稳定和提高产品的性能和质量。

（二）　油脂和蜡类原料的物理性质

油脂和蜡类原料在常温下有液态、半固态及固态之分。通常在常温条件下呈液态的被称为"油"，呈半固态或软性固体的被称为"脂"，呈固态的则被称为"蜡"。油脂和蜡类原料不溶于水，易溶于乙醚、石油醚、苯等弱极性或非极性有机溶剂，作为化妆品原料，其物理性质对化妆品的质量和稳定性至关重要。

1. 凝固点及熔点

凝固点是指油脂和蜡类原料由液态凝结成固态时的温度，而熔点是指油脂和蜡类原料由固态转化成液态时的温度。凝固点及熔点是油脂和蜡类原料的重要理化指标，在设计配方及化妆品生产时，油脂和蜡类原料的凝固点和熔点对产品的制备工艺选择、质量监督和产品的季节性变化等都非常重要。油脂和蜡类原料的熔点高低与其主要化学组成中的高级脂肪酸及高级脂肪醇的不饱和程度及碳链长短有关，通常随着不饱和程度的增高而降低，随碳链的增长而提高。

2. 相对密度

相对密度是指在一定温度条件下，等体积该物质的质量与水的质量之比（规定温度为25℃）。相对密度与摩尔质量及黏度成正比，与温度成反比。油脂和蜡类原料的相对密度通常小于1.0。

（三）　油脂和蜡类原料的分类

油脂和蜡类原料包括天然油脂和蜡类原料、合成油脂和蜡类原料两类。天然油脂和蜡类原料又包括动植物油脂和蜡类原料、矿物油脂和蜡类原料两类。

二、动植物油脂和蜡类原料

（一）　动植物油脂和蜡类原料的主要化学组成

动植物油脂和蜡类原料的主要化学组成为高级脂肪酸与醇所形成的酯类化合物，但由于组成酯类化合物的高级脂肪酸及醇有所不同，又可把动植物油脂和蜡类原料分为动植物油脂及动植物蜡两类。

1. 动植物油脂的主要化学组成

动植物油脂的主要成分是一分子甘油（丙三醇）和三分子高级脂肪酸形成的三脂肪酸甘油酯（甘油三酯）。其中高级脂肪酸几乎全部是含有偶数碳原子的直链单羧基脂肪酸，以16和18个碳原子的脂肪酸居多，分饱和脂肪酸和不饱和脂肪酸。饱和脂肪酸主要有硬脂酸（十八碳酸）、棕榈酸（十六碳酸）、豆蔻酸（十四碳酸）、月桂酸（十二碳酸）等；不饱和脂肪酸主要有亚麻酸（9,12,15-十八碳三烯酸）、亚油酸（9,12-十八碳二烯酸）、油酸（9-十八碳烯酸）、蓖麻酸（12-羟基-9-十八碳烯酸）、棕榈油酸（9-十六碳烯酸）等。

动植物油脂中还含有少量游离脂肪酸、高级醇、高级烃、色素及磷脂等物质，使其具有颜色和气味。实际应用中，动植物油脂必须经精制、提纯后，才可应用于化妆品中。

2. 动植物蜡的主要化学组成

动植物蜡是从动植物组织中得到的蜡性物质，主要成分是由高级脂肪醇与高级脂肪酸形成的酯类化合物（化学式为 RCOOR′）。碳链长度因蜡的来源不同而异，一般在 C_{16} ~C_{30} 之间，由于其碳链较长，所以其熔点比油脂高，常温下通常呈固态。此外，动植物蜡中还含有一定量的游离脂肪酸、脂肪醇和高级烃类等成分。

（二） 动植物油脂和蜡类原料的常见理化指标

1. 皂化值

1g 油脂或蜡完全皂化所需要的 KOH 的毫克数称为该油脂或蜡的皂化值。皂化值具有以下三方面意义：①根据皂化值大小，可推知油脂或蜡的平均摩尔质量，皂化值与油脂或蜡的平均摩尔质量成反比。②推知油脂或蜡的纯度：各种油脂或蜡的皂化值都有一定范围，超出范围表明油脂或蜡不纯。③根据皂化值可计算出皂化一定量油脂或蜡所需要 KOH 的总量。

2. 碘值

油脂中的不饱和脂肪酸可以和 I_2 发生加成反应。碘值是指 100g 油脂所能吸收 I_2 的克数。碘值越高，表明油脂中不饱和脂肪酸含量高或不饱和程度高，易被氧化，容易酸败。含不饱和脂肪酸的油脂在催化作用下加氢，可制得氢化油（又称硬化油）。加氢后可提高油脂中饱和脂肪酸的含量，由液态转变为固态或半固态。氢化后，油脂熔点升高，稳定性增强，可防止酸败。

3. 酸值

油脂久置于空气中或贮存不当，就会变质同时产生难闻的气味，此过程称为酸败。酸败的实质是油脂中不饱和脂肪酸的双键受到空气中氧的作用，发生加成反应得到过氧化物，进一步氧化或分解，生成有特殊异味的低分子醛等物质。

酸值是指中和 1g 油脂中的游离脂肪酸所需要的 KOH 的毫克数。酸值代表油脂中游离脂肪酸含量的高低。酸值越大，油脂中游离脂肪酸含量越高，酸败程度越严重。油脂应储存在密闭容器并存放于阴凉处，并添加适当的抗氧剂，以防止酸败。

碘值与酸值对于动植物油脂具有重要的意义。需要注意的是，动植物蜡类原料也有碘值与酸值，通常数值较低。

（三） 化妆品中常用的动植物油脂和蜡类原料

常温下，除椰子油和乳木果油等植物油脂为半固态猪脂状外，其余植物油脂大多为油状液体；动物油脂除水貂油为无色透明液体外，多数为半固体脂状形态；除霍霍巴蜡为油状液体外，其余动植物蜡类原料在常温下多为固态。

动植物油脂在化妆品中均具有较好的润肤作用。动植物蜡能调节膏体黏稠度，改善产品使用感，提高产品光泽度，并具有滋润皮肤、柔软皮肤的作用。

适用于化妆品原料的动植物油脂不多，其中植物油脂主要有橄榄油、杏仁油、椰子油、月见草油、澳洲坚果油、乳木果油等；动物油脂主要有水貂油等。动物蜡主要有蜂蜡、鲸蜡等；植物蜡主要包括棕榈蜡、霍霍巴蜡等。下表列出了常用动植物油脂和蜡原料在化妆品中的主要功用（表3-1）。

表 3-1　常用动植物油脂和蜡在化妆品中的主要功用

名称	主要功用
橄榄油	易被皮肤吸收，有较好润肤作用，用于润肤霜、抗皱霜、按摩膏、护发素、高级香皂和防晒油等化妆品中
杏仁油	清爽不油腻、温和、稳定，可替代橄榄油用于发油、按摩膏及润肤膏霜等化妆品
椰子油	制作香皂不可缺少的油脂原料，也是制取天然脂肪酸和表面活性剂的原料，皂化后主要应用于香波、浴液等化妆品
月见草油	优良润肤剂，有效降低低密度脂蛋白，用于健美化妆品的功能性添加剂及高级化妆品的油相原料
澳洲坚果油	可保护细胞膜，抗衰老，对被紫外线伤害的皮肤尤为重要，用于面部护肤膏霜、乳液、婴儿制品、唇膏及防晒制品
乳木果油	易被皮肤吸收，可改善皮肤柔软性，对干裂皮肤及因晒斑、湿疹和皮炎引起的皮肤失调具有康复作用，用于润肤膏霜、乳液、护手霜、防晒霜和婴儿护肤品中
水貂油	具有优良的抗氧化及热稳定性，易吸收，润滑而不腻，用于营养霜、营养乳液、护发素及唇膏等化妆品
蜂蜡	质软、熔点高、韧性强且有一定可塑性，也可用于发蜡、胭脂、唇膏、眼影棒、睫毛膏等美容修饰化妆品
鲸蜡	主成分有鲸蜡、高级脂肪醇及脂肪酸等，用于制备冷霜和对光泽及稠度要求较高的乳液，也用于唇膏等产品
棕榈蜡	硬度大、熔点高，与其他所有动植物和矿物蜡复配可提高蜡质的熔点，增加硬度、坚韧度及光泽度，降低黏附性、塑性和结晶能力，用于口红、染睫毛锭、发胶、发乳、脱毛蜡等制品
霍霍巴蜡	用于护肤、护发、沐浴和防晒化妆品中，随配方需要，乙氧基化和丙氧基化的水溶性霍霍巴蜡用途广泛

三、矿物油脂和蜡类原料

矿物油脂和蜡类原料主要来源于石油、煤的加工产物，经精制而得到。价格便宜，来源方便，易精制，是化妆品工业中不可缺少的原料。

（一）矿物油脂和蜡类原料的主要化学组成

矿物油脂和蜡类原料的成分是高级烷烃和烯烃，以直链饱和烃为主。矿物油脂和蜡类原料与动植物油脂和蜡类原料化学组成不同，但物理性质相似，通常将两类物质配合使用。矿物油脂和蜡类原料可清洁皮肤、提升产品的稳定性，在皮肤上形成疏水性油膜，抑制水分蒸发，提高润肤作用。

（二）　化妆品中常用的矿物油脂和蜡类原料

化妆品中常用的矿物油脂和蜡类原料有液体石蜡、凡士林、固体石蜡等。

1. 液体石蜡

液体石蜡是在炼油过程中沸程为 315~410℃ 范围内的烃类馏分，主要是 C_{16} 以上的直链、支链及环状饱和烃的混合物，又称白油或矿物油，通常为无色、无臭、无味的黏性液体，加热后稍有石油气味，对酸、热和光均很稳定，化学性质惰性，有很强的抗氧化性，渗透性弱于动植物油脂和蜡类，主要用于膏霜类及油性类化妆品。

2. 凡士林

凡士林主要成分为 C_{16} ~ C_{32} 高级烷烃和少量不饱和烃的混合物，又称矿物脂。为无臭、无味的白色或淡黄色膏状物，易溶于各种油脂，不溶于较大极性溶剂（水、甘油、乙醇等），化学性质稳定，黏附性好，主要用作皮肤润滑剂和脂溶性溶剂。氢化精制后的凡士林常用于护肤霜、发用及彩妆化妆品中，也是药物化妆品的重要基质。

3. 固体石蜡

固体石蜡主要由 C_{16} 以上的直链饱和烃以及少量支链烷烃和环状烃组成，也称石蜡（硬蜡），为无臭、无味、白色或无色的半透明蜡状固体，易溶于液体石蜡，微溶于乙醇，具有一定的脆性和油腻感，化学稳定性良好，主要用于发霜、发乳、发蜡及各类护肤膏霜乳液、唇膏等化妆品。

四、高级脂肪酸与高级脂肪醇

高级脂肪酸与高级脂肪醇多来源于动植物油脂、蜡的水解产物。从动植物油脂和蜡类原料中可获得多种饱和（C_{12} ~ C_{18} 等）或不饱和高级脂肪酸及高级脂肪醇，一般以原料来源称呼（如肉豆蔻酸、棕榈醇）。天然原料远远满足不了化妆品行业的需要，可通过有机合成得到。

（一）　高级脂肪酸

脂肪酸的化学通式为 RCOOH。高级脂肪酸中碳数一般为 C_{12} ~ C_{30}，均为偶数；化妆品中应用最多的是 C_{12} ~ C_{18} 的脂肪酸。市售脂肪酸产品多为混合物，性质与单纯脂肪酸差异不大。

1. 月桂酸

月桂酸，又称十二烷酸（十二酸），为白色结晶蜡状固体，源自椰子油及棕榈油，溶于乙醚等有机溶剂。熔点为 44.2℃，主要用于生产香皂、各种表面活性剂等，很少直接应用于化妆品中。

2. 肉豆蔻酸

肉豆蔻酸，又称十四烷酸（十四酸），为无臭、无味的白色结晶，溶于无水乙醇，熔点为 58.5℃，市售肉豆蔻酸多为混合物，用作化妆品的间接原料，用于制造高级香皂和酯类原料。

3. 棕榈酸

棕榈酸，又称十六烷酸（十六酸）、软脂酸，为白色结晶蜡状固体，可溶于热乙醇，熔点为 62.85℃，对皮肤温和，主要与硬脂酸复配使用，用来调节产品的触变性，用于合成各种表面活性剂和酯类原料。

4. 硬脂酸

硬脂酸，又称十八烷酸（十八酸）。白色鳞片、块状或片状结晶等。溶于热乙醇，熔点为 69.3℃，对皮肤无不良刺激，是乳化制品必备的原料，用于生产雪花膏、剃须膏、粉底霜、发乳和护肤乳液等，是合成表面活性剂的常用原料。

（二） 高级脂肪醇

脂肪醇的化学通式为 ROH。在化妆品中，低级醇（C_5 以下）一般用作溶剂或合成醇的原料，作为油质原料的为 $C_{12} \sim C_{18}$ 的高级脂肪醇。

1. 鲸蜡醇

鲸蜡醇，又称十六醇、棕榈醇。为白色块状固体，不溶于水，溶于矿物油及沸腾的95%乙醇，熔点为 49.3℃。化妆品用的鲸蜡醇含有 10%～15%的十八醇。

鲸蜡醇无乳化作用，但具有良好的助乳化作用，与 O/W 型乳化剂配合使用，可形成稳定的 O/W 型乳液，增加乳液的稳定性；也可与 W/O 型乳化剂配合，制备稳定的 W/O 型乳液。鲸蜡醇还可润滑皮肤，抑制油腻感，并能降低蜡类原料的黏性，且可软化产品，常用作护肤膏霜等化妆品的乳剂稳定剂、助乳化剂及软化剂等。

2. 硬脂醇

硬脂醇，又称十八醇、硬蜡醇。为白色蜡状晶体或粒状固体，有特殊气味，溶于乙醇等有机溶剂。熔点为 59℃。硬脂醇的性能与鲸蜡醇相似，通常与鲸蜡醇配合使用，其助乳化性能强于鲸蜡醇。

五、合成油脂和蜡类原料

合成油脂和蜡类原料是油质原料的一个重要来源，可分为两类：一类是天然油脂和蜡类原料的衍生物，属于半合成原料；另一类则是全化学合成的油脂和蜡类原料。

合成油脂和蜡类原料既可以更好地发挥天然油脂和蜡类原料所具有的优势，同时又克服了它们的不足或缺点（如颜色、气味等）；合成油脂和蜡类原料在纯度、物理性质、化学稳定性、皮肤吸收性、滋润性、抗微生物性及安全性等各方面均具有更好优势。

（一） 角鲨烷

角鲨烷是将来源于鲨鱼肝油中的角鲨烯经加氢而得到的饱和烃，也可从橄榄油中提取角鲨烯经加氢后而获得，为无臭、无味、无色、惰性的透明油状液体，微溶于乙醇，易溶于矿物油和其他动植物油。人体皮脂腺分泌的皮脂中约含有 10%的角鲨烯、2.4%

的角鲨烷，人体可把角鲨烯转变成角鲨烷。

角鲨烷惰性很强，具有高度的稳定性（抗氧化、抗微生物）和良好的安全性，熔点低，能柔软皮肤，且油腻感较弱，常用作高级化妆品的油性原料。

（二）羊毛脂衍生物

羊毛脂是一种性能良好的化妆品原料，因色泽和气味等问题，应用受限。对羊毛脂进行改性，可以保留其良好特性并消除缺陷。其重要的衍生物主要有几下几种。

1. 聚氧乙烯羊毛脂

利用羊毛脂上的羟基与环氧乙烷加成所制得。反应比例不同，可得到不同性质的产品。产品性质随环氧乙烷比例的增加由脂溶性变为水溶性，水溶性聚氧乙烯羊毛脂具有很强的表面活性，同时保留了羊毛脂本身的特性，对头发、皮肤具有较好的柔软性和滋润性能。

2. 聚氧乙烯氢化羊毛脂

由氢化羊毛脂和环氧乙烷加成制得。为乳白色至淡黄色的蜡状固体，溶于水，微溶于矿物油。抗氧化性好、稳定性高，特别适用于烫发剂。与苯酚、水杨酸等活性成分都有很好的相容性。同时保留了天然羊毛脂的特性，作为润滑剂用于护发素、唇膏和各种膏霜、乳液等化妆品。

3. 羊毛脂醇

羊毛脂经皂化得到。溶于热无水乙醇，可吸收其4倍质量的水，对皮肤有很好的渗透性及柔软性。具有乳化性和分散性，可作为W/O型乳液的乳化助剂。比羊毛脂有更好的保湿性，多用于膏霜、乳液等化妆品。

4. 羊毛脂酸

由羊毛脂水解后再进一步脱臭精制得到的一种黄色蜡状固体。能分散于蓖麻油、热白油中，与三乙醇胺等碱性物质作用，能制成O/W型乳化剂。羊毛脂酸还可生成许多羊毛脂衍生物。

5. 乙酰羊毛脂

羊毛脂分子内的羟基经乙酰化反应制得，呈象牙色至黄色半固体状，溶于白油，不溶于水、乙醇及蓖麻油，熔点为30~40℃，具有较好的脂溶性，能形成憎水薄膜，减少水分蒸发，对皮肤无刺激，是良好的柔软剂，用于护肤膏霜、乳液及防晒化妆品；与矿物油混合后，可用于婴儿油、浴油及唇膏、发油、发胶等化妆品。

（三）聚硅氧烷

聚硅氧烷也称硅油（硅酮），是一类无油腻感的合成油质原料。聚二甲基硅氧烷及其衍生物具有许多优异特性，在化妆品中应用广泛。下表中列出了化妆品中常用的聚硅氧烷类原料在化妆品中所具有的主要作用（表3-2）。

表 3-2　化妆品中常用的聚硅氧烷类原料及其作用

名称	在肤用和发用化妆品的作用
二甲基硅油	在皮肤表面形成疏水性透气薄膜，具有可改善皮肤光滑度、柔软度和保湿等效果；在头发表面铺展并形成疏水性的透气保护薄膜，提高头发的顺滑感和光泽度
苯基硅油	可降低防晒剂油腻感，赋予皮肤爽滑肤感；具有高折射率，可改善头发光泽度，并具有抗紫外线作用
聚醚硅油	含有聚醚基团，水溶性较好，可赋予皮肤润滑感和头发丝滑感，同时提供保湿等作用
氨基硅油	可抗静电，赋予头发光泽、柔顺软滑特性并修复受损的头发；一般不适用于护肤化妆品
烷基硅油	与油脂和蜡类原料相容性好，可降低油脂的油腻感同时提高润滑性，并赋予皮肤丝滑肤感；可降低发用产品的黏性并增强光泽和亮度

（四）脂肪酸酯

由高级脂肪酸与低级一元醇或多元醇酯化所得。合成脂肪酸酯多为饱和油脂，种类繁多，化学稳定性高，肤感从清爽到厚重，在化妆品中应用广泛。脂肪酸酯主要有脂肪酸单酯、双酯、三酯等。

1. 脂肪酸单酯

脂肪酸单酯为一元醇脂肪酸酯，通常为液体，与油脂互溶性好，黏度较低，铺展性和渗透性好。

（1）棕榈酸异丙酯（IPP）　又称十六酸异丙酯。为无臭、无味、无色或淡黄色透明油状液体，溶于乙醇，与有机溶剂能以任何比例混合，具有良好的润滑性及皮肤渗透性，无油腻感，也是油脂原料的良好溶剂。

（2）肉豆蔻酸异丙酯（IPM）　又称十四酸异丙酯或豆蔻酸异丙酯。为无味、无臭、无色至淡黄色透明油状液体，易溶于乙醇，用作润肤剂、润滑剂时可代替矿物油，降低产品的油腻感，还可以用作乳剂类化妆品的油相原料和色素等添加剂的溶剂。

（3）棕榈酸异辛酯　又称十六酸异辛酯，为无色至微黄色油状液体，是优良的润肤剂，其亲肤性和刺激性均优于 IPP 及 IPM，是升级换代品。

（4）硬脂酸异辛酯　为无色或淡黄色透明液体，具有很好的触变性、延展性和流动性，与皮肤亲和性好，主要用于膏霜类化妆品。

2. 脂肪酸双酯

（1）碳酸二辛酯　为无色、无味澄清液体，极性低，具有干爽的肤感和良好的延展性，对皮肤和黏膜刺激性较低，是有机防晒剂、硅油良好的溶剂，用于防晒、彩妆、卸妆、护发、染发类产品。

（2）新戊二醇二辛酸酯/二癸酸酯　为无色、透明低黏度油状液体，稳定性好，具有良好的透气性和吸附性，可促进活性成分的吸收，赋予皮肤舒爽、润滑的肤感，用于护肤、防晒、护发、彩妆及婴儿产品。

3. 脂肪酸三酯

（1）辛酸/癸酸三甘油酯　又称聚甘油单辛癸酸酯，无色、无臭、低黏度的透明油状液体。无毒、无刺激，易与多种溶剂混合，用作化妆品中的溶剂、渗透剂和润肤剂。

（2）甘油三（乙基己酸）酯　为无色或淡黄色透明液体。能溶于大部分有机溶剂，是有机防晒剂较好的溶剂，也是固体粉末较好的分散剂，具有中等极性及中等延展性，能够抗氧化、耐酸碱，化学稳定性好，用于彩妆、发用产品及防晒化妆品。

（五）合成烷烃

烷烃类化合物是化妆品中常用的油性原料。矿物油脂和蜡类原料的主要成分多为烷烃，而且多为直链烷烃，具有封闭性强、透气性差的特点；而合成烷烃多带有直链，提高了烷烃化合物的透气性。

1. 氢化聚异丁烯

氢化聚异丁烯为有轻微特殊气味的无色液体，无毒、无刺激性，致敏性低，具有很好的耐热耐光性，在 pH3.0~11.0 范围内具有良好的稳定性，透气性、渗透性优于白油、凡士林等，可与大部分紫外吸收剂相配伍，其低聚物具有黏度低、延展性好、有轻盈丝质肤感的特点；高聚物则黏度较高。本品用于各种护肤、彩妆、护发、防晒等化妆品。

2. 氢化聚癸烯

氢化聚癸烯为无色、无味的透明液体，无毒、无刺激性，微溶于乙醇，溶于甲苯，与环甲基硅油、矿物油和烷烃完全相溶，且在较宽的 pH 范围内稳定，常作为润肤剂、头发调理剂和活性物及香精的增溶剂使用，特别适合于婴儿、敏感皮肤护理产品。

3. 异构烷烃

异构烷烃包括异辛烷、异十二烷、异十六烷及异二十烷等。为无色、无味的澄清透明液体，安全、无刺激性，稳定性好，与其他油性原料有较好的配伍性，具有丝般滑爽的使用感，其挥发性和肤感取决于碳链的结构差异，用于各类护肤品和彩妆等产品。

第二节　粉质原料

粉质原料是化妆品中的一类重要基质原料，主要用于粉类化妆品中，如爽身粉、香粉等，其用量可高达产品配方总量的 30%~85%，主要发挥遮盖、滑爽、附着、吸收和延展等作用。

化妆品用粉质原料一般来自天然矿产粉末，如滑石粉、高岭土、黏土等。这些粉质原料的质量应满足以下要求：①细度达 300 目以上，含水量小于 2%。②重金属含量不可超过质量标准规定。③具有良好的遮盖性、延展性、附着性及吸收性。

一、化妆品常用的粉质原料

根据化学组成不同分为无机粉质原料和有机粉质原料。

（一）无机粉质原料

1. 滑石粉

滑石粉为无臭、无味、白色、细密、无砂性的粉末，主要成分为含水硅酸镁。化学性质不活泼，其延展性为粉质原料中最佳者，但吸油性和附着性稍差。滑石粉是粉类化妆品不可缺少的原料，主要用于制造香粉、胭脂、爽身粉和痱子粉等。

2. 二氧化钛

二氧化钛又称钛白粉，为无臭、无味的白色无定形粉末，化学性质稳定，为颜料中最白的物质。与其他粉质原料相比，二氧化钛的遮盖力及着色力最强，遮盖力为锌白粉的 2～3 倍，着色力为锌白粉的 4 倍；同时也具有较好的附着性及吸油性，但延展性差，不易与其他粉料混合均匀，常与锌白粉混用，用量通常小于 10%。二氧化钛常用作香粉、粉饼及粉底等彩妆化妆品的遮盖剂，以及防晒化妆品的防晒剂。

3. 氧化锌

氧化锌又称锌白粉。为无臭、无味的白色粉末，吸潮易变质，具有较强的遮盖力和附着力，对皮肤具有收敛性和杀菌性，主要用于香粉类化妆品。

常用的无机粉质原料较多，所具有的主要特性和应用范围见下表（表3-3）。

表3-3　化妆品中常用的无机粉质原料

原料名称	主要特性	主要应用
硅石（二氧化硅）	稳定性及配伍性好，与牙膏中氟化物相容性好；中空的球状微珠型硅石吸收性好	用作增稠剂，牙膏的摩擦剂，香粉、粉饼的香料吸收剂等
硅藻土	硅藻土有较大比表面积，有很强的吸附功能，质轻、多孔、高强、耐磨等系列优良性能，稳定性良好	对痘痘、粉刺、黑头等起到清洁角质，清洁肌肤作用，有杀菌和强保湿作用
高岭土	有滑腻感、泥土味，易分散悬浮于水中，有良好的可塑性、较高黏结性、洁白度高、质软等特点	抑制皮脂分泌，对皮肤有黏附作用，用于制造香粉、粉饼、胭脂及面膜等
云母粉	化学稳定性良好，颗粒细腻、耐酸碱、耐老化，具有抗紫外线功能，安全、无毒、无害	是优良的化妆品抗紫外线粉质原料，可抑制皮肤水分蒸发，改善皮肤保湿状况
碳酸钙	粉末质地细腻，对汗液、油脂具有吸着性和掩盖作用	多用于香粉、粉饼等粉类制品，具有良好的吸收性，可作为香精的混合剂
磷酸氢钙	白色、无臭、无味粉末，不溶于醇、可溶于稀酸，化学性质稳定	在化妆品中用作高级牙膏的摩擦剂，或用作牙粉
焦磷酸钙	白色多晶型结晶粉末，无臭无味，化学性质稳定性良好，溶解度高、溶解速度快、生物利用率高、口感好	用作牙膏摩擦剂，可制成洁齿力强、外观光洁细腻的含氟牙膏，其用量为45%～50%
氢氧化铝	白色胶状物质，不溶于水，有强的吸附性，可以吸附水中的悬浮物和各种色素	作为皮肤保护剂和乳浊剂，可用于粉底、唇膏和保湿霜，具有抗紫外线作用

（二）有机粉质原料

常用的有机粉质原料有硬脂酸锌、硬脂酸镁、纤维素微球、锦纶粉（尼龙）、聚乙烯粉、聚丙烯粉等，各类有机粉质原料的主要特性及应用见下表（表3-4）。

表3-4 化妆品中常用的有机粉质原料

原料名称	主要特性	主要应用
硬脂酸锌	稍带刺激气味有滑腻感的白色粉末。溶于热乙醇、苯等有机溶剂。有良好的黏附性和润滑性	用作黏附剂，用于胭脂、香粉等化妆品，还可作W/O型乳状液的稳定剂
硬脂酸镁	无臭、无味的白色轻质滑腻粉末，易附着于皮肤	性质稳定，应用与硬脂酸锌大致相同
纤维素微球	原料纤维素丰富价廉、可再生降解并具有良好的生物相容性、粒径小、多孔性、网状结构等独特结构	用于粉类化妆品，洗发水中对皮肤、头发起保湿作用，对药物分子有缓释作用
锦纶粉（尼龙）	耐磨性能极佳，有独特的柔韧特性，作为填充剂和乳浊剂，低致敏性和无菌性，哑光效果很好	用于身体乳、护手霜、眼影、睫毛膏、指甲油及皮肤清洁产品
聚乙烯粉	白色蜡状半透明材料，无毒，透水率低，对有机蒸汽透过率较大	用于爽身粉、香粉、香饼、胭脂等各种粉类化妆品中，用作吸附剂
聚丙烯粉	优良的机械性能和耐热性能，稳定性良好，不吸水	应用与聚乙烯粉类似

二、粉质原料的表面处理

粉质原料的表面处理是指将待处理原料通过各种表面处理剂及物理或化学方法在表面进行化学反应及化学覆盖的过程。通过表面处理可改善粉质原料的分散性、耐光照、耐高温、耐化学反应等诸多性能。通过对粉质原料的表面处理，可以有目的、有针对性地开发各种具有鲜明特点及个性化的产品。

（一）粉体表面处理剂的分类

粉体表面处理剂的品种很多，根据粉体表面处理剂化学组成的不同，可分为无机表面处理剂和有机表面处理剂；根据处理后的粉体性质的不同，可分为亲水性表面处理剂和疏水性表面处理剂。如聚二甲基硅氧烷、全氟辛基三乙氧基硅烷、月桂酰天冬氨酸钠、月桂酰赖氨酸、丙烯酸酯以及蜡类、钛酸酯、金属皂类处理剂等。

（二）表面处理的粉质原料的特性

不同的表面处理剂，可赋予粉质原料不同的表面特性，主要体现为以下几方面：①赋予粉质原料更强的疏水性、柔滑性，改善肤感。②提高粉质原料的皮肤附着力，避免粉体脱落现象，使妆容更加持久。③提高粉质原料在产品中的悬浮性，避免粉质原料沉积现象的发生。④赋予粉质原料更好的涂抹性和铺展性，提高产品的使用舒适感。

第三节 溶剂原料

溶剂原料主要起溶解作用，是绝大多数化妆品必不可少的一类组分。同时，溶剂原料还具有滋润、保湿、增塑、收敛等作用。

一、水

水是一种优良的溶剂。化妆品中所用的水必须经过滤、除杂等程序进行纯化处理，以达到满足纯净、无色、无味，不含钙、镁等金属离子的要求。选用去离子水或蒸馏水均可。目前，常用离子交换树脂进行离子交换而使硬水软化，从而得到去离子水。

二、醇类溶剂

低碳醇作为溶剂原料在化妆品中应用广泛，是多数化妆品中不可或缺的原料。

（一）乙醇

乙醇俗称酒精，是一种易燃、易挥发的无色透明液体，为最常用的一类有机溶剂，具有特殊的香味，沸点为78.3℃。是制造香水、花露水等化妆品的主要原料。

（二）丙二醇

丙二醇为无色、无臭的易燃透明液体，可与水和大多数有机溶剂混溶，在化妆品中被广泛用作保湿剂和溶剂，在染发化妆品中用作匀染剂，是染料和精油的良好溶剂。

（三）正丁醇

正丁醇为无色液体，有类似乙醇气味，能与乙醇等多种有机溶剂混溶，沸点为117.8℃，是制造指甲油等化妆品的溶剂原料。

三、酯类溶剂

在化妆品中可作为溶剂的酯类原料主要有以下三种。

（一）乙酸乙酯

乙酸乙酯为具有芳香气味的无色易燃透明液体，沸点为77.2℃，用于指甲油等化妆品中，以溶解硝化纤维素等皮膜形成剂，也是指甲油脱膜剂的原料，溶解和去除指甲油的皮膜，也可用于制备合成香料。

（二）乙酸丁酯

乙酸丁酯为无色易燃透明液体，低浓度下有令人愉快的菠萝样香气，溶于多种有机溶剂，微溶于水，作为溶剂主要用于指甲油中，以溶解硝化纤维素、丙烯酸树脂等皮膜形成剂，也可用于配制指甲油的脱膜剂。

（三）乙酸戊酯

乙酸戊酯为无色、具有水果香味的易燃透明液体，微溶于水，能与乙醇、乙醚互溶，沸点为149.3℃，常用作溶剂、稀释剂，可用于指甲油等化妆品及香精的制备。

第四节　表面活性剂

一、表面活性剂在化妆品中的主要作用

表面活性剂在化妆品中具有去污、发泡、增溶、乳化、润湿、分散、增稠、抗静电及杀菌等多种作用，用途十分广泛。

二、化妆品中常用表面活性剂

根据表面活性剂在水中是否解离成离子的特点，表面活性剂可分为非离子型表面活性剂和离子型表面活性剂。根据亲水基所带电荷的不同，离子型表面活性剂又可分为阴离子型表面活性剂、阳离子型表面活性剂和两性表面活性剂三类，其中亲水基带有负电荷的为阴离子型表面活性剂，亲水基带有正电荷的为阳离子型表面活性剂，同时带有负电荷和正电荷的为两性表面活性剂。

（一）阴离子型表面活性剂

阴离子表面活性剂通常具有较好的去污、发泡作用，在化妆品中多用作洗涤剂、发泡剂，也可用作乳化剂等。

1. N-酰基氨基酸及其盐

由 α-氨基酸的氨基经酰化后制得。N-酰基氨基酸的化学通式为 RCONHR′COOH，R′—为氨基酸的脂肪基，酰基可为月桂酰基、肉豆蔻酰基、硬脂酰基、油酰基等。N-酰基氨基酸的碱金属盐有较好的洗涤能力，性质温和，对皮肤、头发和眼睛刺激性小，对硬水稳定，主要作为洗面奶、浴液、洗发护发香波和其他洗涤用品的原料。代表性的物质有 N-酰基谷氨酸钠等。

N-酰基谷氨酸钠

2. 羧酸盐及羧酸酯盐

（1）羧酸盐　高级脂肪酸盐是肥皂主要成分，其化学式为 RCOOM，R—为烃基，碳原子数在 8~22 之间，M 为 K$^+$、Na$^+$等。肥皂是以动植物油脂经皂化反应而制得，皂化反应式如下。

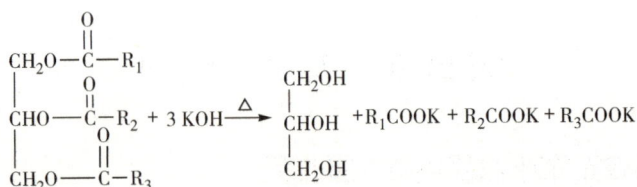

皂化反应所用的碱通常是 NaOH、KOH 或三乙醇胺等，制得的肥皂分别称为钠皂、钾皂和胺皂。

具有代表性的皂类原料有硬脂酸钠、月桂酸钾等。其中硬脂酸钠常用作化妆品的乳化剂；月桂酸钾常用作洗涤剂，主要用于液体皂和香波等化妆品中。

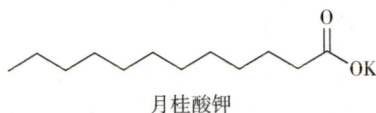

月桂酸钾

（2）酯化羧酸盐　酯化羧酸盐去污洗涤能力强，脱脂力较低，泡沫细密丰富，无滑腻感，具有耐硬水能力，生物降解性好，性价比高。常用来配制温和、高黏度、高度清洁的洗手液，也用于洁面膏、洁面乳、剃须膏以及沐浴露、珠光香波等产品中。例如，单油酸甘油酯琥珀酸单酯羧酸钠。

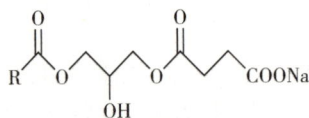

单油酸甘油酯琥珀酸单酯羧酸钠 [R为CH$_3$（CH$_2$）$_7$ —CH=CH—（CH$_2$）$_7$]

（3）烷基聚氧乙烯醚羧酸盐　此类表面活性剂也称为脂肪醇聚氧乙烯醚羧酸盐，结构式为 RO—（C$_2$H$_4$O）$_n$—CH$_2$COONa （R 为 C$_{12}$～C$_{15}$ 的烷基），具有优良的洗涤、乳化、分散、润湿和增溶等性能。其优势在于能显著降低其他表面活性剂的刺激性，泡沫细密稳定且丰富，有优良的钙皂分散和抗硬水性能，复配性能优异，能与多种表面活性剂和植物提取液进行复配。

3. 磷酸酯盐

磷酸酯盐包括磷酸单酯盐和磷酸双酯盐两种，其中 M 为 Na$^+$、K$^+$等。

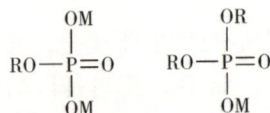

（a）磷酸单酯盐　（b）磷酸双酯盐

磷酸酯盐在较宽 pH 范围内有良好的稳定性，洗涤能力良好，易生物降解，主要用作乳化剂、洗涤剂、抗静电剂和消泡剂等，代表性物质有十二烷基磷酸酯钾盐、月桂基磷酸酯钠盐等。

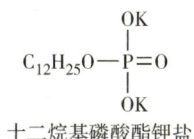

$$C_{12}H_{25}O-\overset{\overset{\displaystyle OK}{|}}{\underset{\underset{\displaystyle OK}{|}}{P}}=O$$

十二烷基磷酸酯钾盐

4. 磺酸盐

（1）烷基磺酸盐　烷基磺酸盐易溶于水，与阴离子型、非离子型表面活性剂复配性能良好，具有良好的乳化、渗透、润湿、发泡、去污和乳化性能，泡沫丰富，生物降解速度快，广泛用于牙膏、香波、洗发膏、洗发香波等化妆品中。分子中由一个亲油的长碳链和一个亲水的磺酸盐结构构成，如十二烷基磺酸钠等。

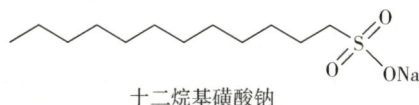

十二烷基磺酸钠

（2）烷基苯磺酸盐　烷基苯磺酸是由烷基苯磺化后制得。从表面活性与生物降解性能两方面考虑，分子结构中的烷基通常是 $C_{10} \sim C_{14}$ 的直链烷基，亲水基常为苯环对位的单磺酸基。

烷基苯磺酸盐具有良好的洗涤、乳化、分散和抗静电作用，广泛用作洗涤剂的主要原料。本品易溶于水且成半透明溶液，对碱、稀酸化学性质稳定，不易被氧化，但易吸潮结块。起泡能力强、去污力高，具有较强的脱脂力且对硬水较敏感，如十二烷基苯磺酸钠等。

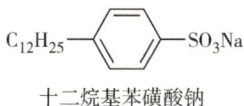

$$C_{12}H_{25}-\!\!\!\!\!\bigcirc\!\!\!\!\!-SO_3Na$$

十二烷基苯磺酸钠

（3）羟乙基磺酸酯钠盐　是由天然来源的脂肪酸和羟乙基磺酸钠缩合而成的一类阴离子表面活性剂。性质温和，几乎无刺激，生物降解性能良好。在硬水中也可使用并能产生丰富稳定的泡沫，如月桂酰羟乙基磺酸酯钠。

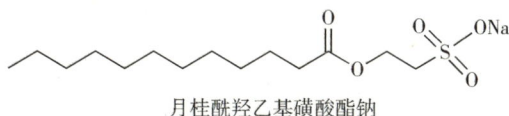

月桂酰羟乙基磺酸酯钠

（4）磺基琥珀酸酯盐　磺基琥珀酸酯盐的结构中，两个羧基与脂肪醇成酯，亚甲基的一个氢被磺基盐取代。本品在水中的溶解度较小，有很好的亲油性，但用脂肪醇聚氧乙烯醚合成的琥珀酸酯磺酸盐几乎可与水任意互溶；有较好的润湿能力，且随着碳链的增长，润湿能力下降，而支链的存在则会使其润湿能力提高；具有良好的抗硬水性能和较低的表面张力，兼具良好的渗透力和乳化能力。如磺基琥珀酸-1,4-二戊酯钠盐。

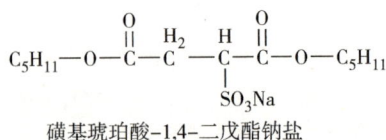

$$C_5H_{11}-O-\overset{\overset{\displaystyle O}{\|}}{C}-\overset{\overset{\displaystyle H_2}{}}{C}-\overset{\overset{\displaystyle H}{}}{\underset{\underset{\displaystyle SO_3Na}{|}}{C}}-\overset{\overset{\displaystyle O}{\|}}{C}-O-C_5H_{11}$$

磺基琥珀酸-1,4-二戊酯钠盐

（5）α-烯基磺酸盐　分子式为 $R-CH=CH-(CH_2)_n-SO_3Na$（$R=C_{9\sim13}$，$n=1$、2、3）。本品在硬水中具有较强的去污力、发泡力以及很好的生物降解性和润湿性；钙皂分散能力较强，泡沫在油脂中丰富稳定且持久。广泛用在浴液、洗手液或洁面乳中。对皮肤和眼睛的刺激性小，并能防止粉状洗涤剂结块。

5. 硫酸酯盐

硫酸酯盐的化学通式为 $ROSO_3M$，烷基的碳数在 $C_8\sim C_{18}$ 之间，M 为 Na^+、K^+、$[NH(CH_2CH_2OH)_3]^+$。此类表面活性剂有良好的发泡性和洗涤能力，在硬水中稳定，其水溶液呈中性或微碱性，主要用于清洁化妆品。

（1）烷基硫酸酯盐　代表性的硫酸酯盐有十二烷基硫酸钠、十二烷基硫酸三乙醇胺盐等。

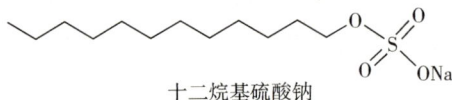

十二烷基硫酸钠

（2）烷基聚氧乙烯基醚硫酸酯盐　代表性原料有聚氧乙烯十二醇硫酸酯钠等。

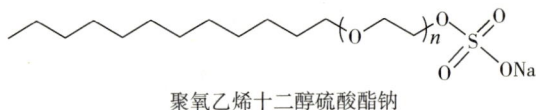

聚氧乙烯十二醇硫酸酯钠

（二）阳离子型表面活性剂

阳离子型表面活性剂具有乳化、增溶、润湿、洗涤和分散等作用，但其洗涤作用有限，弱于阴离子型表面活性剂，而抗静电、柔软、杀菌作用为其所长，主要作为杀菌剂、头发调理剂、皮肤柔软剂用于化妆品中。一般情况下，阳离子型表面活性剂不能与阴离子表面活性剂配合使用，否则会产生不溶性沉淀而抵消各自的表面活性。

1. 烷基胺盐

此类物质有烷基胺有机酸盐和无机铵盐两种。有机酸盐为十八烷基胺乙酸盐、椰子胺乙酸盐等；无机铵盐有油胺盐酸盐、氢化牛脂胺盐酸盐等。通常为固体，有一定的刺激性，是应用广泛的一类阳离子表面活性剂，具有润湿、乳化、防腐等性能。

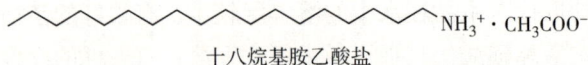

$NH_3^+ \cdot CH_3COO^-$

十八烷基胺乙酸盐

2. 烷基咪唑啉盐

烷基咪唑啉盐在化妆品中主要是用于配制高档护发香波。此类表面活性剂具有极其温和的性质，无毒安全、对眼睛刺激性极低。尤其适合调制婴幼儿香波和清洁用品，如 2-十一烷基-N-羧甲基-N-羟乙基咪唑啉。月桂基二羟乙基咪唑啉阳离子表面活性剂作为洗发香波添加剂，可使头发飘柔、光亮，起到护发作用。

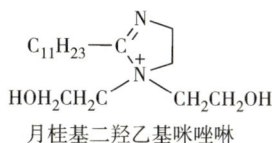

月桂基二羟乙基咪唑啉

3. 乙氧基化胺类

此类表面活性剂主要指的是乙氧基化脂肪胺，包括乙氧基化高级脂肪烷基伯胺、乙氧基高级脂肪烷基仲胺和乙氧基化 N-脂肪烷基-1,3 丙撑二胺。乙氧基化胺类具有优异的抗静电性质，在发用和肤用化妆品中应用广泛。

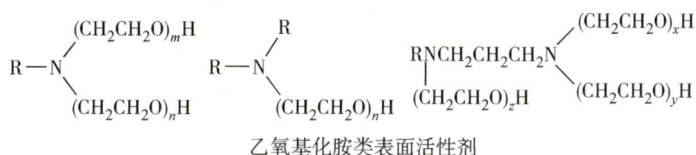

乙氧基化胺类表面活性剂

4. 季铵盐类

季铵盐是应用最广的一类阳离子型表面活性剂。结构上是 NH_4^+ 氮上的 4 个氢原子被烃基取代，可表示为 $R_1R_2R_3R_4N^+X^-$，4 个烃基中只有 1~2 个是长碳链的，其余为短碳链，碳数为 C_1~C_2 的烷基。季铵盐类表面活性剂在化妆品中突出的功能是杀菌和调理毛发作用。

代表性季铵盐类表面活性剂主要有十二烷基三甲基氯化铵（1231）、十六烷基三甲基氯化铵（1631）、十八烷基三甲基氯化铵（1831）以及十二烷基二甲基苄基氯化铵（1227）等。其中前三种属于烷基三甲基氯化铵型，主要用作头发调理剂，十二烷基二甲基苄基氯化铵属于二烷基二甲基氯化铵型，主要用作杀菌剂，也可用作乳化剂。

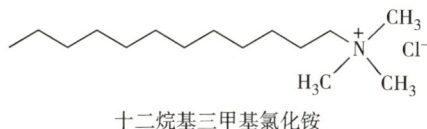

十二烷基三甲基氯化铵

5. 迪恩普（DNP）阳离子表面活性剂

DNP 的结构式为 $R_1[N^+R_2(R_3OH)_2]_n \cdot nA^-$，其中 A^- 为阴离子，属于低聚型阳离子表面活性剂。与阴离子表面活性剂有着良好的配伍性，不会沉淀分离或分层。DNP 系列具有明显的增稠效果及良好的乳化、抗静电、柔软、润湿、分散等性能。特别适用于制作洗护一体香波，能够沉积在头发表面，使头发润滑、增加头发立体感，且分散性好，是一种较为理想的头发调理剂。

（三）两性表面活性剂

两性表面活性剂具有毒性小、刺激性低、配伍性好的优点，可与其他各类表面活性剂配合使用，产生协同效应。

1. 甜菜碱类

甜菜碱类最早是从甜菜中得到的，因而得名，具有良好的发泡性、洗涤作用和增稠性，多用于洗发香波和沐浴液中，代表性物质有十二烷基二甲基甜菜碱及椰油酰胺丙基甜菜碱等。

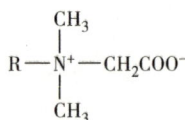

$$R—\overset{\overset{\displaystyle CH_3}{|}}{\underset{\underset{\displaystyle CH_3}{|}}{N^+}}—CH_2COO^-$$

甜菜碱类表面活性剂（R—为C$_7$以上）

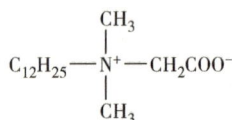

$$C_{12}H_{25}—\overset{\overset{\displaystyle CH_3}{|}}{\underset{\underset{\displaystyle CH_3}{|}}{N^+}}—CH_2COO^-$$

十二烷基二甲基甜菜碱

2. β-氨基丙酸类

常用的 β-氨基丙酸类有 N-烷基-β-氨基丙酸钠及二丙酸盐。在中性或碱性环境中，具有优良的发泡能力；处于两性状态时，对头发亲和力好；而在低 pH 值状态下，失去发泡能力。代表性原料有十二烷基-β-氨基丙酸钠及十二烷基-β,β-氨基二丙酸钠等。

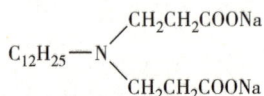

$$C_{12}H_{25}—N\overset{\displaystyle CH_2CH_2COONa}{\underset{\displaystyle CH_2CH_2COONa}{<}}$$

十二烷基-β,β-氨基二丙酸钠

3. 氧化胺类

与阴离子型、阳离子型和非离子型表面活性剂均有良好相容性。氧化胺具有发泡、乳化、润滑、抗静电和润湿等性能，对皮肤温和，对眼睛刺激小。在化妆品中主要有烷基二甲基氧化胺、烷基二羟乙基氧化胺及烷酰丙氨基二甲基氧化胺三种。

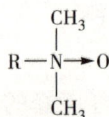

$$R—\overset{\overset{\displaystyle CH_3}{|}}{\underset{\underset{\displaystyle CH_3}{|}}{N}}{\rightarrow}O$$

烷基二甲基氧化胺（R=C$_{12}$~C$_{18}$烷基）

4. 磷脂类

磷脂类物质是在所有的生物有机体中都能找到的天然两性表面活性剂，磷脂类表面活性剂主要来源于大豆。磷脂酸是磷脂的基础结构，包括 α- 和 β- 磷脂酸两种。磷脂由两个脂肪酸基和一个含有胺的磷酸基的甘油酯组成，由磷脂酸形成磷脂结构。磷脂与皮肤有良好的适应性和渗透性，可增加皮肤的柔软性和弹性，具有延缓衰老的功效，常用作膏霜和乳液的乳化剂、泡沫稳定剂，不做洗涤剂使用。

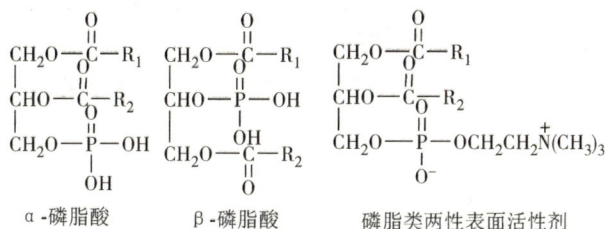

α- 磷脂酸　　　β- 磷脂酸　　　磷脂类两性表面活性剂

（四） 非离子型表面活性剂

非离子型表面活性剂溶于水不发生解离，亲水基是由一定数量的含氧基团，如羟基和聚氧乙烯基等构成的。按照亲水基不同，可分为聚乙二醇型和多元醇型。不易受 pH 和电解质的影响，稳定性好，并有良好的溶解性，相容性好。具有良好的洗涤、乳化、发泡、增溶、杀菌和抗静电等作用，应用广泛。

1. 聚乙二醇类

用具有活泼氢原子（—OH、—COOH、—NH$_2$ 和 —CONH$_2$）的亲油性原料和环氧乙烷进行加成反应制得。分子结构中既有亲油基团、又有亲水基团（聚氧乙烯基链）。

（1）长碳链脂肪醇聚氧乙烯醚（脂肪醇聚醚-n）　由长碳链脂肪醇与环氧乙烷进行加成反应制得，可与不同数目的环氧乙烷分子加成，n 在 10~15 时，则表现出较好的洗涤能力，反应式为如下。

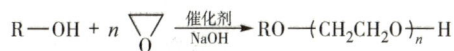

其中 ROH 可为月桂醇、十四醇、鲸蜡醇、油醇与硬脂醇等。脂肪醇聚醚稳定性高，生物降解性和水溶性好，且具有良好的润湿性能，可用作奶液类化妆品的乳化剂。

（2）烷基酚聚氧乙烯醚（烷基酚聚醚-n）　利用酚羟基与环氧乙烷进行加成反应制得，反应式为：

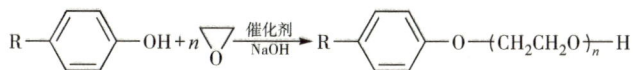

其中 R— 为 C$_9$H$_{19}$— 时，生成壬基酚聚氧乙烯醚；当 n 不同时，作用不同，用途和范围也有区别。烷基酚聚氧乙烯醚稳定性好，具有耐酸碱、耐氧化、耐硬水及耐盐类的特点，可与阴离子型、阳离子型及非离子型表面活性剂混用。

（3）脂肪酸聚氧乙烯酯（PEG-n 脂肪酸酯）　由脂肪酸与环氧乙烷加成而制得，分子式为 RCOO（CH$_2$CH$_2$O）$_n$H。乙氧基数目越多，增稠能力就越强。与前两类聚乙二醇型表面活性剂性能相比，其洗涤和渗透能力较差，而且在酸碱存在条件下可能发生水解。常用的脂肪酸有月桂酸、油酸、硬脂酸等。

2. 多元醇酯类

（1）甘油酯类　甘油与高级脂肪酸进行酯化制得的多元醇酯类物质，包括单脂肪酸甘油酯和聚甘油脂肪酸酯两类。具有良好的乳化性能和对皮肤的滋润性能，常用于护肤膏霜等各类化妆品。

1）单脂肪酸甘油酯：是一类亲油性乳化剂，用于 W/O 型或 O/W 型膏霜、乳蜜等化妆品。

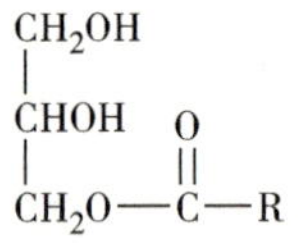

$$CH_2OH$$
$$|$$
$$CHOH$$
$$|　　O$$
$$CH_2O—C—R$$

单脂肪酸甘油酯

2）聚甘油脂肪酸酯类：聚甘油与脂肪酸酯化制得的从亲水性到亲油性的酯类。用作 O/W 型的乳化剂、增稠剂、保湿剂、分散剂等。

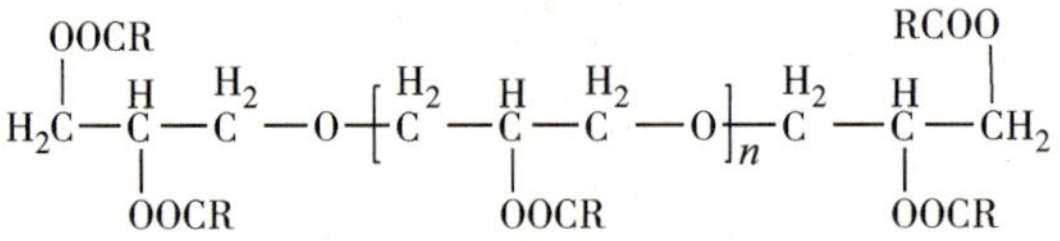

聚甘油脂肪酸酯

（2）山梨醇酯类　山梨醇经分子内失若干分子水成为失水山梨醇。由二失水山梨醇制得的表面活性剂表现出良好的各种性能（尤其是乳化性能）。

1）失水山梨醇脂肪酸酯：商品名为司盘（Span），是一类亲油性乳化剂，乳化效果较好，广泛用于 W/O 型膏霜类化妆品。

常用的主要有：①失水山梨醇单月桂酸酯（司盘-20），其 HLB 值为 8.6。②失水山梨醇单棕榈酸酯（司盘-40），其 HLB 值为 6.7。③失水山梨醇单硬脂酸酯（司盘-60），其 HLB 值为 4.7。④失水山梨醇单油酸酯（司盘-80），其 HLB 值为 4.3。

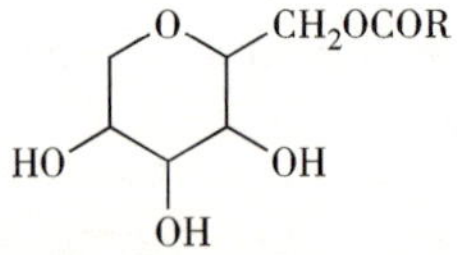

失水山梨醇脂肪酸酯（司盘）

2）聚氧乙烯失水山梨醇脂肪酸酯：是由失水山梨醇脂肪酸酯进一步乙氧基化得到的，商品名为吐温（Tween）。这类表面活性剂有很好的稳定性，可作为 O/W 型乳化剂，广泛用于各类化妆品中。

常用的主要有：①聚氧乙烯失水山梨醇单月桂酸酯（吐温-20），其 *HLB* 值为16.7。②聚氧乙烯失水山梨醇单棕榈酸酯（吐温-40），其 *HLB* 值为15.6。③聚氧乙烯失水山梨醇单硬脂酸酯（吐温-60），其 *HLB* 值为14.9。④聚氧乙烯失水山梨醇单油酸酯（吐温-80），其 *HLB* 值为15。

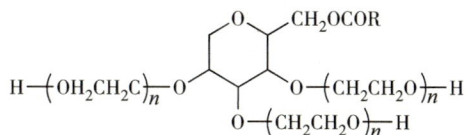

聚氧乙烯失水山梨醇脂肪酸酯（吐温）

（3）糖类衍生物　包括蔗糖酯类和葡萄糖苷类，主要是以糖类为原料，在一定的催化条件下，与脂肪酸或醇类通过脱水聚合、分离纯化等工艺制备而成。此类表面活性剂无毒无味，性质温和，可生物降解，在酸性、碱性和高电解质体系中表现出很好的相容性。

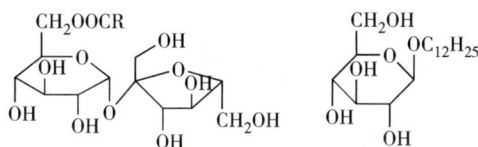

蔗糖酯　　　　　葡萄糖苷

（4）烷基醇酰胺类　由脂肪酸和单乙醇胺或二乙醇胺缩合而成，是一类多功能的非离子表面活性剂，具有使水溶液和一些表面活性体系增稠的特性，其性能取决于组成的脂肪酸和烷醇胺的种类、两者之间的比例和制备方法。

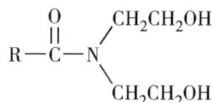

烷基醇酰胺（R为C_{11}为主的碳链）

（五）　特殊类型表面活性剂

1. 有机硅类表面活性剂

有机硅类表面活性剂一般是以聚硅氧烷为亲油基团，聚醚链为亲水基团构成的一类表面活性剂。此类表面活性剂具有比其他类别表面活性剂更好的表面活性与铺展性，能够显著降低水的表面张力，尤其适合作为制备 W/O 型体系的乳化剂。

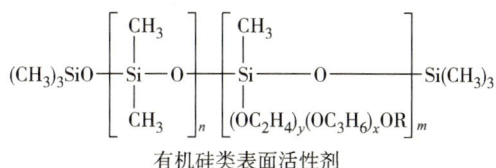

有机硅类表面活性剂

2. 高分子表面活性剂

高分子表面活性剂也由亲水和亲油基团两部分组成。此类表面活性剂在表面张力、去污力、发泡能力和渗透性能方面比较差。因其在各种界面处有很好的吸附作用，故具有良好的乳化、凝聚、分散作用，并且毒性小。大多不形成胶束，与低分子表面活性剂有很大的差别，用量大时还具有较强的稳泡、增稠、成膜等作用。按来源可分为天然高分子表面活性剂（酪蛋白、淀粉、纤维素）和合成高分子表面活性剂（高分子聚合物）；按离子分类，高分子表面活性剂可分为阴离子型、阳离子型、两性型和非离子型。

第五节　水溶性聚合物

一、化妆品用水溶性聚合物应具备的条件

在化妆品中使用的水溶性聚合物应具备以下条件：①无毒、安全。②无臭、无味、质量稳定。③溶解性和匹配性好。

二、化妆品用水溶性聚合物的分类与作用

按来源及聚合物的结构类别分为有机天然聚合物、有机半合成聚合物、合成聚合物和无机水溶性聚合物四大类。

水溶性聚合物在化妆品中主要具有以下几方面作用：①增稠、增黏或凝胶化作用。②保护胶体作用：对悬浮液或乳状液等分散体系有保护和稳定化作用。③稳定泡沫作用。④成膜作用。⑤润滑和保湿作用。⑥黏合作用。⑦营养作用。

三、化妆品中常用的水溶性聚合物

（一）有机天然水溶性聚合物

1. 聚多糖类水溶性聚合物

（1）透明质酸　透明质酸指的是D-葡萄糖醛酸及N-乙酰葡糖胺组成的双糖单位玻尿酸，又称糖醛酸，是一类不含硫的大型多糖。能吸收自身500倍以上的水分，是性能最佳的保湿成分，在保养品和化妆品中应用广泛。

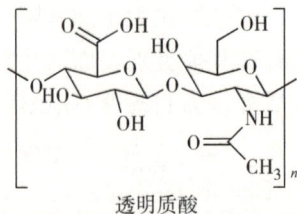
透明质酸

（2）脱乙酰壳多糖　甲壳素是自然界存在的唯一一类天然碱性多糖，生物量巨

大。甲壳素和壳聚糖在 C_2 位上分别被一个乙酰氨基和氨基所代替，壳聚糖（chitosan）是甲壳素脱乙酰基的产物。甲壳素和壳聚糖具有生物降解性、细胞亲和性和生物效应等许多独特的性质，特别是含有游离氨基的壳聚糖具有优异的生物活性，应用非常广泛。

壳聚糖结构中的氨基比甲壳素分子中的乙酰氨基活性更强，使得该多糖具有优异的生物学功能并便于化学修饰。因此，壳聚糖被认为是比纤维素具有更广应用前途的功能生物材料；无毒、无味、具有抑菌作用。化妆品中加入壳聚糖，可提高产品的成膜性，且不引起任何过敏刺激反应。

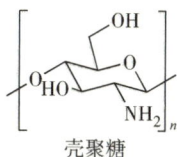

壳聚糖

（3）其他多糖类有机天然水溶性聚合物 在化妆品中经常使用的天然水溶性聚合物有海藻酸和海藻酸酯（盐）、果胶、鹿角菜胶、黄原胶、阿拉伯胶、黄蓍树胶和瓜尔豆胶等，主要用途见下表（表3-5）。

表3-5 常用多糖类有机天然水溶性聚合物在化妆品中的主要应用

原料名称	在化妆品中的主要应用
海藻酸	用于增稠剂、悬浮剂、乳化剂及稳定剂
海藻酸钠	用于胶体保护剂、黏合剂、成膜剂、增稠剂及保湿剂
果胶	作为胶体保护剂和乳化剂等，用于牙膏及微酸性乳液等化妆品
鹿角菜胶	用于牙膏的悬浮剂及粉饼的黏合剂、乳剂化妆品的增稠剂和悬浮剂
黄原胶	用于悬浮剂、增稠剂及保湿剂
阿拉伯胶	用于化妆品的增黏剂、乳化稳定剂及润肤剂等
黄蓍树胶	用于牙膏中的增稠剂、悬浮剂和黏结剂，也可用于发胶等发类化妆品
瓜尔豆胶	用于化妆品的增稠剂、乳化剂、稳定剂及保湿剂等

2. 水解蛋白类水溶性聚合物

水解蛋白类水溶性聚合物是用奶酪素或血纤维经酸解或酶解制得的一类淡黄色或灰黄色粒状物或块状物，易潮解，有特殊气味，能溶于水。水解蛋白类水溶性聚合物能够和皮肤产生良好的相容作用，利于营养物质的渗透，并在皮肤表面形成保护膜，使皮肤光滑细腻，减少皱纹。

（1）动物蛋白 动物蛋白主要有水解胶原蛋白、季铵化水解胶原蛋白、弹性蛋白和角蛋白等，主要用途见下表（表3-6）。

表 3-6　动物蛋白在化妆品中的主要应用

原料名称	在化妆品中的主要应用
水解胶原蛋白	有较好吸水性、溶解性和保水性，适于油性化妆品和保湿型化妆品，增加皮肤机械强度，改善力学性能，增加柔软度、保湿能力，有抗皱作用
季铵化水解胶原蛋白	与洗发或沐浴用品混合产生美容效果的产品，用于香波调理剂、保湿剂，在香波中有增泡、稳泡、抗沉积作用；改善头发的梳理性和后柔软性、滑爽性；具有护理头皮、防止脱发的辅助功效
弹性蛋白	增强皮肤的弹性和柔软性，具有防止老化和促进再生作用，消除皱纹
角蛋白	用于洗发和护肤等化妆品，可制成洗面奶、护肤霜、口红等化妆品的湿润剂

（2）植物蛋白　植物蛋白主要有水解大豆蛋白、烷基季铵化水解大豆蛋白、玉米谷氨酸丝蛋白和水解麦蛋白，主要用途见下表（表3-7）。

表 3-7　植物蛋白在化妆品中的主要应用

原料名称	在化妆品中的主要应用
水解大豆蛋白	高效保湿剂，对抗皱纹，用于日夜霜化妆品等
烷基季铵化水解大豆蛋白	用作乳化剂、分散剂、增溶剂、絮凝剂，具有优良的抗静电性能
玉米谷氨酸丝蛋白	具有去角质、紧肤、抗衰老、美白、抗氧化等作用
水解麦蛋白	具有保湿、抗氧化作用、可柔软细化皮肤，滋润皮肤，减少皱纹

（二）半合成水溶性聚合物

半合成水溶性聚合物是指将天然水溶性聚合物经过化学改性而制得的一类物质，化妆品中常用的有纤维素衍生物和变性淀粉等。

1. 纤维素衍生物

纤维素衍生物是纤维素中的羟基经酯化或醚化反应后的一类生成物。按照生成物的结构特点可以将纤维素衍生物分为纤维素醚和纤维素酯以及纤维素醚酯三大类。此外，还有酯醚混合衍生物。

化妆品中常用的纤维素衍生物有甲基纤维素、乙基纤维素、羟乙基纤维素和羟丙基纤维素等。

2. 变性淀粉

将淀粉利用物理、化学或酶法进行处理，分子结构上引入新官能团或改变淀粉分子大小和淀粉颗粒性质，继而改变淀粉的天然特性，这种淀粉统称为变性淀粉。主要为环糊精（CD）物质，根据结构不同又分为α-环糊精、β-环糊精、γ-环糊精，其中β-环糊精应用最多，在化妆品中具有以下性能：①可延长化妆品的保质期和储存期。②减小刺激性。③有表面活性剂样乳化作用，用来制备乳剂化妆品。④保持化妆品长久的留香特性。⑤增强化妆品的脱异味作用且具有抑菌作用。

（三） 合成水溶性聚合物

1. 聚乙烯类

（1）聚乙烯醇（PVA） 为无臭、无味的白色粉末，易溶于水，加热溶解易沉淀，用作黏合剂、增稠剂和成膜剂。

（2）聚乙烯吡咯烷酮（PVP） 是一种水溶性的聚酰胺，用作整发化妆品的成膜剂，还可用于稳定泡沫、增稠以及降低化妆品的刺激性等。

（3）聚乙烯吡咯烷酮/乙酸乙烯酯共聚物 聚乙烯吡咯烷酮经改性的水溶性聚合物。用作整发产品的成膜剂，有护发定型的作用。

2. 聚氧乙烯

环氧乙烷经聚合而制得的无臭、无味的白色粉末，水溶液具有高黏性，用作黏合剂、增稠剂和成膜剂等。

3. 聚乙二醇（PEG）

PEG是环氧乙烷在微量水存在下经聚合得到。根据平均相对分子质量大小，PEG可从无色透明黏稠液体（200～700）到白色脂状半固体（1000～2000）直至坚硬的蜡状固体（3000～20000）。低分子量的聚乙二醇（600以下）作为保湿剂、增稠剂和乳化稳定剂，用于膏霜、乳液、牙膏、剃须膏及免洗护发制品的制备等。

4. 丙烯酸类聚合物

中文名为"卡波""卡波树脂"等，根据聚合度不同可分为940、941和934等不同型号，且均为白色、疏松、弱酸性的粉末，是一类非常重要的流变调节剂。中和后的聚羧乙烯（Carbopol）树脂性质稳定，具有较强的增稠作用，广泛用于凝胶、膏霜、乳液等类型的化妆品中。不同型号的Carbopol树脂，其用途也有所不同。

5. 丙烯酰胺类共聚物

丙烯酰胺类共聚物分为非离子、阴离子、阳离子和两性型四种结构，具有絮凝、分散、成膜、增稠等作用。

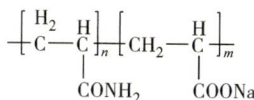

$$\left[\begin{matrix} H_2 \\ C \end{matrix} - \begin{matrix} H \\ C \end{matrix}\right]_n \left[CH_2 - \begin{matrix} H \\ C \end{matrix}\right]_m$$
$$\quad\quad CONH_2 \quad\quad COONa$$

丙烯酰胺类共聚物

6. 聚季铵盐类

聚季铵盐类作为新一代的季铵盐，聚季铵盐类属强阳离子高分子聚合物在水中溶解性能良好，具有广谱、高效的杀菌能力，并具有一定的分散、渗透作用，兼具一定的去油、除臭能力，可作为柔软剂、抗静电剂、乳化剂、调理剂等，用于洗化行业的抗菌剂，如阳离子羟乙基纤维素聚铵盐类。

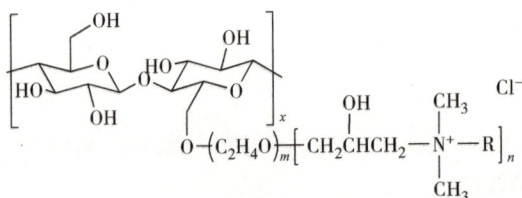
阳离子羟乙基纤维素聚铵盐

（四）　无机流变性调节剂

1. 硅酸镁钠

硅酸镁钠可溶于水，但用水分散需要一定时间，与水的短时间接触不能溶解，因此具有抗水性，具有无机纳米颗粒性质，能使皮肤产生丝滑清爽的使用感，还有增强膏体滋润感的作用，可复配传统乳化剂用于水包油膏霜产品中。

2. 硅酸铝镁

硅酸铝镁比表面积非常大，微孔数量巨大，不溶于醇和水，可作为吸附剂、吸收剂（能够吸收三倍质量的液体）和防潮剂等，在化妆品中多作为增稠剂使用。

第六节　防腐剂与抗氧剂

一、防腐剂

（一）　化妆品用防腐剂的要求

防腐剂是指能够防止或抑制微生物生长和繁殖的物质。化妆品用防腐剂应具有如下特性：①有广谱的抗菌性。②对光和热稳定。③对产品性质无明显影响。④具有合适的水/油分配系数。⑤使用安全、无致敏作用和刺激性。⑥与其他组分相容性好。⑦对产品的 pH 值无明显影响。⑧价格低廉，易于采购。

（二）　化妆品中准用防腐剂

国际上准许使用的化妆品防腐剂逾 200 种，我国《化妆品安全技术规范》（2015版）中列出 51 项在化妆品中准许使用的防腐剂，《化妆品安全技术规范》中所列的防腐剂为准用防腐剂。《化妆品安全技术规范》中介绍了每种防腐剂的中文名、英文名、国际化妆品原料命名（INCI）、化妆品使用时的最大允许浓度、适用范围和限制条件，以及标签上必须标印的使用条件和注意事项。按化学结构类型可分为醛类、酯类、季铵盐类、酸及其盐类、酚及其衍生物类、醇类、醚类、无机盐类等。

1. 酯类

酯类是应用普遍的一类具有广谱抗菌作用的防腐剂，4-羟基苯甲酸酯类为代表性物质。酯类水溶性较低，生物降解性差。准用的酯类防腐剂有4-羟基苯甲酸酯类、碘丙炔醇丁基氨甲酸酯。

4-羟基苯甲酸酯，商品名称为尼泊金酯，主要有尼泊金甲酯、尼泊金乙酯、尼泊金丙酯、尼泊金异丙酯和尼泊金丁酯等不同品种。

2. 酚类

酚类是种类较多的消毒杀菌剂，性质稳定，生产工艺简单，腐蚀性弱，低浓度下对人体基本无害。但是具有特殊气味，且对皮肤有一定的刺激性。准用酚类防腐剂有苄氯酚、氯二甲酚、溴氯芬、邻苯基苯酚及其盐类等。

3. 醇醚类

醇醚类是以苯氧乙醇为代表的苯环取代的一类醇醚化合物，具有弱毒性、安全性好、抗菌谱较窄、抗菌作用较弱等特点。该类准用的防腐剂有苯甲醇、苯氧乙醇、苯氧异丙醇、二氯苯甲醇、三氯叔丁醇、氯苯甘醚、三氯生、2-溴-2-硝基丙烷-1,3二醇。

4. 羧酸及其盐类

大多数以盐类形式用于化妆品中，抗菌活性与pH有关。生物降解性好，安全性高；缺点是抗菌谱窄，只能在较窄pH范围内使用。准用羧酸及其盐类防腐剂有甲酸、丙酸、苯甲酸、山梨酸、水杨酸、脱氢醋酸及其盐。

5. 季铵盐类

季铵盐类是一类阳离子表面活性剂，低浓度时有抑菌作用，较高浓度时具有灭菌杀毒作用，防腐效率高、毒性低、刺激性小、水溶性好、性质稳定、生物降解性好、使用安全，缺点是对微生物的作用有选择性、易受有机物影响，价格较高等。准用季铵盐类防腐剂有苯扎氯铵、苄索氯铵、西曲氯铵（十六烷基三甲基氯化铵）、硬脂基三甲基氯化铵等。

6. 甲醛及甲醛供体类

甲醛及甲醛供体类在使用过程中缓慢地释放出微量游离甲醛的物质。准用的醛类防腐剂有甲醛、多聚甲醛、甲醛苄醇半缩醛、1,3-二羟甲基-5,5-二甲基海因（DMDM乙内酰脲）、咪唑烷基脲、双（羟甲基）咪唑烷基脲等。

7. 噁唑烷类

抗菌广谱，对细菌、霉菌及藻类均有活性，使用pH范围广。准用的噁唑烷类防腐剂有5-溴-5-硝基-1,3-二噁烷、7-乙基双环噁唑烷。

8. 无机盐类

《化妆品安全技术规范》所列准用的无机盐防腐剂有苯汞的盐类（硫柳汞、硼酸苯汞）、沉积在二氧化钛上的氯化银。

9. 其他

其他的有三氯卡班、甲基异噻唑啉酮、N-羟甲基甘氨酸钠等。

（三） 防腐剂复配体系

1. 防腐剂复配使用的目的

通常情况下，单一品种防腐剂的抗菌谱都是有限的，不可能对所有微生物都具有较强的抗菌活性。为使产品防腐体系达到最优的效果，防腐剂生产厂家为化妆品生产厂家提供了一些有效的广谱防腐剂复配体系，以提高防腐效果，拓宽抗菌谱，且使防腐剂的添加更为方便。防腐剂复配体系的优势具体有以下几方面：①将抑制细菌的防腐剂与抑制霉菌的防腐剂复配，拓宽抗菌谱，提供完整的防腐体系。②将一些难溶的防腐剂溶解于溶剂或液态防腐剂中，使得这类防腐剂的添加更为方便。③由于防腐剂的添加量都很低，若直接加入配方中，容易造成混合的不均匀性，特别是少量固体容易黏附在乳化罐的内壁上，为解决这一问题，可将防腐剂预先配制成溶液，制成防腐剂复配体系。

2. 常用防腐剂复配体系

防腐剂复配物的出现，为化妆品生产厂家提供了极大的便利，化妆品生产厂家可根据产品需要，选择适宜的防腐剂复配物，在生产过程中直接添加即可。目前，市售的防腐剂复配体系主要有以下几种。

（1） 羟苯类防腐剂复配体系 羟苯类防腐剂复配体系中均含有羟苯酯类（尼泊金酯类）防腐剂，此类防腐剂是化妆品中使用最广泛的一类，使用时间悠久，广谱抗菌，抗真菌活性最好，稳定性强。易被皮肤吸收，和紫外线接触会加快皮肤老化，一般不添加于儿童用品中。此复配体系可分为两类：①典型羟苯酯类防腐剂复配体系：主要是羟苯酯类防腐剂中的羟苯甲酯、乙酯、丙酯、丁酯、异丙酯等不同品种复配在一起组成，有些体系中也添加苯氧乙醇等。②羟苯酯类防腐剂中的不同品种与双（羟甲基）咪唑烷基脲，或咪唑烷基脲，或DMDM乙内酰脲复配而成。

（2） 甲基异噻唑啉酮/甲基氯异噻唑啉酮复配体系 此类复配体系中均含有甲基异噻唑啉酮和甲基氯异噻唑啉酮。甲基异噻唑啉酮/甲基氯异噻唑啉酮是一类广谱的防腐剂，对所有微生物都具有优异的抗菌活性。《化妆品安全技术规范》参考欧洲联盟的法规，规定甲基异噻唑啉酮在化妆品中最大允许使用浓度为0.01%，不同于欧盟的是，我国没有禁止甲基异噻唑啉酮用于驻留型化妆品中。在复配体系中，除了甲基异噻唑啉酮和甲基氯异噻唑啉酮复配外，同时根据需要再与苯氧乙醇、羟苯酯类、乙基己基甘油以及丙二醇、苯甲醇等复配成不同的复配物。

（3） 碘丙炔丁基氨甲酸酯复配体系 碘丙炔丁基氨甲酸酯具有广谱抗菌活性，尤其是对霉菌及酵母菌有很强的抑杀作用，是目前最有效的防霉剂，可以和很多防腐剂复配使用，配伍性佳，禁用于唇部、体霜和体乳。此类复配体系中，碘丙炔丁基氨甲酸酯多与甲基异噻唑啉酮，或DMDM乙内酰脲，或甲基二溴戊二腈，或苯氧乙醇、苯甲醇、丙二醇等复配而成。

（4） 甲基二溴戊二腈复配体系 甲基二溴戊二腈别名溴菌腈（或休菌腈）。广谱、低毒的防腐、防霉、灭藻杀菌剂，能抑制和杀死细菌、真菌和藻类的生长。此类防腐剂可与羟苯酯类、甲基异噻唑啉酮、甲基氯异噻唑啉酮、碘丙炔丁基氨甲酸酯以及苯氧乙醇等配合组成复配体系。

二、抗氧剂

（一）抗氧剂的含义

抗氧剂是指能够防止和减缓油脂等化妆品成分氧化酸败的物质。抗氧剂的加入，可以防止原料中不饱和油脂成分被氧化而产生酸败，以及维生素等活性成分被氧化破坏，从而能够保证化妆品在保质期内的有效性和安全性。

（二）油脂的氧化

1. 油脂氧化的机制

油脂氧化的过程一般是按自由基链式反应进行的，包括链引发、链增长和链终止三个阶段。在链引发阶段，油脂分子 RH 受热或氧化产生 R· 自由基，在链增长阶段 R· 自由基继续在氧的作用下自动氧化生成过氧化自由基 ROO· 和氢过氧化物 ROOH，ROOH 可继续分解成 RO·，不同的自由基或相同的自由基相互结合发生猝灭失活到达链终止阶段。

油脂中的不饱和脂肪酸在氧化过程中，产生的烷氧自由基使主碳链断裂，生成醛、醛酸和过氧化物等，使油脂酸败变质。

2. 影响油脂氧化的因素

油脂的氧化过程极其复杂，影响油脂氧化的因素有外因和内因之分。外因主要有金属离子、光照、水分、温度等；内因主要指油脂中脂肪酸的不饱和度。

（1）金属离子　一方面金属离子对油脂氧化起催化作用，同时会使抗氧化剂失效；另一方面在油脂的提取、精制及储存过程中，金属容器、提取物中的叶绿素、色素都会引入金属离子。加入金属离子螯合剂可消除和减弱金属离子对油脂的促氧化作用。

（2）光照　光照会引起过氧化物的生成和分解；紫外线对自由基反应有诱导效应和催化作用。使用有色或不透明的包装容器可有效防止光照对油脂稳定性所产生的影响。

（3）水分和温度　过多的水分及温度升高为微生物的生长提供了必要的条件，微生物所产生的酶使油脂发生水解反应，加速油脂的自动氧化。按动力学规律，温度每升高 10℃，氧化速度变为原来 2~4 倍。

（4）油脂分子的不饱和度　油脂中不饱和脂肪酸的双键数目和位置与其对氧化作用的敏感度有直接关系。分子结构内的不饱和键越多，就越容易被氧化，如亚油酸比油酸更容易被氧化。

（三）抗氧剂的作用机制

按抗氧化机制的不同，抗氧剂可分为链终止性抗氧剂和预防型抗氧剂。

1. 链终止型抗氧剂

链终止型抗氧剂又称主抗氧剂，能够与活性氧自由基 RO·、ROO· 等结合，生成稳定的化合物或低活性自由基，从而阻止链的传递和增长。

（1）自由基捕获体　自由基捕获体与自由基反应使之不再进行引发链反应，或者使自动氧化反应稳定化。如某些酚类化合物作抗氧剂时能产生 ArO· 自由基，具有捕获 ROO· 自由基的作用。

（2）氢给予体　某些具有反应活性的仲芳胺和受阻酚类化合物作为氢给予体，可与油脂中易被氧化的组分竞争自由基，发生氢转移反应，生成稳定的自由基，降低油脂自动氧化反应速度。

2. 预防型抗氧剂

预防型抗氧剂又称辅助抗氧剂。

（1）过氧化物分解剂　此类抗氧剂能够与过氧化物反应，生成稳定的非自由基产物，从而阻止过氧化物的自身分解，阻断链式反应的进行。此类抗氧剂包括一些金属盐、含硫化合物（如半胱氨酸、蛋氨酸、硫代二丙酸、硫脲、蛋氨酸等）和亚磷酸酯类化合物。

（2）金属离子螯合剂　金属离子螯合剂能够与金属离子生成稳定的络合物，避免金属离子对化妆品中油脂成分氧化反应的催化作用，如柠檬酸、葡萄糖酸、乙二胺四乙酸（EDTA）、酒石酸及其盐类和酯类、聚磷酸等。

（四）抗氧剂的结构特征与分类

1. 抗氧剂的结构特征

按照抗氧剂作用机制，抗氧剂结构应具有以下特征。

（1）分子内具有活泼氢原子，而且比被氧化分子的部位上活泼氢原子更容易脱出，如胺类、酚类和氢醌类分子等。

（2）苯酚类和苯胺类结构中的邻、对位上引入给电子基（如烷氧基、烷基等），使得胺中的 N–H 和酚中的 O–H 容易释放出 H 原子，提高链终止反应的能力。对于酚类抗氧剂，羟基邻位的取代基引起的空阻效应，可提高抗氧剂性能。

（3）抗氧自由基的活性要低，从而减少链引发的可能性，但又必须参加链终止反应。

（4）抗氧剂中具有较大的共轭体系会提高其抗氧性能，随着共轭体系的增大，自由基单电子的离域程度就越大，这种自由基也越稳定。

（5）抗氧剂本身要难被氧化，或者氧化速率要低，否则起不到抗氧作用。

2. 抗氧剂的分类

按化学结构不同，可将抗氧剂大致分为以下五类：①酚类：包括丁基羟基茴香醚、丁基羟基甲苯、2,5-二叔丁基对苯二酚、没食子酸及其丙酯等。②醌类：包括叔丁基氢醌等。③胺类：包括乙醇胺、磷脂、异羟肟酸、嘌呤、酪蛋白等。④有机酸、酯及醇类：包括柠檬酸、草酸、酒石酸、硫代丙酸、葡萄糖醛酸、半乳糖醛酸及其酯等。⑤无机酸及其盐类：包括磷酸、亚磷酸、聚磷酸及其盐类。前三类起主抗氧剂作用，后两类则起辅助抗氧化剂作用。

（五） 化妆品中常用抗氧剂

1. 丁基羟基茴香醚

丁基羟基茴香醚（BHA）为稍带酚性气味的白色蜡状固体。不溶于水，易溶于油。遇铁金属等会变色，光照也会使之变色。在有效浓度内无毒，是化妆品中通用的抗氧剂，最大允许限量为0.15%。

2-BHA　　　　3-BHA
丁基羟基茴香醚

2. 丁基羟基甲苯

丁基羟基甲苯为白色或淡黄色晶体。易溶于油脂，不溶于水及碱溶液。与柠檬酸和维生素C等配伍使用，能提高抗氧性，最大允许限量为0.15%。

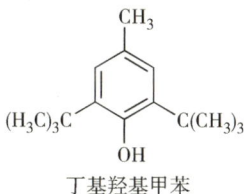

丁基羟基甲苯

3. 2,5-二叔丁基对苯二酚

2，5-二叔丁基对苯二酚为白色或淡黄色粉末。不溶于水及碱溶液。在植物油脂中有较好的抗氧性。

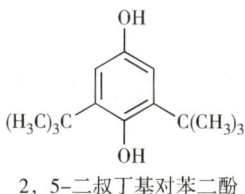

2，5-二叔丁基对苯二酚

4. 没食子酸丙酯

没食子酸丙酯为无臭、有微苦味的白色至淡黄褐色结晶粉末，易溶于热水、乙醇、植物油和动物油脂，耐热性较好，最大允许限量为0.15%，单独使用或与柠檬酸等复配使用，均有较好的抗氧性。

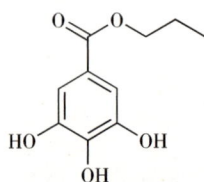

没食子酸丙酯

5. 维生素 E

维生素 E 又称 α-生育酚，略带气味的红色至红棕色黏稠液体，不溶于水，溶于乙醇和植物油，对光和热稳定，主要用作高级化妆品的抗氧剂，一般用量小于 0.1%。

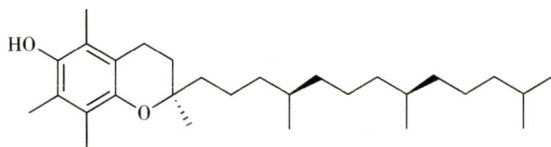

维生素E

6. 叔丁基氢醌

叔丁基氢醌为略有气味的白色或淡棕色结晶，是一种较新的抗氧剂，一般用量小于 0.02%。

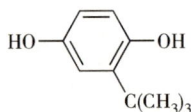

叔丁基氢醌

7. 小麦胚芽油

小麦胚芽油为有特殊气味的微浅黄色透明油状液体，为优良的天然抗氧剂，生育酚的含量非常高，且含有少量其他天然抗氧化剂，如阿魏酸与二羟基-γ-谷甾醇结合成的酯。此外，小麦胚芽油也有优异的润肤作用。

第七节　香精与着色剂

一、香料与香精

（一）香料的概念

香料是指在常温下能够散发出香气的物质，可以是单一成分或复合成分，一般为淡色油性液体，树脂类香料则为黏性液体或结晶体，相对密度小于 1，不溶于水，可溶于酒精等有机溶剂，香料本身也可作为溶剂。

香料分子中常含有—OH、—NH$_2$、—SH、—CHO、—COOH、—COOR、—CN、—SCN、—NCS 等发香基团。

（二）香料的分类

按来源可分为天然香料和合成香料两类。

1. 天然香料

天然香料是指从动植物生理器官或分泌物中经加工后得到的含有发香成分的一类物质。

动物香料主要有麝香、灵猫香、海狸香和龙涎香四种。动物香料来源较少，价格十分昂贵，是配制高档香精不可缺少的定香剂。

植物香料是从植物的花、叶、枝、皮、果实、根茎及种子各器官或树脂中提取出来的有机混合物。外观呈油状、膏状、树脂、半固态或固态。植物香料均取自植物的精油（挥发油）。

2. 合成香料

合成香料是指通过有机合成的方法制得的香料，具有化学结构明确、纯度高、产量大、品种多、价格低特点。合成香料弥补了天然香料的不足，扩大了香料的获取途径，也大大增加了香料的种类。

（三）香精

将若干种香料按一定的比例和顺序调制成具有一定香气、香型或具有一定用途的调和香料的过程称为调香，得到的调和香料称为香精。香精内含有挥发性不同的香气组分，从而形成香型和香韵的差别。香精在化妆品中用量的百分数称为化妆品的赋香率。

二、着色剂

（一）化妆品用着色剂的分类

着色剂是指具有鲜明浓烈色彩，能使其他物质着色的一类物质。着色剂能赋予化妆品鲜艳靓丽的颜色，在化妆品中不可缺少。

化妆品用着色剂可分为合成色素、无机色素和天然有机色素，还有一类称为珠光颜料的着色剂（如天然鱼鳞片、氯氧化铋、二氧化钛–云母等）。合成色素是以苯、甲苯等芳香烃为原料，经一系列有机反应制得；无机色素是以天然无机矿物为原料而制得，化妆品使用的主要有白色颜料，如氧化锌、钛白粉、高岭土、碳酸钙等，有色颜料包括氧化铁、氧化铬氯、炭黑、群青等；天然有机色素由于其资源和价格等原因，多被合成色素所替代。

（二）化妆品常用着色剂

化妆品中着色剂的添加必须按照《化妆品安全技术规范》（2015 年版）使用。《化妆品安全技术规范》列出 157 项化妆品准用着色剂，介绍了每种着色剂的索引号（CI通用名称）、索引通用名（INCI 名称）、颜色、索引通用中文名、使用范围和使用限制要求。

（三） 化妆品着色剂的命名方法

例如，某种着色剂索引号、索引通用名、索引通用中文名分别为 CI 77480、Pigment Metal 3、颜料金属 3。我国化妆品产品标签上标识的着色剂名称通常是该着色剂的索引号，如 CI 77480。

第八节　美容中药

一、中药在化妆品中的主要作用

中药有营养和药效双重作用，作用温和，适用于化妆品的功能性添加剂。

中药在化妆品中的主要作用如下：①营养作用：蛋白质、氨基酸、糖类、果胶、维生素及无机微量元素等成分有营养作用，以补益性中药居多。②保护作用：脂类、蜡类物质在皮肤表面形成油膜而保护皮肤，且可通过防晒作用而使皮肤免受紫外线的危害。③杀菌消炎作用：各类中药都有不同程度的杀菌或消炎作用。④美白作用：黄酮、香豆素、苯丙素等类成分能够抑制酪氨酸酶活性的化学成分，可以抑制黑色素，有机酸类物质也有美白作用。⑤乳化增溶作用：皂苷、蛋白质、卵磷脂等成分具有乳化增溶作用。⑥抗氧防腐作用：有机酸、醇、醛及酚类等化学成分具有防腐作用，酚、醌及有机酸等化学成分具有抗氧作用；有抗菌作用的中药一般同时具有抗氧防腐作用。⑦赋香作用：芳香性挥发油类成分具有赋香作用。⑧调色作用：中药中天然色素的使用符合健康理念。⑨皮肤渗透促进作用：一些中药具有皮肤渗透促进作用。

二、中药的提取与精制

（一） 中药化学成分的种类

中药化学成分种类繁多，结构复杂。许多化学成分具有重要的生理活性，对人体具有不同的药理作用，具有美容作用。与美容密切相关的成分主要有以下几种。

1. 氨基酸、蛋白质和肽类

随着研究的深入，原来被认为不具有生物活性的无效成分的氨基酸、蛋白质和肽类对皮肤也具有滋养、保湿、修复、美白及抗衰等作用，是外用药和中药化妆品必需的有效成分。许多具有补益作用的中药中都含有此类成分，如人参、灵芝、黄芪、熟地黄、天门冬、当归和茯苓等。

2. 糖类

糖类物质俗称碳水化合物，有广泛的美容作用，如麦冬多糖有优良的保水特性，是天然的保湿成分；昆布多糖兼具保湿作用和活化皮肤成纤维细胞和表皮角质层细胞作用。糖类物质在中药材中分布极其广泛，如枸杞、山药、制何首乌、黄精、茯苓、熟地黄及大枣等，均含有大量的糖类。

3. 有机酸

有机酸种类很多，具有多种美容功效，如亚油酸可有效抑制酪氨酸酶活性，同时具有保湿作用；大黄酸具有抗衰老作用。有机酸广泛地存在于有酸味果实类中药，如五倍子、山楂和乌梅等。

4. 生物碱

生物碱是一类存在于生物体内含氮的有机物，普遍具有显著的生理活性，在所有中药成分中生物活性较强，如苦参碱具有抗炎和抗过敏作用；小檗碱及类似生物碱具有广泛的抑菌性等。生物碱较为广泛地存在于中草药中，如苦参、黄连、黄柏、附子及白鲜皮等。

5. 黄酮化合物

黄酮化合物是一类存在于自然界中具有 2-苯基色原酮结构的化合物，结构中连接有糖基的称为黄酮苷，黄酮在植物体内大多以糖苷的形式存在。由于具有较大的共轭体系，大多数黄酮对紫外线具有强烈的吸收作用，同时具有抗氧化和多种生物活性，如槲皮素具有抗氧化和抗衰老作用；木樨草素对皮肤有较强的渗透能力，在皮肤深层起保湿作用等。含黄酮的中草药有黄芩、银杏叶、槐米、葛根和甘草等。

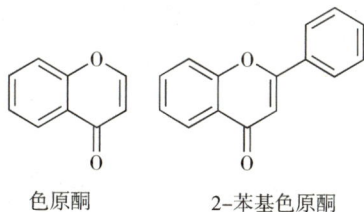

色原酮　　　　　2-苯基色原酮

6. 皂苷

皂苷是一类结构复杂、种类繁多的化合物，其明显特征是其水溶液经摇荡后会产生大量、持久、肥皂样的泡沫。皂苷具有广泛的美容作用，如三七皂苷具有美白、祛斑和抗衰老作用；大豆皂苷具有抗氧化和美白作用。中药材，如人参、三七、甘草和知母等的主要有效成分均为皂苷类物质。

7. 萜类和挥发油

萜类化合物是由至少 2 个异戊二烯结构单元相连接的一类化合物（包括其衍生物）。此类化合物分布广泛、种类丰富，具有多种生物活性，如 β-胡萝卜素能维持上皮组织的正常功能，具有吸收紫外线作用；白及所含萜类具有祛斑美容、嫩滑肌肤、生发、治疗粉刺的功效。中草药，如穿心莲、青蒿、独一味及栀子等均含有丰富的萜类化合物。

挥发油（精油）是存在于植物中的具有挥发性、可与水蒸气一并蒸馏出来的一类油状液体混合物，包括脂肪族化合物、芳香族化合物，但更多为萜类衍生物，主要为单萜与倍半萜类，大多数具有香气及多样的生物活性。沉香挥发油可去除角质层，淡化色斑，增强皮肤弹性，延缓皮肤衰老，还具有保湿补水润肤，美白养颜的功效。中草药，如薄荷、藿香、白芷、川芎、玫瑰花及丁香等均含有挥发油。

8. 酚及醌

小分子酚类衍生物具有挥发性，是精油的组成成分，结构复杂的酚类物质通常具有显著的生理活性。如杜鹃醇具有美白作用，改善肌肤色素沉着，延缓皮肤衰老；丹皮酚能明显吸收紫外线，具有抗菌及抗炎性。中药厚朴、姜黄和芦荟等均含酚类化合物。

醌是碳环上同时具有两个羰基和共轭双键的一类化合物，具有多种生理活性，如芦荟大黄素蒽醌类化合物能使皮肤光泽细腻，头发乌黑靓丽，调节皮肤油脂代谢，疏通收缩毛孔，能够抑制痤疮。制何首乌、丹参、芦荟等中草药中均含有醌类化合物。

除以上几大类化学成分外，中药中还含有甾体化合物、鞣质、苯丙素类、维生素、无机元素等物质，可发挥不同的美容作用。

（二）中药提取

中药在化妆品中主要以中药提取物形式进行添加使用，经过提取、分离、精制等过程制得。提取是指利用合适的溶剂和方法，将药材中有效成分或有效部位最大限度地提取至溶剂的过程。

1. 中药材的前处理过程

新鲜药材经干燥后，活性成分等物质沉积于细胞内，有利于溶剂的渗透和活性成分的浸出。干燥的药材再经粉碎后，可提高提取效率。

2. 常用提取溶剂

使用适当的溶剂才能将药材中的有效成分最大限度地提取出来。溶剂应具备以下特点：①最大限度地提取药材中有效成分，而最小限度地浸出无效和有害物质。②化学性质稳定，不与有效成分发生反应。③可保持有效成分的稳定性和药物疗效。④便宜易得，安全性高。

水可将药材中亲水性成分如有机酸盐、生物碱盐、苷类、氨基酸、蛋白质、多糖及无机盐等浸出。乙醇作为提取溶剂用途很广，水溶性成分如生物碱及其盐类、苷类、糖等和脂溶性成分（挥发油、内酯、芳烃类化合物等）均可被提取。提取亲脂性成分选用高浓度的乙醇，提取亲水性成分选用低浓度的乙醇。

溶剂的选择遵循"相似相溶"的原则，可根据被提取化学成分的极性大小选择溶剂。石油醚、苯、乙醚、氯仿等有机溶剂选择性强，缺点是挥发性大、损失较多、易燃、有的有毒、有的价格较贵。

各类溶剂的极性由小到大的顺序为：石油醚<苯<乙醚<二氯甲烷<氯仿< 丙酮<乙醇<甲醇<水。

3. 提取方法

常见的中药提取方法主要有浸渍法、渗漉法、煎煮法、回流法、水蒸气蒸馏法、超临界流体提取法、超声波提取法及微波提取法等。

（1）**浸渍法**　是将中药用适当的溶剂浸泡一段时间后进行提取的一种方法，本法简单常用，适用于含有热敏成分的中药材，以及含大量淀粉、树胶、果胶、黏液质的黏性中药。本法提取效率较低，不适于贵细药材。

（2）渗漉法 是将溶剂连续地从装有药材的渗漉筒的上部加入，渗漉液从下部流出，从而浸提药材的有效成分。药材一直与溶剂进行接触提取，效率较高，溶剂可以重复套用。本法溶剂用量较大，操作过程烦琐。

（3）煎煮法 药材与水一起加热煮沸，将有效成分提取出来，适用于有效成分能溶于水，而且对热稳定的药材。本法简单易行，是传统汤剂及提取药材有效成分的最基本方法。

（4）回流法 是利用乙醇等挥发性有机溶剂提取有效成分时，提取液被加热后，挥发性溶剂馏出后被冷凝流回提取器中再次提取药材，周而复始，直至有效成分提取完全的方法。

（5）水蒸气蒸馏法 药材与水进行共热蒸馏，挥发油组分随水蒸气馏出，然后分离挥发油的方法，主要用于药材中挥发性成分的提取。由于蒸馏方式不同，水蒸气蒸馏法可分为共水蒸馏法（水中蒸馏法或直接加热法）、水上蒸馏法、通水蒸气蒸馏法。最常用的方法是共水蒸馏法，即药材加水浸没，然后进行加热蒸馏的方法，实验室一般采用挥发油提取器来收集挥发油。

（6）超临界流体提取法 超临界流体是指在一定温度和压力下，其密度和该物质在通常状态下液体密度相当的流体。密度与液体相当，黏度与气体相当。超临界流体能溶解植物药材中的许多化学成分，最常用的是 CO_2。

超临界流体提取法具有提取与蒸馏双重作用，操作周期短，提取效率高，适用于含量低、产值高、高质量成分的提取。

（7）超声波提取法 是利用超声波机械效应、空化效应及热效应等物理作用，通过增大溶剂分子的运动速度及渗透力来提取有效成分的方法。与传统的提取方法相比，具有节约能源、提取率高等优点。

（8）微波提取法 是利用微波能特有剧烈的热效应，在短时间内提取药材中有效成分的方法。具有微波穿透力极强、选择性高、加热效率高等特点。适用于中药有效成分的提取，可选择的溶剂较多、溶剂用量较小，提取过程快速、安全性高、污染小。

（三） 中药提取液的浓缩

浓缩是将中药提取液采用加热、蒸馏等物理方式除去全部或部分溶剂，从而使药液浓度增加的一种过程。浓缩方法主要有常压蒸发、减压蒸发和薄膜蒸发等。

（四） 中药提取液的精制

中药提取液必须经过精制才可提高疗效，以减少用量，并增强了制剂的稳定性，常用的有水提醇沉淀法、醇提水沉淀法、大孔吸附树脂法、透析法、盐析法、酸碱法等。

1. 水提醇沉法

水提醇沉法最为常见，先以水为溶剂对中药进行提取，再向提取液中添加乙醇，杂质不溶于乙醇以沉淀的形式被除去，从而达到精制目的。

（1）适用范围　适用于生物碱盐类、糖苷类、氨基酸类、有机酸等提取液的精制。利用水和不同浓度的乙醇交替处理提取液，可保留上述成分，除去蛋白质、糊化淀粉、黏液质、色素、树脂和糖类等杂质。

（2）操作要点　用水作溶剂对药材进行提取，将提取液浓缩至每毫升含原药材1~2g，加适量乙醇，于低温（5~10℃）下静置12~24小时后，去除沉淀，制得澄清液体。

2. 醇提水沉法

醇提水沉法是以乙醇为溶剂提取药材，再向提取液中加水而除去杂质的方法。本法适用于含蛋白质、鞣质、多糖等水溶性杂质较多的药材的精制，使其不易被乙醇提取出来。树脂、油脂、色素等杂质可溶于乙醇被提取出来，浓缩回收乙醇后，加水搅拌，静置冷藏后可除去这些杂质。

3. 大孔吸附树脂法

大孔吸附树脂可通过分子筛吸附、表面吸附、表面电性及氢键吸附等物理作用将有效成分或有效部位进行吸附，经适当溶剂洗脱回收，可除去杂质进行精制。该法具有如下特点：①提取物纯度高。②杂质分离效率高，增加提取物稳定性。③吸附选择性强、吸附迅速、吸附量大、树脂再生方便等。

4. 透析法

小分子在溶液中可通过半透膜，大分子物质不能通过半透膜，利用以上区别达到分离和精制的方法。半透膜膜孔的大小，按需要分离成分的具体情况进行选择，可选择性地让某些物质通过。

5. 盐析法

盐析法是不同蛋白质在高浓度的无机盐溶液中，溶解度降低而沉淀出来，而与其他成分进行分离的方法。本法适用于有效成分为蛋白质的药材。

6. 酸碱法

当药材有效成分的溶解度随溶液 pH 值不同而有所差异时，可加入酸或碱调节 pH 值至一定范围，使有效成分溶解或析出，以达到分离目的。本法适用于生物碱、糖苷类、有机酸等类化合物的分离。

7. 其他方法

除了以上介绍的常用方法，根据被精制的成分物理性质，还可适用沉淀法、分馏法、膜分离法、升华法、结晶法和色谱分离方法等，根据实际情况和需要，以上方法可以灵活使用，也可多种精制方法配合联用。

三、常用美容中药在化妆品中的主要作用

中药中含有的多种药性成分使其往往具有复合功能，在化妆品中具有多重功效。根据美容中药在化妆品中的主要美容功效的不同，可将其大致分为抗衰养颜类、美白祛斑类、抗痤疮类、生发乌发类和透皮吸收促进剂类。

（一） 抗衰养颜类

抗衰养颜类中药中大多为补益药，常用的中药有人参、白术、灵芝、蜂蜜、蜂王浆、茯苓、鹿茸、黄精、沙棘、芦荟、川芎、菟丝子、麦门冬等，主要功用见下表（表3-8）。

表3-8 抗衰养颜类中药在化妆品中的主要美容作用

中药名称	在化妆品中的主要美容作用
人参	调节新陈代谢，有抗衰老作用和抗氧作用，使肌肤光滑、柔软、富有弹性；对金黄色葡萄球菌等具有抑制作用；皂苷能够增加头发的强度和韧性，使头发乌黑亮泽；用于护肤膏霜乳液、防皱霜等肤用及护发化妆品
白术	可清除自由基，有抗衰老作用；水提物可控制或阻止黑色素的生成，有美白作用；水提物具有保水功能，营养成分可滋润和营养皮肤；用于护肤膏霜及具有增白作用的肤用化妆品
灵芝	提取物能够清除体内氧自由基，具有延缓衰老作用；多种成分是化妆品中极好的营养添加剂及保湿剂；提取物可抑制酪氨酸酶活性，美白效果明显；用于膏霜类化妆品
蜂蜜	皮肤透过性良好，可促进新陈代谢，具有良好保水能力，可滋润皮肤，增强弹性，减少皱纹，使面部细嫩光洁；用于膏霜、乳液类化妆品
蜂王浆	减少皱纹，延缓衰老；营养皮肤，使皮肤柔软有弹性；成分王浆酸能够减轻色素沉着；对多种皮肤病具有一定的预防和改善；用于膏霜、乳液、面膜、化妆水等多种制品
茯苓	用于延年驻颜、润泽面部、乌须黑发等；提取物具有紧肤作用，可以改善皮肤粗糙状况
鹿茸	具有营养作用，黏多糖、核糖核酸等生物活性成分有延缓衰老的作用；含有丰富的自由基清除剂，可减轻色素沉着；含有多种保湿剂（透明质酸、鹿脂酸等），使皮肤湿润，富有光泽弹性
黄精	黄精多糖能增强机体免疫能力，延缓皮肤衰老；黄精提取物对某些致病性真菌有抑制作用，用于皮肤病的治疗；醇浸剂浓缩液可用作化妆品色素；与枸杞等配伍可制成乌发类化妆品
沙棘	主要以沙棘油的形式进行利用，能促进表皮组织再生，用于护肤、护发以及唇膏、粉饼、浴液、香波等化妆品。有抗衰老作用；对皮肤有良好的滋养作用，可滋养柔软皮肤
芦荟	芦荟苷能调理皮肤，有保湿功能；芦荟胶具有显著的滋润和柔润皮肤的作用，可促进创伤愈合；具有去屑止痒、预防白发及脱发之功效；提取物可用作防晒剂、护肤霜、营养霜等各类化妆品
川芎	可活化皮肤细胞以延缓皮肤衰老；能够滋养皮肤、调理毛发，可提高头发的强度和柔顺性；川芎醚提取物和挥发油能够促进各种活性成分的透皮吸收
菟丝子	提取物外用能清除自由基，抑制致病菌，预防粉刺、皮肤粗糙及皮屑增多
麦门冬	提取物能够清除超氧阴离子和羟基自由基，有抗衰老作用；提取物对皮肤有较强的黏着性和伸展性，有保湿作用

（二） 美白祛斑类

美白祛斑类中药主要有甘草、珍珠、三七、天门冬、红花、赤芍、白及、白鲜皮、白僵蚕等，主要功效见下表（表3-9）。

表 3-9　美白祛斑类中药在化妆品中的主要美容作用

中药名称	在化妆品中的主要美容作用
甘草	黄酮类成分能减慢皮肤黑色素的形成，调理舒缓皮肤；提取物具有防晒、止痒及生发作用。
珍珠	用于抗衰驻颜，延长细胞寿命，使皮肤柔润洁白，淡化色斑
三七	润泽和美白肌肤，淡化黄褐斑；与人参、当归合用，可增加头发营养和韧性，阻止产生白发，保持头发柔顺光泽
天门冬	具有显著的抗氧化作用；对皮肤具有营养和保湿作用；可提高头发抗静电性
红花	红花提取物可抑制黑色素沉积，淡化色斑；提取物可抑制过氧化反应，具有抗衰老作用；作为天然色素用于各种化妆品
赤芍	淡化色素斑；有抗炎作用，对粉刺等皮肤病具有辅助治疗作用；苯甲酸及酚类成分，配合其他中药可作为化妆品的防腐剂
白及	临床用于黄褐斑的治疗；所含黏多糖可用于面膜及护发化妆品的制备；有较高的清除自由基活性，具有延缓皮肤衰老的作用
白鲜皮	提取物对黑色素细胞具有强烈的抑制作用，有美白作用；提取物对多种皮肤真菌具有抑制作用，可用于扁平疣等皮肤病的辅助治疗
白僵蚕	祛风退斑及治疗面部斑痕的常用药物。提取物中的水解酶，可使皮肤角质层软化，增强透过性，可促进色素吸收，润肤增白，祛斑除瘢

（三）抗痤疮类

抗痤疮类中药主要有薏苡仁、白芍、苍术、姜黄、黄芩、紫草、射干、蒲公英、丹参、大黄、苦参、地榆、硫黄等，主要功效见下表（表 3-10）。

表 3-10　抗痤疮类中药在化妆品中的主要美容作用

中药名称	在化妆品中的主要美容作用
薏苡仁	薏苡仁内酯可加速皮层血液循环，抑制黑色素生成，调理润滑皮肤；提取物具有抗炎、抑菌及抗紫外线作用，还可营养、柔顺头发
白芍	芍药苷有抗菌及消炎作用，对色斑或粉刺等皮肤病有防治作用；苯甲酸及酚性成分有防腐及抗氧化作用，可作为化妆品的防腐剂和抗氧剂
苍术	苍术挥发油可作为赋香剂，又可祛垢、清洁面部；提取物能够增加皮肤营养，具有良好的抗菌作用。作为化妆品的香料和防腐剂
姜黄	黄色素可用作天然色素；提取物有很强的抗菌及抗炎作用，可防治各种皮肤病，对粉刺有很好的治疗作用，能够祛除粉刺
黄芩	广谱抗菌；对炎症性、过敏性皮肤病均有治疗作用；黄芩素能清除自由基，有抗氧化作用；苯甲酸能够修复粉刺；还具有抗紫外线作用
紫草	可作为天然优质色素，安全性好、无毒、无刺激、化学稳定性好，具有收敛、消炎、抗菌等作用。对皮肤、头发具有调理作用

续表

中药名称	在化妆品中的主要美容作用
射干	提取物能够抑制皮肤癣菌，且有消炎及雌激素样作用；与金银花、樟脑合用辅助治疗粉刺；与当归合用则可淡化色斑
蒲公英	提取物可用于沐浴、抗痤疮及去屑止痒类发用化妆品，对粉刺等均有很好的改善作用；也可作为营养添加剂用于护肤类膏霜化妆品
丹参	丹参酮有抗痤疮作用；丹参提取物能够清除氧自由基，具有美白祛斑和延缓皮肤衰老作用；所含的维生素 E 及微量元素，具有生发乌发的作用
大黄	对致病性皮肤真菌具有抑制作用和消炎作用，用于皮炎的辅助治疗；大黄素还可抑制酪氨酸酶活性，用于美白祛斑化妆品中
苦参	对多种皮肤真菌具有抑制作用，能抗过敏、抗辐射，对多种损美性皮肤病均有一定治疗作用
地榆	提取物具有较强的抗菌、抗炎及防腐作用；用于花露水、浴剂及抗痤疮化妆品中，也用作防腐剂。性能温和，无刺激性，适于儿童用化妆品
硫黄	升华硫能软化皮肤表皮层，现代硫黄制剂有止痛、抗感染、保护疮面、促进毛发再生作用，并能抗真菌、抗寄生虫，抑制皮脂溢出；可用于各种皮肤病的辅助性治疗

（四）生发乌发类

生发乌发类中药主要有何首乌、枸杞子、夏枯草、佛手、天花粉、绞股蓝等。主要功用见下表（表3-11）。

表3-11　生发乌发类中药在化妆品中的主要美容作用

中药名称	在化妆品中的主要美容作用
何首乌	是优良的头发调理剂，其卵磷脂能够营养发根，促进黑色素的生成，用于护发、养发及生发的化妆品中，有乌发、柔顺作用
枸杞子	适于发用化妆品，可防治脱发，促进头发黑色素生成；可营养皮肤，防止细胞衰老，减少色素沉着，是一种优良的营养性原料，且具有防腐作用
夏枯草	提取物可抑制 5α-还原酶活性，刺激头发的生长；活化酪氨酸酶，可使黑色素的生成量增加，可在生发乌发的产品中使用；具有抗炎、抗过敏、抗自由基活性及抑制皮肤真菌作用
佛手	促进毛发生长；水提液可提高胶原蛋白含量及 SOD 活性，有抗衰老作用；挥发油可增加皮肤的透过性，促进吸收；佛手挥发油为名贵天然香料，是赋香剂；为降低香豆素类物质的光敏性，提取物应在低浓度下使用
天花粉	含有的氨基酸、蛋白质等营养物质，可营养毛发和皮肤，促进细胞再生。使头发乌黑光亮、易于梳理，又可使皮肤滋润柔嫩
绞股蓝	绞股蓝皂苷是天然优良的表面活性剂，起泡性好，有良好的洗涤力，能改善头皮微循环而具有乌发护发作用

（五）透皮吸收促进剂类

透皮吸收促进剂类美容中药有薄荷、高良姜等，主要功效见下表（表3-12）。

表 3-12　透皮吸收类中药在化妆品中的主要美容作用

中药名称	在化妆品中的主要美容作用
薄荷	提取物可促进功效性成分透皮吸收；薄荷油可使皮肤有凉爽感；外用有消炎、止痒，可减轻瘙痒和防治皮肤病；乙醇提取物是天然防腐剂和赋香剂，薄荷香精可用作驱臭剂；在洗发香波中，可赋予清凉舒适的感觉，还可去屑止痒
高良姜	外用可迅速使皮肤升温而加快渗透，醇提物有一定的促渗作用；高良姜挥发油促渗作用极强；具有强烈的抗氧化、抗菌、抗炎作用；还具有较好的保湿能力

复习思考题

1. 动植物油脂和动植物蜡的主要化学成分是什么？有何相同点和不同点？

2. 作为化妆品中的抗氧剂，结构上应具有哪些特征？如何发挥抗氧作用？

3. 水溶性高聚物在化妆品中的主要作用有哪些？

4. 中药提取和精制的方法有哪些，各有何特点？

扫一扫，见答案

第四章　肤用化妆品

肤用化妆品是指应用于皮肤表面，具有清洁、保护并能够改善某些问题性皮肤等作用的一类化妆品。按照目前要求，肤用化妆品又有特殊用途化妆品和非特殊用途化妆品之分。本章将对非特殊用途化妆品中的肤用化妆品进行介绍，主要包括洁肤化妆品、保湿化妆品、延缓皮肤衰老化妆品、抗痤疮化妆品、敏感性皮肤用化妆品及面膜的配方组成、作用机制等内容。属于特殊用途化妆品范畴的肤用化妆品将在特殊用途化妆品章节做相关介绍。

第一节　洁肤化妆品

洁肤化妆品是以清除皮肤上的各种污垢，使皮肤表面清洁为主要作用的一类化妆品。此类化妆品应满足去污能力适宜、性能温和、刺激性小、洗后肤感舒适，并兼具一定护肤作用等要求。目前，常见的洁肤用化妆品主要有洗面奶、卸妆油、磨砂膏、去死皮膏、浴液及浴盐等。

一、洁面用化妆品

（一）　洗面奶

洗面奶又称洁面乳，是一种具有较好流动性的液态霜，以去除皮肤表面污垢及皮脂分泌物为主要功能。如今洗面奶已成为大众化的洁肤化妆品，是人们日常洁面的常用产品，市场前景极为广阔。根据洗面奶配方组成特点的不同，可将洗面奶分为皂基型和非皂基型两类。

1. 皂基型洁面乳

皂基型洁面乳配方组成以高级脂肪酸和碱为主，配以赋脂剂、保湿剂及其他辅助添加剂等。其洁肤机制是部分高级脂肪酸与碱反应生成皂基类阴离子表面活性剂，通过皂的洗涤作用，除去皮肤上的污垢，剩余部分高级脂肪酸具有一定的润肤作用。此类洗面奶相对偏碱性，发泡能力强、去污力强，同时脱脂力和刺激性也较大，通常添加赋脂剂以改善脱脂力强的缺点。

2. 非皂基型洁面乳

非皂基类洁面乳包括表面活性剂型及乳化型两类：①表面活性剂型洁面乳：配方组成是以表面活性剂为主，配以赋脂剂、保湿剂及其他辅助添加剂等。其洁肤机制是通过表面活性剂的洗涤作用以除去皮肤上的污垢，除污对象以混杂脂溶性和水溶性等一般性污垢为主，可选用去脂力温和的表面活性剂，如烷基磷酸酯盐型及氨基酸型，以降低脱脂力和对皮肤的刺激。②乳化型洁面乳：配方组成以油相原料、水、乳化剂为主，配以其他辅助添加剂。其洁肤机制是以溶剂溶解作用为主，即配方中的油相原料溶解皮肤上的脂溶性污垢，水溶解水溶性污垢。非皂基表面活性剂型洗面奶配方实例见下表（表4-1）。

表4-1 非皂基表面活性剂型洗面奶配方实例

组分	质量分数（%）	组分	质量分数（%）
黄原胶	0.5	乳化硅油	1.0
甘油	5.0	丙二醇	3.0
月桂酰肌氨酸钾	16.0	防腐剂	适量
十二烷基二甲基甜菜碱	4.5	香精	适量
十二烷基二甲基氧化胺	2.5	去离子水	加至100.0

【解析】方中主要清洁成分为月桂酰肌氨酸钾，属于氨基酸表面活性剂，其作用温和，对皮肤的刺激性相对较小。黄原胶为增稠剂，用于调节膏体的黏稠度；十二烷基二甲基甜菜碱性质温和，具有优良的发泡和增稠性能；十二烷基二甲基氧化胺主要起稳泡作用；丙二醇为保湿剂；乳化硅油起到润滑的作用。

（二）卸妆油

卸妆油是指以油质原料构成的，能够溶解各种彩妆化妆品和皮肤污垢的卸妆用品。

1. 卸妆油的配方组成

卸妆油配方的基本构架包括油质原料和乳化剂两部分，再配以其他辅助添加剂，包括抗氧化剂、防腐剂、香料等。其中常用油质原料有矿物油、植物油和合成酯三类，如白油、橄榄油、肉豆蔻酸异丙酯等。乳化剂为常用的非离子型表面活性剂，如吐温、司盘等。卸妆油的洁肤机制是以"油溶油"的方式来溶解脂溶性的彩妆和皮肤上多余的油脂。其中乳化剂可以与彩妆、油污融合，再与水进行乳化，冲洗时将污垢去除。

2. 卸妆油的使用方法

在手及面部无水的情况下，直接将卸妆油涂抹或用化妆棉蘸取涂于睫毛、眼影等彩妆以及鼻翼等部位，轻轻按摩，稍后用手蘸取少量水在面部画圈至乳化变白，时间控制在1~3分钟内，不宜过长，然后用大量温水洗净。对于油性过大的卸妆油，最好再用洗面奶清洗1次，尤其是油性肌肤和痤疮性肌肤。

（三）磨砂膏

磨砂膏是一种含有微小颗粒的磨面清洁膏霜。磨砂膏在使用过程中，通过产品中微细颗粒与皮肤表面的摩擦作用，能够有效清除皮肤上的污垢及皮肤表面的老化角质细胞；同时，这种摩擦所产生的刺激可促进血液循环及新陈代谢，增进皮肤对营养成分的吸收。

1. 磨砂膏的配方组成

磨砂膏配方的基本构架为油相、水相、乳化剂和磨砂剂。磨砂剂是磨砂膏的关键成分，一般可分为天然磨砂剂和合成磨砂剂两类。常用的天然磨砂剂主要有杏核粉、核桃粉等植物果核原粒，以及滑石粉、二氧化钛粉等天然矿物粉末；常用的合成磨砂剂主要有石英精细颗粒、聚乙烯、聚酰胺树脂、聚苯乙烯、尼龙等。磨砂膏配方实例见下表（表4-2）。

表 4-2 磨砂膏配方实例

组分	质量分数（%）	组分	质量分数（%）
聚乙烯微球	5.0	对羟基苯甲酸甲酯	0.1
白油	20.0	对羟基苯甲酸丙酯	0.05
辛基癸醇	10.0	甘油	3.0
单硬脂酸甘油酯	4.0	香精	适量
鲸蜡硬脂醇聚醚-15	1.5	去离子水	加至 100.0
鲸蜡硬脂醇聚醚-25	1.5		

【解析】方中单硬脂酸甘油酯、鲸蜡硬脂醇聚醚-15、鲸蜡硬脂醇聚醚-25 为乳化剂；乳化油相成分白油、辛基癸醇与水相成分甘油、去离子水；对羟基苯甲酸丙酯与对羟基苯甲酸甲酯为防腐剂；聚乙烯微球为磨砂剂。

2. 磨砂膏的使用

一般来说，敏感性肌肤不宜使用。对于油性皮肤，每周可使用2~3次，每次10分钟；对于中性皮肤，每周使用1次，每次约8分钟；对于干性皮肤，使用次数及时间均需相应减少，每月1次即可，每次不超过8分钟。痤疮较严重的皮肤使用时要注意，不应过分摩擦，以免损伤皮肤。

（四）去死皮膏（凝胶）

死皮是指皮肤表面上死亡角质层细胞积存的残骸。去死皮膏（凝胶）能够快速去除皮肤表面死亡的角化细胞，清除过剩油脂，加速皮肤新陈代谢，预防角质增厚，使皮肤柔软、光滑、富有弹性。

1. 去死皮膏（凝胶）的配方组成

去死皮膏（凝胶）主要是由膏霜基质原料（或凝胶基质原料）、磨砂剂、去角质剂等组成。与磨砂膏的不同之处在于，磨砂膏完全是机械的物理性摩擦作用，且多用于油脂分泌旺盛的油性皮肤；而去死皮膏（凝胶）的作用机制包含化学性和生物性作用，适用于中性皮肤及不敏感的任何皮肤。

2. 去死皮膏（凝胶）的使用

将膏体均匀涂于面部，轻轻摩擦皮肤5~10分钟，用软纸或其他柔软织物将混合在膏体里的死皮、污垢连同膏体一起擦去，再用清水清洗干净，涂抹护肤膏霜或乳液。一般情况下可每周使用 1 次。去死皮凝胶配方实例见下表（表 4-3）。

表 4-3　去死皮凝胶配方实例

组分	质量分数（%）	组分	质量分数（%）
卡波 940	0.2	溶角蛋白酶	3.0
三乙醇胺	0.5	防腐剂	适量
丙二醇	2.0	香精	适量
甘油	3.0	去离子水	加至 100.0
薄荷脑	0.05		

【解析】方中卡波 940 为增稠剂（在本配方中为胶凝剂），三乙醇胺为中和剂，两者构建了一个凝胶体系的结构框架；丙二醇与甘油为保湿剂；薄荷脑具有的清凉感可改善制品在使用时的肤感；溶角蛋白酶可促进角质层更新，有利于清除皮肤上的死皮。

二、沐浴用品

沐浴用品主要有浴液、浴油、浴盐、浴皂等，其中浴液最为常用。

浴液，又称沐浴露，是洗浴时直接涂敷于身上或借助毛巾涂擦身体表面，经揉搓达到清除身体污垢为目的的沐浴用品。从配方组成来看，目前的浴液制品主要有两类，一类是以皂基为主体成分，另一类是以各种合成表面活性剂为主体成分，市场上销售的浴液以后者居多。性能优良的浴液应具有泡沫丰富、易于冲洗、温和无刺激、香气怡人的特点，并兼具滋润、护肤等作用。

非皂基类浴液配方的主体构架分为表面活性剂、调理剂和其他辅助添加剂等。其中表面活性剂常采用多种类型表面活性剂复配；调理剂一般包括水溶性霍霍巴油、水溶性羊毛脂、乳化硅油及脂肪酸酯类等。浴液配方实例见下表（表 4-4）。

表 4-4　浴液配方实例

组分	质量分数（%）	组分	质量分数（%）
脂肪醇醚硫酸酯盐（70%）	15.0	乳酸	适量
脂肪醇醚琥珀酸酯磺酸钠（35%）	6.0	甘油	3.0
羟磺基甜菜碱（30%）	4.0	防腐剂	适量
水溶性羊毛脂	0.5	香精	适量
丙二醇	4.0	NaCl	适量
薄荷脑	1.0	去离子水	加至 100.0

【解析】方中脂肪醇醚硫酸酯盐、脂肪醇醚琥珀酸酯磺酸钠为阴离子型表面活性剂，是主要的清洁剂和发泡剂，而且两者配合使用时，后者可以降低前者的刺激性；羟磺基甜菜碱为两性离子表面活性剂，有优良的发泡性能以及稳泡性能，与阴离子表面活性剂配合使用有增稠体系的作用；水溶性羊毛脂为赋脂剂；薄荷脑为性能较佳的清凉

剂；乳酸为酸度调节剂；丙二醇、甘油为保湿剂；NaCl 为提升体系黏度的增稠剂。

第二节　保湿化妆品

保湿化妆品是指以增加以及保持皮肤外层组织中适度水分为目的的一类化妆品，其特点是不仅能保持皮肤内水分的平衡，并对皮肤屏障功能具有一定的保护和修复作用。本节将对皮肤的保湿机制、保湿化妆品的保湿机制以及化妆品中常用的保湿剂进行简要介绍。

一、皮肤保湿的机制

（一）　皮肤的生理结构与保湿作用

人体的皮肤如同天然保湿屏障，在保持人体水分方面具有不可替代的作用。其中最外层的表皮、富含结缔组织的真皮及皮下组织对皮肤的保湿各自发挥着不同的生理作用。

表皮是人体与外界直接接触的部位，与保持水分关系最为密切的是角质层、透明层与颗粒层。颗粒层是表皮内层细胞向角质层过渡的细胞层，在颗粒层上部细胞间隙中充满了疏水性磷脂质，成为一个防水屏障，可防止水分渗透；透明层细胞含有角质蛋白和磷脂类物质，可防止水分及电解质等透过皮肤；角质层是表皮的最外层，角质细胞内充满了非水溶性的角蛋白，其屏障作用及所含有的天然保湿因子能够防止体内水分的散失。

人体皮肤的水分主要贮存在真皮内。真皮主要由蛋白纤维结缔组织和含有氨基多糖的基质组成。分布在纤维间基质的氨基多糖和蛋白质复合体可以结合大量水分，而且在皮肤中分布面积广，是真皮组织保持水分的重要物质基础。目前，被广泛应用的透明质酸就是真皮中含量最多的氨基多糖。

皮下组织内含有皮肤附属器官，如皮脂腺、汗腺等。皮脂腺分泌的皮脂扩散至皮肤表面，与汗腺分泌的汗液乳化形成油脂膜。这层油脂膜可防止体内水分的蒸发，并能够润滑皮肤，使皮肤富有光泽。

（二）　天然保湿因子

皮肤角质层中含有 10%～20% 的水分时，皮肤显得紧致、富有弹性，处于最佳状态。若角质层中的水分含量降低到 10% 以下时，皮肤便会出现干燥，甚至脱屑等缺水现象。因此，研究皮肤角质层的保水机制具有重要意义。

天然保湿因子（natural moisturizing factor，NMF）是角质层保持水分的重要因素，是指存在于角质层中的能够与水分子以不同形式形成化学键而使水分挥发度降低的一组水溶性物质，主要包括氨基酸类（40.0%）、吡咯烷酮羧酸（12.0%）、乳酸盐（12.0%）、尿素（7.0%），以及氨、尿酸、氨基葡萄糖、肌酸、钠、钙、钾、镁、磷酸盐等物质。

天然保湿因子不仅具有稳定角质层中水分的能力，还能够从周围环境中吸收水分。此外，天然保湿因子与蛋白质结合，存在于角质细胞中，阻止了 NMF 的流失，从而使角质层保持一定的含水量。

（三）　经皮失水

经皮失水（transepidermal water loss，TEWL）是指真皮深层的水分通过表皮蒸发散失，又称透皮水蒸发或透皮水丢失。TEWL 数值反映的是水从皮肤表面的蒸发量，是皮肤屏障功能的重要参数。

$TEWL$ 值和皮肤水分含量之间保持一定的比例是健康皮肤的特性之一。干燥性皮肤的病理特点是皮肤屏障功能受到破坏，$TEWL$ 值增加。使用具有修复皮肤屏障作用的保湿剂后，$TEWL$ 值降低，表明皮肤的屏障功能提高。因此，$TEWL$ 值是评价保湿剂功效的一个重要参数。

二、保湿化妆品的保湿机制

在设计保湿化妆品时，通过模拟皮肤保湿机制，在化妆品基质中添加各种具有保湿作用的成分，使其发挥理想的保湿作用。保湿化妆品的保湿机制主要概况为以下几个方面。

（一）　防止水分蒸发的封闭保湿

防止水分蒸发的封闭保湿途径模拟的是皮肤表面的皮脂膜作用，其特点是保湿剂不会被皮肤所吸收，而是在皮肤表面上形成油膜作为保湿屏障，封闭皮肤中水分，使其不易蒸发散失。这类保湿剂不溶于水，可长久附着在皮肤上，保湿效果好，代表性原料是凡士林。

此类保湿产品的缺点是过于油腻，只适用于极干性皮肤或极干燥的冬季使用。对于偏油性皮肤的年轻人则不适合，可能会阻塞毛孔而引起粉刺与痤疮等皮肤病。

（二）　吸取水分的吸湿保湿

吸取水分的吸湿保湿途径模拟的是角质层中天然保湿因子的作用，其特点是保湿剂能够从周围环境或皮肤深层吸取水分并保存于角质层中而保持皮肤的湿润状态。这类保湿剂最典型的就是多元醇类，如甘油、丙二醇、聚乙二醇等。

这类保湿剂要求皮肤周围外界环境的相对湿度至少达到 70% 时，才能从周围环境中吸收水分，否则只能从皮肤深层（真皮）吸取水分以保持角质层的润湿状态。但在相对湿度很低，寒冷、干燥、多风的气候条件下，从皮肤深层吸取来的水分，还会通过表皮蒸发，使皮肤更干燥，影响皮肤的正常功能。因此，此类保湿剂单独使用时只适合于相对湿度高的季节及南方地区，不适合北方的秋冬季节，但可通过配伍油脂类保湿剂加以解决。

（三）　结合水分的锁水保湿

结合水分的锁水保湿途径模拟的是真皮中氨基多糖类物质的作用，其特点是保湿剂属于多羟基结构的亲水性高分子，能够形成一个网状结构，将游离水结合在其网内，使自由水变成结合水而不易蒸发散失，同时在皮肤表面形成一个膜结构，对皮肤深层水分的蒸发起到保护作用，如透明质酸等。这类保湿产品亲水而不油腻，使用起来很清爽，使用范围广，适用于各类肤质、各种气候条件。

（四）　修复角质层的修复保湿

修复角质层的修复保湿途径模拟的是角质层的屏障作用，其特点是通过角质层屏障修复剂修复皮肤屏障，达到防止皮肤水分散失的作用。维生素 E 及神经酰胺等物质均可通过对角质层屏障的修复作用而发挥保湿功效。

三、化妆品常用的保湿剂

保湿剂是指能够补充或保持皮肤角质层中水分含量的一类物质，这类物质能够防止皮肤干燥，且能使因缺乏水分而出现的皮肤问题得以改善，使皮肤恢复光滑、柔软、富有弹性的健康状态。通常把具有防止水分蒸发作用的油脂类保湿剂又称润肤剂。根据化学结构不同，保湿剂主要有以下几类。

（一）　脂肪醇类

脂肪醇的化学结构特征是分子内含有醇羟基。低级多羟基醇易溶于水，醇羟基与水分子可形成氢键，使水分子不易挥发，从而发挥保湿作用；高级醇则不溶于水，能够在皮肤表面形成油膜，发挥封闭性保湿作用。

1. 甘油

甘油又称丙三醇，是常用的吸湿性保湿剂，为无色、无臭、透明、有甜味的黏稠液体，易溶于水。甘油为 O/W 型乳剂化妆品所不可缺少的保湿原料，广泛用于护肤膏霜等化妆品，在水剂类产品中还可用作防冻剂。

2. 丙二醇

丙二醇为无色、无臭、略带苦辣味的黏稠液体，可溶于水、乙醇及大部分有机溶剂。与甘油相比，丙二醇黏性较低，手感好，在化妆品中可与甘油合用。此外，丙二醇也可作为其他有机物的溶剂。

3. 双丙甘醇

双丙甘醇又称二丙二醇，是一种无臭、无色的吸湿性液体，有甜味，可溶于水，刺激性小，毒性低，作为保湿剂可用于各种清洁及护理类化妆品中。

4. 1,3-丁二醇

1,3-丁二醇为无色、无臭、略有甜味的透明黏稠液体，溶于水和乙醇，不仅具有良好的保湿性，而且还具有抗菌功能，对皮肤无刺激，可用于膏霜、化妆水等化妆品，也可作为溶剂使用。

5. 山梨醇和聚氧乙烯山梨醇

山梨醇又称山梨糖醇，为白色、无臭、微甜且略有清凉感的结晶性粉末，溶于水，微溶于乙醇。山梨醇具有良好的保湿作用，黏度高于甘油，常作为膏霜乳液的优良保湿剂及牙膏的赋形剂、保湿剂。以合适比例与甘油合用，可得到良好的保湿效果，也可作为甘油的替代品。同时，由于山梨醇对皮肤无刺激，所以是婴儿制品最理想的保湿剂。聚氧乙烯山梨醇也是很好的保湿剂。

6. 泛醇

泛醇又称 D-泛醇、维生素 B_5，有 DL-泛醇和 D-泛醇两个品种，分别为白色结晶粉末或黄色至无色透明黏稠液体。泛醇易被皮肤吸收，渗透性好，同时能够刺激上皮细胞的生长，促进伤口愈合，且具有消炎作用，常作为皮肤护理制品的保湿剂。

7. 聚甘油-10

聚甘油-10 为黄色或淡黄色透明液体，稍有特征气味。由于分子结构中的大量羟基能够与水分子形成氢键，将水分锁住，从而起到良好的保湿作用，且能增加产品中其他组分的溶解性，同时水溶液具有丝柔般柔滑感受，可赋予化妆品良好的使用感，可作为保湿剂、肤感调节剂，广泛用于膏霜、精华液等护肤产品中。

8. 聚乙二醇（PEG）

PEG 随相对分子质量不同而物理性质各异，随着相对分子质量增加，其溶解性降低，吸湿能力也相应降低。平均相对分子质量在 600 以下的聚乙二醇，常温（25℃）下一般为无色、无臭的液体，常用作化妆品保湿剂，可替代甘油或丙二醇。PEG 主要用于润肤膏霜、化妆水等化妆品。

9. 十六醇

十六醇，又称鲸蜡醇、棕榈醇，属于长链脂肪醇，为油性原料，通过在皮肤表面形成油膜而发挥封闭性保湿作用，同时在膏霜乳液中还可起到增稠作用。

此外，除十六醇外，十八醇、羊毛醇、氢化羊毛醇、鲨肝醇等均可作为封闭性保湿剂用于化妆品产品中。

（二）脂肪酸酯类

脂肪酸酯是一般保湿化妆品中常用的保湿成分，主要分为低级醇脂肪酸酯和高级醇脂肪酸酯两类，在配方中的添加量一般分别为 2%～10% 和 0.5%～2%。

1. 低级醇脂肪酸酯

低级醇脂肪酸酯代表性原料包括辛酸癸酸甘油酯、月桂酸己酯、豆蔻酸异丙酯、豆蔻酸丁酯、棕榈酸异丙酯、棕榈酸丁酯等。这些合成油脂原料渗透性好，与其他类型油脂的兼容性较好，应用在护肤膏霜、乳液中，可在皮肤表面形成一层细腻、不发黏、无油腻感的润滑膜，阻碍表皮水分的过快蒸发。常与各种植物油脂配合使用，以调节膏体性能，而且能够提高其他润肤剂的渗透力，应用极为广泛。

2. 高级醇脂肪酸酯

高级醇脂肪酸酯代表性原料包括豆蔻酸鲸蜡醇酯、豆蔻酸豆蔻醇酯、聚乙二醇单油酸酯等，是极好的油脂类保湿剂，普遍应用于护肤膏霜、乳液中。

此外，目前很多品种的植物油脂被应用于护肤膏霜、乳液中，如葡萄籽油、牡丹籽油、沙棘油等。作为化妆品原料，植物油脂的优点是滋润性能较好，同时具有一定功效性，缺点是易被氧化、稳定性较差。因此，在含有较多植物油脂的配方中，应该加入抗氧化剂。同时，有些植物油脂由于黏度比较高，所以经常与合成油脂复配使用。

（三）　酰胺类

酰胺类保湿剂中含有羧基、羟基、酰胺基等亲水性基团，对水有较好的亲和作用，具有良好的保湿性。

1. 神经酰胺

神经酰胺又称酰基鞘氨醇，是皮肤角质层细胞间脂质的主要成分，与胆固醇、胆固醇酯、脂肪酸等物质构成了细胞间脂质，约占角质层脂质含量的50%。神经酰胺在角质层中具有重要的生理功能，主要表现为：①屏障作用：作为皮肤角质层细胞间脂质的主要成分，神经酰胺的丢失会使皮肤角质层的屏障功能丧失，通过局部补充神经酰胺，则可使丧失的皮肤屏障功能得以恢复。②黏合作用：神经酰胺与细胞表面蛋白质通过酯键连接起到黏合细胞的作用，若其含量减少，则可使角化细胞间黏合力下降，导致皮肤出现干燥、脱屑等现象。③保湿作用：神经酰胺的保湿作用体现为两个方面，一是其屏障作用及黏合作用，减少了角质层水分的丢失，二是神经酰胺本身具有很强的缔合水分子的能力，防止皮肤水分的丢失。④延缓衰老作用：神经酰胺能激活衰老细胞，促进表皮细胞分裂和基底层细胞再生，改善皮肤新陈代谢功能，同时神经酰胺的保湿作用对延缓皮肤衰老同样具有重要的作用。

人体自25岁开始角质层中神经酰胺即开始逐步减少直至消失，通过为皮肤补充神经酰胺来改善皮肤干燥及衰老等现象是一条有效而又可靠的途径。

此外，神经酰胺也是毛发中脂质的主要成分，微量的神经酰胺可增加毛发毛皮细胞间的黏合力，修饰毛发表面，增加毛发的疏水性，具有调理毛发的功能。

2. 羟乙基脲

羟乙基脲为无色至浅黄色透明液体或结晶固体。本品安全性高、生物降解性好，具有良好的渗透性、配伍性，在较宽的温度和 pH 值范围内均稳定。作为保湿剂，广泛用于护肤、护发及清洁类产品中。

3. 尿素

尿素又称脲或碳酰胺，为角质层中天然保湿因子之一，易溶于水，具有保湿及柔软角质的功效，且能改善粉刺，可作为保湿剂及角质柔软剂添加于护肤品中。

4. 尿囊素

尿囊素为尿素的衍生物，是一种无毒、无味、无刺激性、无过敏性的白色晶体。尿囊素作为日化产品的添加剂，主要具有以下功能：①增强肌肤、毛发最外层的吸水能力，改善肌肤、毛发和口唇组织中的含水量。②软化角质层，增加皮肤的柔软性及弹性。③促进表皮细胞再生，加快伤口愈合，是良好的皮肤创伤愈合剂。

（四）　氨基酸与水解蛋白类

1. 甜菜碱

甜菜碱又称氨基酸保湿剂，为具有甜味的白色晶体粉末，易溶于水和乙醇。甜菜碱具有很强的吸湿性，易潮解，是一种吸收快、活性高的新型保湿剂，应用于个人护理产品时，能够迅速渗透到皮肤与毛发组织，增加其水分保持能力，赋予皮肤和毛发以滋润、滑爽的感觉。

2. 聚谷氨酸

聚谷氨酸又称纳豆菌胶，主要是通过微生物发酵产生水溶性多聚氨基酸，经过分离精制而得到的一种白色晶体粉末，易溶于水，具有长效保湿、安全温和、生物降解性好等优点，作为保湿剂可用于护肤化妆品中。

3. 玉米谷氨酸

玉米谷氨酸是由玉米蛋白控制水解反应而制得，与皮肤亲和性好，具有良好的吸湿作用。作为保湿剂，玉米谷氨酸可赋予皮肤丝一般柔软的感觉。

4. 水解胶原蛋白

水解胶原蛋白是相对分子质量较低的蛋白质，易溶于水，如药用明胶水解制得的胶原蛋白。在护肤品中，水解胶原蛋白作为天然保湿剂，性能温和，使用安全，能滋润肌肤，赋予其平滑感觉，且可降低其他原料的刺激性，是高档化妆品的重要原料。

（五）　多糖类

1. 透明质酸

透明质酸（HA）为白色、无臭、无定形固体，是一种直链高分子多糖，也是存在于真皮基质中的一种氨基多糖类物质，在真皮中含量占氨基多糖（黏多糖）的70%左右。其水溶液具有高的黏弹性和渗透压，使其具有较强的保水作用，能够维持真皮结缔组织中的水分，使结缔组织处于疏松状态，从而使皮肤饱满光滑，柔软细嫩，是性能优良的功能性生化物质。

透明质酸在化妆品中作为保湿剂，对皮肤几乎无刺激性，有较强的吸湿性和保水润滑性，可保留比自身重500~1000倍的水。一般情况下，质量分数为2%的透明质酸能牢固地保持98%的水分，生成凝胶体系，且水分不容易流失。透明质酸分子质量越高，其保湿效果越好，在化妆品中的用量越低。由于其市售价格较高，目前在护肤化妆品中含量较低，而且多以钠盐的形式使用。

2. 脱乙酰壳多糖

脱乙酰壳多糖是甲壳质的衍生物。甲壳质是一种聚氨基葡萄糖，广泛存在于菌藻类植物和低等动物体内，是龙虾和蟹壳的主要成分，由于其几乎不溶于水及各种有机溶剂，限制了其使用范围。

脱乙酰壳多糖对皮肤有较好的亲和作用，其保湿作用可以和透明质酸相媲美，可作为透明质酸代用品，还能形成透明的保护膜，使用安全，是较为理想的化妆品保湿成分。

3. 海藻酸钠

海藻酸钠由海带和裙带菜等褐藻类与碱共煮抽提钠盐精制而得，为无臭无味的白色至淡黄色纤维状粉末，易溶于水成黏稠状胶体。海藻酸钠既是保湿剂又是增稠剂，同时还是性能优良的成膜剂，其增稠作用在某种程度上也恰恰限制了其作为保湿剂时的应用范围，如在一些肤感要求清爽的保湿膏霜乳液中，海藻酸钠用量比例应有所降低。

4. 葡聚糖

葡聚糖分为 α-葡聚糖和 β-葡聚糖，其中 β-葡聚糖是一种天然提取的多聚糖，具有深层修复、保湿作用，能够清除体内过剩自由基，增强皮肤屏障功能，并具有防晒增效及晒后修复功能。葡聚糖可作为保湿剂、延缓衰老功能性原料用于化妆品中。

5. 银耳多糖

银耳多糖从银耳中提取制得，其水溶液有极高的黏性，形成的膜柔软、富有弹性。银耳多糖也具有抗氧化能力，常作为保湿剂、肤感调节剂及延缓衰老功能性原料等应用于护肤产品中。

四、配方实例

目前，市场上有许多保湿化妆品，它们分别从不同的保湿途径设计配方，以达到皮肤保湿的目的，下面是对一些常见剂型配方实例进行解析（表4-5～表4-7）。

表4-5 保湿霜配方实例1

组分	质量分数（%）	组分	质量分数（%）
十六醇和十六烷基糖苷	2.5	白油	2.0
单硬脂酸甘油酯和 PEG-100 硬脂酸酯	2.0	甘油	5.0
十六十八醇	2.0	维生素 E 乙酸酯	0.5
鳄梨油	3.0	防腐剂	适量
角鲨烷	2.0	香精	适量
肉豆蔻酸异丙酯	2.0	去离子水	加至 100.0
棕榈酸异丙酯	1.5		

【解析】方中十六十八醇、鳄梨油、角鲨烷、肉豆蔻酸异丙酯、棕榈酸异丙酯、白油为油相原料；甘油与去离子水为水相原料；十六醇和十六烷基糖苷、单硬脂酸甘油酯和 PEG-100 硬脂酸酯为乳化剂；维生素 E 乙酸酯为油脂抗氧化剂以及屏障修复剂。此配方中的十六十八醇为固态油脂，具有良好的封闭性，可有效防止水分的蒸发；甘油因具有吸湿性能而具有良好的保湿功效。

表4-6 保湿霜配方实例2

组分	质量分数（%）	组分	质量分数（%）
十六十八醇	2.5	D-泛醇	0.2
橄榄油	5.0	丙二醇	2.0
白油	3.0	甘油	3.0
辛酸/癸酸三甘油酯	3.0	透明质酸	0.04
小麦胚芽油	0.5	防腐剂	适量
鲸蜡硬脂醇醚-6	2.0	香精	适量
鲸蜡硬脂醇/鲸蜡硬脂醇醚-25	1.0	去离子水	加至100.0

【解析】方中乳化剂鲸蜡硬脂醇醚-6 与乳化剂鲸蜡硬脂醇/鲸蜡硬脂醇醚-25 分别为 HLB 值偏向亲油和亲水的两种乳化剂，两者配对可以增加界面膜的稳定性。十六十八醇、橄榄油、白油、辛酸/癸酸三甘油酯、小麦胚芽油为油相原料，D-泛醇、甘油、丙二醇、透明质酸、去离子水为水相原料。其中十六十八醇、辛酸/癸酸三甘油酯等油相原料与丙二醇、透明质酸等多种保湿原料复配使用，分别从防止水分蒸发的封闭性保湿、吸取水分的吸湿保湿及结合水分的锁水保湿三种不同途径入手，使其产生协同效应，增强保湿效果。

表4-7 保湿乳液配方实例

组分	质量分数（%）	组分	质量分数（%）
$C_{14\sim22}$烷基醇/$C_{12\sim20}$烷基葡萄糖苷	3.0	水溶性神经酰胺	0.5
单硬脂酸甘油酯和 PEG-100 硬脂酸酯	1.5	丙二醇	3.0
十八醇	1.2	甘油	2
霍霍巴油	5.0	透明质酸钠	0.05
角鲨烷	2.0	防腐剂	适量
聚二甲基硅氧烷	2.5	香精	适量
棕榈酸异丙酯	2.0	去离子水	加至100.0

【解析】方中 $C_{14\sim22}$烷基醇/$C_{12\sim20}$烷基葡萄糖苷、单硬脂酸甘油酯和 PEG-100 硬脂酸酯为乳化剂；十八醇、霍霍巴油、角鲨烷、棕榈酸异丙酯为油相原料；丙二醇、甘油、透明质酸钠、水溶性神经酰胺、去离子水为水相原料。其中的主要保湿剂为神经酰胺、丙二醇、甘油、透明质酸钠，它们分别从修复角质层的修复保湿、吸取水分的吸湿保湿及结合水分的锁水保湿三条途径发挥保湿作用。而十八醇、霍霍巴油、角鲨烷、棕榈酸异丙酯作为油质类原料，可防止水分蒸发，也起到了良好的保湿作用。聚二甲基硅氧烷为肤感调节剂。

第三节 延缓皮肤衰老化妆品

衰老是生命的必然过程，如何延缓衰老、追求青春永驻一直是人类永恒探索的话题。具有延缓皮肤衰老作用的化妆品也已经成为诸多化妆品生产厂家研究的热点方向。然而，导致皮肤衰老的原因有哪些，如何延缓皮肤衰老，哪些原料具有延缓皮肤衰老的作用，以上问题在本节做主要的介绍。

一、影响皮肤衰老的因素

人体的皮肤一般从 25～30 岁以后随着年龄的增长而逐渐衰老，在 35～40 岁之后逐渐出现比较明显的衰老变化。影响皮肤衰老的因素有内在因素和外源性因素两方面，其中内在因素引起的皮肤衰老属于生理性衰老，是生命变化的自然过程，是不可抗拒的，而外源性因素引起的皮肤衰老则是可以控制的。通过对外源性因素的控制以及对内在因素的影响，可以减缓皮肤衰老的速度，达到延缓皮肤衰老的目的。

（一） 内在因素

皮肤衰老的内在因素主要可概括为以下几个方面：①角质层通透性增加，皮肤屏障功能降低，导致角质层内含水量减少。②真皮内成纤维细胞以及弹力纤维、胶原纤维含量降低，并且功能减退，导致皮肤张力和弹力的调节作用减弱，以致皮肤皱纹增多。③皮肤附属器官功能减退，如汗腺、皮脂腺的分泌功能随着年龄的增大而逐渐减弱，导致分泌物减少，使得皮脂膜的质和量难以维持正常，皮肤缺乏滋润而干燥，造成皱纹增多。④真皮乳头层血管数量减少，皮肤吸收不到充分的营养，使皮下脂肪储存不断减少，细胞与纤维组织营养不良，性能下降，使皮肤出现皱纹。

（二） 外源性因素

引起皮肤衰老的外源性因素中最为关键的就是紫外线辐射，过度的紫外线辐射引起的光老化会加速皮肤的衰老进程，因此做好防晒工作是延缓皮肤衰老的重中之重。

此外，以下因素也是引起皮肤衰老的外源性因素，在日常生活中也应加以注意：①生活不规律，长期睡眠不足。②长期处于干燥环境中，皮肤水分补充不足。③化妆品使用不当，皮肤缺乏护理。④面部表情过于丰富。⑤长期在光线暗的环境下工作。⑥环境突然改变或环境恶劣。

二、延缓皮肤衰老的机制

延缓皮肤衰老可以针对引起衰老的原因和衰老所引起的病理变化进行研究，可通过以下几条途径得以实现。

（一） 深层保湿

皮肤的老化与皮肤缺水有着密不可分的关系。补充足够的水分，并使皮肤角质层的含水量维持在恒定水平，是维持肌肤弹性和光泽的必要条件，因此保湿剂是延缓皮肤衰老化妆品中必不可少的成分。

（二）　高效防晒

紫外线辐射导致的光老化速度远远大于人体皮肤自身的衰老进程，过度的日晒是造成皮肤皱纹和弹性组织变性的主要原因。防晒应是延缓皮肤衰老化妆品必备的功能。

（三）　清除自由基

自由基可从多方面对皮肤造成损伤，加速皮肤的衰老，因此清除自由基、抗氧化已成为延缓皮肤衰老化妆品的研究方向。有许多产品中采用超氧化物歧化酶（SOD）、维生素 A、维生素 E、维生素 C 及其衍生物、黄酮化合物等来达到清除自由基的目的。

（四）　补充营养

皮肤的营养除了来自人体内部，还需要从外界不断补入，以改善由于肌肤老化而导致的营养不足。可补充的营养物质主要有骨胶原蛋白水解物、丝肽及 D-泛醇等。其中 D-泛醇能迅速渗透皮肤使之湿润，刺激细胞繁殖，促进皮肤正常角质化，使皮肤恢复活力。

（五）　增强细胞的增殖和代谢能力，重建皮肤细胞外基质

细胞功能的衰退是衰老的实质，通过增强细胞的增殖和代谢能力以提高组织细胞功能，是延缓皮肤衰老的根本对策。

真皮组织细胞外基质的含量与质量的改变也是皮肤衰老的又一关键因素：①基质含量的改变，如胶原纤维、弹性纤维以及蛋白多糖含量的下降等。②基质质量的改变，如胶原纤维、弹性纤维的异常交联聚合等。因此，重建皮肤细胞外基质，使其在质与量方面均趋向于年轻时的构成，也是延缓皮肤衰老的有效途径。

三、延缓皮肤衰老的活性原料

（一）　具有保湿和修复皮肤屏障的原料

具有保湿和修复皮肤屏障的原料在延缓皮肤衰老化妆品中的主要作用是保持皮肤角质层中的含水量在适宜的范围内，减少皱纹的形成，从而达到延缓皮肤衰老的目的。由于甘油来源广泛、价格便宜，并且保湿效果显著，所以是首选的保湿剂；尿囊素可促进皮肤保持水分，软化皮肤，也是极好的保湿剂；吡咯烷酮羧酸钠、乳酸盐均是角质层中的天然保湿因子，亲肤性好，保湿效果好；神经酰胺是角质细胞间隙脂质中的主要成分，具有很强的缔合水分子的能力，又能够修复皮肤屏障，具有延缓皮肤衰老的作用；透明质酸是真皮中维持水分含量的主要成分，能够结合水分，防止水分丢失。由于以上这些原料在本章第二节中已经进行了详细的介绍，这里不再详述。

（二）　抗氧化活性原料

抗氧化活性原料是延缓皮肤衰老化妆品中的一类主要原料，在延缓皮肤衰老化妆品

中具有无可取代的作用。下面对部分常用抗氧化原料做简要介绍。

1. 维生素 E

维生素 E 是一种脂溶性维生素，也是无毒的天然抗氧化剂之一，常常将其包裹在微囊或其他载体内用于化妆品中，以防止过早氧化。

维生素 E 作为抗氧化剂，是自由基的清除剂，能阻止过氧化脂质生成，减少老年斑的生成；防止胶原蛋白交联，保持皮肤弹性，减少皮肤皱纹。维生素 E 常需要联合其他的抗氧化剂配合使用，如维生素 C。

2. 维生素 C

维生素 C 又称抗坏血酸，是一种水溶性维生素。它能清除自由基，具有较强的抗氧化作用。维生素 C 与维生素 E 合用，具有协同清除自由基的作用。由于维生素 C 的稳定性较差，且皮肤吸收性较差，可对其进行化学结构修饰后或以包覆物（如采用脂质体等进行包覆）的形式用于化妆品中。

3. 辅酶 Q_{10}

辅酶 Q_{10} 是组成细胞线粒体呼吸链的成分之一，是细胞自身产生的天然抗氧化剂，能够清除自由基，提高体内超氧化物歧化酶（SOD）等酶的活性，抑制氧化应激反应诱导的细胞凋亡，具有显著的抗氧化、调理皮肤、延缓衰老的作用。

4. 超氧化物歧化酶

SOD 是一种生物抗氧化酶，又称抗衰老酶，具有很高的生物活性和催化效应，能够催化体内超氧阴离子的歧化反应，是机体内超氧阴离子自由基的专一清除剂，具有调节体内氧化代谢、延缓皮肤衰老的作用。

5. 谷胱甘肽过氧化物酶

谷胱甘肽过氧化物酶（GSH-Px）是一种含硒的过氧化物还原酶，也是生物机体内重要的抗氧化酶之一。它可以消除机体内的过氧化氢及脂质过氧化物，阻断活性氧自由基对机体的进一步损伤，具有延缓皮肤衰老及减轻色素沉着的作用。

6. 丝胶蛋白

丝胶蛋白又称丝蛋白，存在于蚕丝的外层部分，具有较强的抗氧化活性，能够保护皮肤中成纤维细胞免受由 H_2O_2 诱导的氧化应激损伤，促进胶原生成，且能吸收紫外线，具有较好的抗皮肤衰老作用。

7. 黄酮类化合物

黄酮类化合物是广泛存在于植物体内具有苯环及共轭结构特点的一类化合物。此类化合物作为化妆品原料，均具有清除自由基、吸收紫外线及螯合金属离子的作用。

（1）芦丁　为豆科植物槐角中的主要成分。在化妆品中具有如下作用：①清除自由基：芦丁对超氧阴离子自由基及羟自由基的清除率均大于维生素 E。②吸收紫外线：芦丁对紫外线和 X 射线均具有极强的吸收作用。③抑制红血丝的形成：芦丁能保持毛细血管正常的抵抗力，使因脆性增加而充血的毛细血管恢复正常弹性。

（2）原花青素（OPC）　是一种主要从葡萄籽中提取的纯天然植物提取物，有低聚原花青素和高聚原花青素之分，应用于化妆品中的多为低聚原花青素。

原花青素是一种新型高效抗氧化剂，其多羟基结构使其具有独特的化学和生理活性，具有极强的清除自由基作用，在护肤品中发挥多重作用，对多种因素造成的皮肤老化具有独特功效。

（3）茶多酚　为茶叶中多酚类物质的总称，包括儿茶素、黄酮醇、花色素、酚酸及羧酸酚等，是一类还原剂，能够中断或终止自由基的氧化链反应，且能提高和诱导生物体内抗氧化酶的活性，抑制过氧化脂质生成，降低脂褐素含量。

（4）黄芩苷　是从黄芩根中提取分离出来的一种黄酮类化合物，具有显著的生物活性，能够清除氧自由基、吸收紫外线，又能抑制黑素生成，且能缓和化学添加剂对皮肤造成的刺激及过敏反应，缓解皮肤的紧张程度，是一种很好的化妆品功能性原料。

（5）葛根素　是豆科植物葛根中的主要有效成分。葛根素具有雌激素样活性，能够减少细纹，延缓皮肤衰老；能扩张血管，促进血液循环，改善微循环，促进乳房周围脂肪的堆积，从而使乳房坚挺，具有丰胸作用。

（6）大豆异黄酮　主要存在于大豆等豆科植物中，因其与雌激素结构相似，又称植物雌激素，主要用于延缓衰老、美白和丰胸类化妆品中。大豆异黄酮的美容作用主要体现为以下几方面：①清除自由基，提高抗氧化酶活性，具有较强的抗氧化作用。②促进真皮中胶原纤维和透明质酸合成，减少胶原纤维分解，减少皮肤皱纹的产生。③抑制酪氨酸酶活性，抵御黑色素的生成。④雌激素还可以激活乳房中的脂肪组织，达到丰胸效果。

此外，银杏、竹叶、甘草、橙皮、金银花等植物中均含有丰富的黄酮类物质，其中银杏黄酮、竹叶黄酮及甘草黄酮已经在化妆品中得到应用。

8. 富勒烯

富勒烯是由12个五元环或若干个六元环组成的一种中空球形全碳分子，这种独特的结构赋予富勒烯一些特殊性能，使其具有极其强大的吸收能力而且容量巨大，能够像海绵吸水一样清除自由基，预防脂质过氧化反应，且具有 SOD 似的抗氧化作用，但作用更强。

（三）具有复合功能的天然提取物

天然提取物通常具有多重作用，由于其具有作用温和、适用面广、安全性高等优势，越来越受到消费者的认可，近年来也受到了国内外化妆品行业的广泛关注，使其在化妆品中的应用更为广泛。

在天然动植物中，尤其是一些中药，如人参、黄芪、灵芝、蜂王浆、绞股蓝、当归、鹿茸、花粉、沙棘、茯苓、珍珠、月见草等提取物中含有许多生物活性成分，如黄酮化合物、皂苷、生物碱、有机酸、氨基酸、多糖、维生素、脂类、微量元素等，可以清除体内自由基，增强机体抗氧化能力，改善皮肤血液循环，提高皮肤胶原蛋白含量等，帮助恢复皮肤弹性、延缓皮肤衰老。

1. 人参

人参提取物的主要功效成分为人参皂苷，能增加皮肤成纤维细胞中氨基葡聚糖的生成量，促进皮肤细胞增殖，显著提高 SOD 活性及羟脯氨酸含量，清除自由基，延缓皮肤衰老。此外，人参还具有促进皮肤血液循环、抑制细菌繁殖等作用。

2. 红景天

红景天具有很强的延缓衰老作用，红景天苷是其中的主要功效成分。研究表明，红景天能够促进成纤维细胞分裂及其合成，使成纤维细胞分泌胶原蛋白及胶原蛋白酶能力增强，分泌的胶原蛋白量大于其分解量。

3. 珍珠

珍珠含有的多种氨基酸和微量元素能促进细胞再生，延长细胞寿命，能够改善皮肤营养状况，增强皮肤细胞活力，促进皮肤新陈代谢，对于改善皮肤的衰老状态有良效。此外，珍珠还可降低细胞内脂褐素含量，保持皮肤柔润洁白，对面部色斑具有一定淡化作用。

4. 银杏叶

银杏叶提取物所含有的银杏黄酮是强有力的氧自由基清除剂，能保护皮肤细胞不受氧自由基过度氧化的影响，延长皮肤细胞寿命；所含有的内酯能够加速皮肤新陈代谢，改善皮肤血液循环，增强皮肤细胞活力，延缓皮肤衰老。

5. 植物甾醇

植物甾醇是由植物自身合成的一类活性成分，以植物种子为原料提取而得。植物甾醇能清除自由基，抗氧化，对皮肤有较高的渗透性，具有较好的乳化作用，广泛用于延缓衰老、抗过敏和晒后修复等化妆品中。此外，本品对皮肤炎症和日晒红斑等也具有一定的抗炎、镇痛作用。

6. 白藜芦醇

白藜芦醇可来源于天然植物，如葡萄、虎杖等，也可人工合成，主要用于延缓衰老和美白化妆品中。此外，还有保湿、抗炎、杀菌作用。白藜芦醇的美容作用主要体现为以下几方面：①抗氧化作用强，可延缓皮肤衰老。②抑制 B16 细胞内黑色素合成，有美白作用。③收敛毛孔，减少皮肤油脂分泌。

7. β-葡聚糖

β-葡聚糖是酵母细胞壁提取物，也广泛存在于各种真菌与植物，如香菇和灵芝、燕麦中。β-葡聚糖具有激活免疫和生物调节器的作用，可刺激皮肤细胞活性，有效调节人体自身免疫功能，修护皮肤，减少皮肤皱纹产生，延缓皮肤衰老。

8. 尿苷

尿苷存在于灵芝、冬虫夏草、北柴胡等中药中，是生物体中核糖核酸及一些辅酶的成分，能够加速皮肤细胞的新陈代谢和皮肤角质层的再生，特别适用于状况不良或需要特殊护理的皮肤类型。

（四） 微量元素

近年来，微量元素的延缓衰老作用是衰老生物学研究的热点。大量研究发现，与延缓衰老关系密切的微量元素主要有锌、铜、锰、硒等。

1. 锌

人体中的锌以 Zn^{2+} 为中心离子，为许多酶或金属蛋白的组成部分。锌的主要功能是抗氧化，通过提高机体内 200 多种酶的活力，增强机体清除自由基能力，并且参与细胞的复制过程，对于延缓衰老具有重要作用。

2. 铜

铜是人体中含量位居第二的必需微量元素，是酪氨酸酶、单胺氧化酶、超氧化物歧化酶及血铜蓝蛋白酶等多种酶的组成部分。其中超氧化物歧化酶为抗氧化酶，能够延缓皮肤衰老。同时，铜对血红蛋白的形成起活化作用，能够促进铁的吸收和利用，在弹性蛋白的合成、结缔组织的代谢、嘌呤代谢、磷脂及神经组织形成方面具有重要作用。

3. 锰

锰是超氧化物歧化酶、精氨酸酶、脯氨酸酶等多种酶的组分，也是多种酶的激活剂。锰可参与酶、蛋白质、激素、维生素的合成及糖的代谢，对中枢神经系统结构和功能有着重要作用。研究发现，体内锰含量减少时，超氧化物歧化酶活性降低，从而会导致机体抗氧化能力下降。

4. 硒

硒是谷胱甘肽过氧化物酶的重要组分，其主要生理功能是通过谷胱甘肽过氧化物酶的形式发挥抗氧化作用，能够延缓脂褐素的形成，并能通过抑制自由基反应影响胶原蛋白的交联过程，从而发挥延缓皮肤衰老的作用。此外，硒还可提高人体的免疫功能。

（五） 防晒剂

防晒剂将在第七章中的防晒化妆品章节介绍。

四、配方实例

目前，市售延缓衰老嫩肤化妆品种类很多，以下为面部延缓衰老嫩肤化妆品中几种常见剂型的配方实例进行解析（表4-8~表4-11）。

表4-8　抗皱霜配方实例

组分	质量分数（%）	组分	质量分数（%）
角鲨烷	5.0	甘油	8.0
辛基十二醇肉豆蔻酸酯	10.0	透明质酸钠	0.05
十六醇和十六烷基糖苷	4.0	DNA 盐	0.3
十六醇	1.5	防腐剂	适量
蜂蜡	1.5	香精	适量
聚二甲基硅氧烷	2.0	去离子水	加至 100.0

【解析】方中十六醇和十六烷基糖苷为乳化剂；角鲨烷、辛基十二醇肉豆蔻酸酯、十六醇、蜂蜡为油相原料；甘油、DNA 盐、去离子水为水相原料。其中十六醇和蜂蜡为赋形剂；聚二甲基硅氧烷为肤感调节剂；甘油和透明质酸钠为保湿剂；DNA 盐能够

活化细胞，加快细胞的更新速度；同时，各种油相原料从润肤保湿的角度，使产品具有更好的延缓衰老作用。

表 4-9　抗皱液配方实例

组分	质量分数（%）	组分	质量分数（%）
甘油	5.0	防腐剂	适量
水溶性霍霍巴油	1.0	水溶性香精	适量
L-乳酸	2.0	黄原胶	0.2
L-乳酸钠	1.5	去离子水	加至 100.0

【解析】方中的甘油、水溶性霍霍巴油、L-乳酸、L-乳酸钠均为保湿剂、润肤剂。其中 L-乳酸、L-乳酸钠为主要的功效成分。黄原胶为改善肤感的增稠剂。此配方的特点就在于通过深层保湿的途径使抗皱的必要条件得以满足，从而为后续的抗皱活性成分发挥作用做好铺垫。此类产品在使用时通常与其他抗皱产品配合使用。

表 4-10　抗皱凝胶配方实例

组分	质量分数（%）	组分	质量分数（%）
卡波 941	0.2	透明质酸	0.1
三乙醇胺	适量（pH=6~7）	对羟基苯甲酸甲酯	适量
胎盘提取物	0.5	香精	适量
甘油	8.0	去离子水	加至 100.0

【解析】方中卡波 941 为胶凝剂，三乙醇胺为中和剂，两者构成凝胶的配方体系。该方的主要功效成分为胎盘提取物、透明质酸及甘油。其中胎盘提取物能够刺激人体组织细胞的分裂和活化，促进细胞的新陈代谢；透明质酸及甘油均为保湿剂，与胎盘提取物合用，共同发挥延缓皮肤衰老的作用。

表 4-11　抗皱乳液配方实例

组分	质量分数（%）	组分	质量分数（%）
丁二醇	2.0	β-葡聚糖	0.1
乳化剂 202	3.5	辅酶 Q_{10}	0.5
单硬脂酸甘油酯	1.0	胶原蛋白粉	0.2
对羟基苯甲酸丙酯	适量	BHT	0.15
辛酸/癸酸三甘油酯	5.0	对羟基苯甲酸甲酯	适量
葡萄籽油	3.0	香精	适量
白油	3.0	色素	适量
十六醇	1.2	去离子水	加至 100.0
甘油	8.0		

【解析】方中辛酸/癸酸三甘油酯、葡萄籽油、白油、十六醇为油相原料；乳化剂

202 为乳化剂；单硬脂酸甘油酯为助乳化剂；丁二醇、甘油为水相原料；对羟基苯甲酸甲酯及对羟基苯甲酸丙酯为防腐剂。主要抗皱原料为 β-葡聚糖、辅酶 Q_{10}、胶原蛋白粉、葡萄籽油及甘油。其中 β-葡聚糖可刺激皮肤细胞活性；辅酶 Q_{10} 是天然抗氧化剂；胶原蛋白粉能够增加皮肤营养，促进表皮细胞活力，且具有良好的保湿作用；葡萄籽油是很好的润肤剂；甘油为保湿剂。它们分别从不同的角度，相辅相成，使有效成分易于被皮肤吸收，发挥较好的延缓皮肤衰老的作用。

第四节　抗痤疮化妆品

痤疮俗称"粉刺""青春痘"和"酒刺"，是一种累及毛囊皮脂腺的慢性炎症性皮肤病，主要发生在面部、前胸和后背等皮脂分泌旺盛的部位，可形成粉刺、丘疹、脓疱、结节、囊肿甚至瘢痕等损害。痤疮通常发生在 15~30 岁的青少年中，是最常见的皮肤问题之一。痤疮化妆品已经成为热销产品之一，但需指出的是，痤疮为一种皮肤病，严重时必须由皮肤科医师治疗，抗痤疮类化妆品只适用于轻度粉刺以及痤疮治疗的辅助改善。

一、痤疮的发病机制

（一）西医学对痤疮发病机制的认识

痤疮的发病机制复杂，目前尚未完全清楚。多数学者认为，痤疮的发生、发展主要与以下因素有关。

1. 雄性激素代谢失调

雄性激素可刺激皮脂腺增生和皮脂分泌增多，在痤疮的发生、发展和持续状态中具有关键作用。

（1）雄性激素　正常情况下，体内各种激素的作用是互相平衡的，而在青春期，人体雄性激素分泌增多，体内雄激素与雌激素受体之间比例失调，雄激素受体对正常血清雄激素的敏感性增加，使得皮脂腺增生和肥大，皮脂分泌增多。

（2）皮脂成分　痤疮患者皮肤表面皮脂成分的改变与痤疮的发生密切相关，主要体现为以下两方面：①角鲨烯含量高于正常人：研究发现，角鲨烯的过氧化物可引起毛囊漏斗部上皮细胞增生与角化过度，有很强的致粉刺作用。②亚油酸浓度降低：皮脂分泌率高时导致亚油酸浓度下降，亚油酸的减少会导致表皮功能障碍、炎症介质渗透以及粉刺形成。

2. 毛囊皮脂腺导管角化异常

毛囊皮脂腺导管角化过度是痤疮形成的关键因素。皮脂成分的改变、局部雄性激素的作用及痤疮丙酸杆菌导致炎症因子的分泌均可促进毛囊皮脂腺导管的过度角化。在痤疮患者中，毛囊皮脂腺导管内角质形成细胞的角化物质变得致密，细胞更新速度加快，并且细胞间黏附性增加，不易脱落。导管内这种角质形成细胞的过度增殖以及内皮的脱屑障碍导致角栓形成，堵塞毛囊口，毛囊扩张，形成微粉刺，而微粉刺进一步发展，则形成痤疮。

3. 微生物感染及炎症反应

在痤疮发病机制中，微生物感染是一重要因素，主要与痤疮丙酸杆菌、表皮葡萄球菌、糠秕马拉色菌等微生物感染有关。其中痤疮丙酸杆菌是首要因素，它不仅能释放溶脂酶、蛋白质分解酶、透明质酸酶等，破坏毛囊周围组织，导致炎症扩散，还能释放各种免疫炎症因子，加重病情发展。

炎症反应是痤疮发病机制中的重要环节，主要由痤疮丙酸杆菌等微生物感染引起。痤疮丙酸杆菌所释放的溶脂酶将甘油三酯水解为甘油和游离脂肪酸，游离脂肪酸、蛋白分解酶、透明质酸酶可以刺激毛囊上皮角化，导致毛囊壁损伤并破裂，使得粉刺内存物进入真皮，这些物质能直接引起炎症反应，出现炎性丘疹和脓疱，引起炎性肉芽肿反应，形成炎性结节、囊肿，甚至形成脓肿，重症患者由于深层组织损害，愈合后会形成萎缩性或少见的肥大性瘢痕。

4. 免疫失调及其他

在许多免疫功能检测中发现，痤疮的发病与人体全身或局部免疫有关。起初，痤疮丙酸杆菌释放前炎症因子，能导致血管黏附因子的表达上调，刺激皮脂腺导管。随着导管壁被破坏，释放到真皮中的内容物趋化大量的嗜中性粒细胞，吞噬痤疮丙酸杆菌后，释放溶脂酶，加剧炎症反应。后期，淋巴细胞、组织细胞和部分巨噬细胞影响炎症的程度取决于导管壁被破坏程度和导管内物质的释放情况。

5. 其他因素

饮食不当、化妆品使用不当、微量元素（如锌、硒）缺乏、情绪抑郁、睡眠不良、使用雄激素类药物及遗传因素等均有可能诱发或加重痤疮的生成。

（二）中医学对痤疮病因病机的认识

痤疮属于中医学"面疮""肺风粉刺""酒刺"范畴，古籍文献关于本病的记载有很多，最早见于《黄帝内经》，如《素问·生气通天论》《素问·咳论》中有关痤疮的论述，道出了风热邪气，风热毒邪或风寒入里化热，使肺通调水道功能失调，导致水饮内停而成湿，湿与热相结，上蒸头面而成痤疮。《医宗金鉴·肺风粉刺》曰："此症由肺经血热而成，每发于面鼻……形如黍米白屑。"

通过古代医家对痤疮的论述，结合当代中医学者对痤疮的进一步研究可知，素体血热偏盛是痤疮发病的根本，饮食不节、外邪侵袭是致病的条件，血瘀痰结使病情复杂加重。此病的发生发展主要与血热偏盛、肺胃积热、外感风热、气血凝塞及血瘀痰结等机体因素有关。

二、抗痤疮化妆品的作用机制

根据对痤疮发病机制的认识，抗痤疮化妆品在进行配方设计时应主要从以下几方面进行考虑。

（一）抑制皮脂分泌

皮脂分泌亢进是由雄激素所支配，因此内调比外治更为重要。少数外用制剂也具一定的减少皮脂分泌的作用。可作为化妆品原料用于抑制皮脂分泌的有维生素 B_3、维生素 B_6、南瓜素及微量元素锌等。

（二）溶解角质

粉刺发生时，毛囊漏斗内致密的角质栓堵住毛囊口，毛囊扩张。为排出毛囊漏斗内的角栓，使毛囊口通畅，可使用硫黄、水杨酸、间苯二酚等功效性成分使角质溶解或剥离。

（三）抑菌消炎

微生物感染及炎症反应是痤疮发病的重要因素，抑菌消炎是防治痤疮的又一途径之一。痤疮丙酸杆菌是痤疮发病中引起炎症反应的主要致病菌，过氧化苯甲酰、壬二酸、甘醇酸等均对其具有一定的抑制作用及抗炎效果。还有部分中药原料，如丹参、蒲公英等，均具有不同程度的抑制痤疮丙酸杆菌及抗炎作用。

三、常用抗痤疮原料

1. 水杨酸

水杨酸又称柳酸，是角质溶解剂，能使蛋白变性，略有抗菌作用，对寻常性痤疮和粉刺的炎性损害有效，其溶解粉刺的作用只有全反式维 A 酸的 25%，一般用于对全反式维 A 酸不耐受者。水杨酸常与乳酸配伍使用，多用其 1%~3% 的乙醇溶液。

2. 过氧化苯甲酰

过氧化苯甲酰（BPO）又称过氧化苯酰或过氧化二苯甲酰，作为抗痤疮原料，主要具有以下几方面作用：①是强氧化剥脱剂，可软化和剥脱角质。②有很强的杀菌、除臭作用，对治疗寻常痤疮有效，特别是炎性损害为主的痤疮较好，可使炎症完全消失，炎性丘疹及结节部分消失。③渗透能力强，能透入皮脂腺深部，使厌氧的痤疮丙酸杆菌和表皮葡萄球菌不能生长繁殖，从而减轻对毛囊的刺激和对毛囊壁的损伤，减轻炎症。

BPO 对粉刺、囊肿和聚合性痤疮效果较差。对于脓肿为主的痤疮最好结合内服抗生素，待炎症控制后，逐渐停用抗生素。轻度痤疮可以单独使用 BPO 治疗。BPO 有各种剂型，其中水剂的刺激性较小，以丙酮为溶剂的乙醇凝胶疗效较好。

BPO 属于限用化妆品原料，过敏者慎用，避免与眼及口唇等黏膜部位接触。其副作用是在使用初期部分病人会出现刺激性皮炎，停药后 3~5 天症状消失。

3. 壬二酸及其衍生物

壬二酸及其衍生物可抑制痤疮丙酸杆菌和表皮葡萄球菌活性，降低皮肤表面脂质中游离脂肪酸的浓度，使毛囊皮脂腺导管的过度角化恢复正常，同时也具有抗炎作用，可用于粉刺及脓疱性痤疮的辅助治疗。

壬二酸在使用过程中偶有灼烧感和轻微的红斑，常用20%的壬二酸软膏，不良反应很轻，但孕妇慎用。此外，壬二酸也可作为美白活性物质用于美白祛斑化妆品中。

4. 间苯二酚

间苯二酚又称雷锁辛，与水杨酸类似，属于角质溶解剂，能使蛋白质变性，并具有略微的抗菌作用。美国食品药品管理局（FDA）认证间苯二酚对治疗痤疮是安全有效的。

5. 甘醇酸

甘醇酸为天然动植物提取物，许多中草药中均含有此成分，如紫草、甘菊、春黄菊、杏仁、蛇含草、黄芩、苦参、细辛、白僵蚕等作为抗痤疮原料，具有抗炎及抑制痤疮丙酸杆菌的作用。

6. 锌制剂

锌制剂作为抗痤疮原料，主要具有以下作用：①维持上皮细胞正常生理功能，促进上皮组织正常修复。②杀菌，抑制微生物繁殖。③延缓表皮细胞角质化。④抑制皮脂分泌。常用的锌制剂有硫酸锌、葡萄糖酸锌、甘草酸锌及吡啶硫酮锌。

7. 吡哆素

吡哆素又称维生素 B_6、吡哆醇。本品与皮肤的健康有着密切的关系，缺乏本品，会影响到皮肤和黏膜的健康，出现脂溢性皮炎等皮肤问题。在化妆品中主要用于改善皮肤粗糙、粉刺、日光晒伤、脂溢性皮炎、干性脂溢性湿疹、寻常痤疮等皮肤问题。吡哆素与其他维生素配合使用，效果更佳。

8. 吡哆醇二棕榈酸酯

吡哆醇二棕榈酸酯又称维生素 B_6 双棕榈酸酯。本品与皮肤相容性好，结构稳定，易被皮肤吸收，主要通过抑制油脂的分泌来达到防痘、祛痘效果，也可用于防治皮肤粗糙、日晒斑等皮肤问题。

9. 黄芩苷

黄芩苷具有抗炎及较强的抑制痤疮丙酸杆菌的作用，能够清除囊肿型痤疮的死细胞、菌体及残留物，可加速痤疮的痊愈。

10. 中药添加剂

中医学认为痤疮的发生与风热、肺热、血热、血瘀等因素有关，常见的证型有肺胃热盛型、湿热蕴结型、血瘀痰结型等。因此，具有清肺胃热、清热燥湿、凉血解毒、活血化瘀及化痰软坚作用的中药均可用于痤疮的治疗，如桑白皮、枇杷叶、黄芩、黄连、苦参、栀子、金银花、连翘、蒲公英、紫草、大黄、姜黄、丹参、硫黄、薏苡仁、白芍、苍术、射干、赤芍、地榆等。

上述中药大多具有一定的抗菌消炎作用，有些中药对痤疮丙酸杆菌具较高的敏感性，且无副作用。其中薏苡仁提取物、白芍中的芍药苷、苍术提取物等对于感染性粉刺的治疗效果尤佳；姜黄能够祛除黑头粉刺，对感染性粉刺效果更佳；黄芩具有广谱抗菌作用，尤宜于混合感染性粉刺，与射干同样都能使闭合性粉刺变为开放性粉刺，加快粉刺的痊愈；丹参所含的丹参酮 II_A 对痤疮丙酸杆菌高度敏感，具有抗雄性激素及温和的雌激素样活性，具有抗炎作用，适用于各种类型的痤疮；硫黄能够溶解角质，软化表皮，抑制皮脂溢出；蒲公英提取物具有抗菌、消炎作用，对有感染的粉刺及黑头粉刺均有很好的改善作用。

此外，金缕梅的叶、枝条或树皮的提取物也常用作抗痤疮的活性原料，主要活性成分为单宁，可发挥如下作用：①对油性皮肤具有收敛及镇静作用。②具有有效的抗皮肤炎症和抗刺激的能力。③具有修复和增强皮肤天然屏障功能。

四、配方实例

目前，抗痤疮化妆品常见的剂型有膏霜、乳液、水剂、凝胶等。剂型不同配方组成也不同，现以抗粉刺露为例进行配方实例解析（表4-12）。

表4-12　抗粉刺露配方实例

组分	质量分数（%）	组分	质量分数（%）
阿拉伯树胶	0.2	甘油	3.0
黄芩苷	1.0	丙二醇	5.0
茶树油	0.2	十六十八醇	2.0
辛酸癸酸甘油酯	8.0	香精	适量
吐温-20	2.5	防腐剂	适量
单硬脂酸甘油酯	3.0	去离子水	加至 100.0

【解析】方中阿拉伯树胶和十六十八醇为增稠剂；单硬脂酸甘油酯和吐温-20为助乳化剂和乳化剂；黄芩苷和茶树油是使用最广泛的抗痤疮原料，具有清凉舒爽、杀菌消炎、预防和治疗痤疮的作用。

第五节　敏感性皮肤用化妆品

近年来，随着环境污染、气候变化及化妆品安全问题的复杂化，敏感性皮肤人群数量呈显著增长趋势，针对这类人群的化妆品研发越来越受到化妆品行业的重视，相应的产品也应运而生。本节将对敏感性皮肤的特点、产生机制、发生原因及敏感性皮肤用化妆品的功效性原料等知识进行简要介绍。

一、敏感性皮肤的特点

敏感性皮肤又称敏感性皮肤综合征，目前尚无统一定义，多数学者认为，它是一种高度敏感的皮肤亚健康状态，处于这种状态下的皮肤极易受到各种因素的激惹而产生刺痛、烧灼、紧绷、瘙痒、麻刺感等主观症状，而皮肤外观基本正常或伴有轻度的脱屑、红斑等现象。敏感性皮肤主要发生于女性面部、双手、头皮和足部。

敏感性皮肤人群表现为面色潮红、脉络依稀可见、抗紫外线能力弱等，与正常皮肤相比，所能接受的刺激程度非常低，甚至水质的变化、穿化纤衣物等都能引起其敏感性反应。

二、敏感性皮肤的产生机制

敏感性皮肤的产生机制极为复杂，目前尚未完全清楚，可能与以下机制有一定关系：①表皮屏障功能下降：敏感性皮肤角质层结构不完整，表皮细胞间脂质含量不平衡，神经酰胺含量减少，导致表皮屏障功能降低。屏障功能的降低不仅会使外用化学物质的渗透性增加，同时会使神经末梢受到的保护减少，引起感觉神经的信号输入明显增加，这是敏感性皮肤产生的主要机制。②皮肤感觉神经功能失调：皮肤神经末梢的保护能力减弱、神经纤维密度增加及感觉神经的反应性增高，三者相互作用，引起皮肤感觉神经功能失调。③各种刺激导致血管扩张及免疫、炎症反应。

中医学理论认为，面部敏感性皮肤是因为禀赋不耐，皮肤腠理不密，外感毒邪，热毒蕴于肌肤而致，应采用以清热解毒、凉血为主的治疗原则。

三、导致皮肤敏感的原因

敏感性皮肤产生的原因不是简单独立的，而是由多种内在和外在因素分别或共同作用的结果，这些因素主要包括以下几方面。

（一）个体因素

个体因素主要包括种族、年龄、性别、精神因素、激素水平及遗传等。其中亚洲人容易对辛辣食物、温度变化和风表现出高反应，并且容易产生瘙痒；年轻人敏感性皮肤的发生率高于老年人，女性高于男性；心理压力及情绪激动会激发或加剧敏感性皮肤反应。此外，研究发现，敏感性皮肤女性中49%认为皮肤反应与月经周期有关。

（二）外界刺激

外在因素均可引发或加重皮肤敏感性，包括：①物理因素：如季节交替、温度变化、日晒等。②化学因素：如化妆品、清洁用品、消毒产品、空气污染物等。③医源因素：如外用刺激性药物，某些激光治疗术后等。

上述因素中，由于化妆品选用不当所引起的皮肤敏感非常常见，主要表现为皮肤红肿、发热、发痒，严重者会出现皮疹、水疱、皮炎等现象，主要原因可能是皮肤对化妆品中所含有的某些成分产生敏感反应，如香精、防腐剂、表面活性剂、抗氧剂、重金属、酒精、果酸等，导致敏感率较高的是香精、防腐剂及表面活性剂。

此外，生活方式也是引起皮肤敏感的因素之一，如辛辣刺激的饮食及酒精等均可加重皮肤的敏感性反应。

四、敏感性皮肤的类型

根据敏感性皮肤的产生机制和影响因素，一般将敏感性皮肤分为以下几种类型。

（一）　生理性皮肤敏感

生理性皮肤敏感人群属于先天性皮肤脆弱敏感者，表现为皮肤白皙、纹理细腻、透明感强、脉络依稀可见、面色潮红。多数皮肤敏感的女性认为自己的皮肤属于这种类型，但真正属于这种皮肤的人不超过 10%。

（二）　药物刺激引起的皮肤敏感

在临床治疗皮炎、湿疹、痤疮等一些损美性皮肤病时，通常会使用一些外用药物，如维 A 酸类、过氧化苯甲酰、糖皮质激素等。这些药物若长期使用，会使皮肤变薄、屏障功能受损、毛细血管扩张，导致皮肤敏感。此外，不适合的化妆品刺激皮肤，也会增加皮肤的敏感性。

（三）　疾病状态下的皮肤敏感

鱼鳞病、脂溢性皮炎、玫瑰痤疮、异位性皮炎等自身皮肤疾病会增高皮肤的敏感性，可能是在疾病状态下，感觉神经信号输入增加、皮肤屏障功能受损所致。

（四）　激光术后皮肤敏感

激光的光化效应及热效应会对皮肤产生非常大的影响，皮肤的"砖墙结构"受到破坏，导致角质层的屏障及保湿功能下降，抵御外界刺激能力降低，皮肤敏感性增强。

五、敏感性皮肤用化妆品的功效性成分

近年来，用于敏感性皮肤用化妆品的功效性原料主要包括舒缓类、抗炎或与过敏类、修复皮肤屏障类三大类。

（一）　舒缓类

1. 芦荟提取物

芦荟提取物含有芦荟宁、芦荟苦素、芦荟苷、氨基酸、黏多糖和多肽等物质，作为皮肤舒缓剂广泛应用。芦荟提取物除具有防晒、保湿作用外，还具有消炎、抑菌及加速伤口愈合等作用。

2. 薰衣草精油

薰衣草精油不仅可以平缓神经紧张，减压镇静，而且能够促进细胞再生，抑制细菌，减轻疤痕，适用于任何肤质。薰衣草非精油组分可不同程度地缓解病理状态下自由基对机体的伤害。

3. 芹菜素

芹菜素为芹菜的主要有效成分，属于黄酮类化合物。外用芹菜素能够调理皮肤，缓解其紧张状态，具有镇静作用，并能强烈吸收 UVB。芹菜素可作为调理剂用于面部用化妆品中。

4. 白杨素

白杨素又称柯因，属于黄酮类化合物，主要存在于黄芪、蜂胶等原料中，可由黄芪中提取而得。外用白杨素能够调理皮肤，缓解皮肤紧张状态，具有镇静作用。

5. 雪松醇

雪松醇属于倍半萜类化合物，能舒缓皮肤的过敏反应，特别是对高过敏性皮肤的作用更明显，可用于敏感性皮肤用化妆品的配制。

（二）抗炎与抗敏类

1. 积雪草提取物

积雪草含有三萜类成分、挥发油、多种微量元素、多糖及氨基酸等，具有消炎作用，能促进胶原蛋白合成，促进黏多糖分泌，增加皮肤水合度。羟基积雪草皂苷能抑制脂多糖诱导的痛觉增敏，降低小鼠对痛觉刺激的敏感性。

2. 洋甘菊提取物

洋甘菊提取物所含抗敏成分主要是蓝香油奥，具有良好的消炎、抗氧化作用及抗敏作用。洋甘菊提取物能够恢复与增强血管弹性，改善血管破裂现象，有效修复血管；同时能够修复皮肤受损角质层，改善肌肤对冷热刺激的敏感度，为皮肤提供天然保护屏障。

3. 马齿苋提取物

马齿苋具有清热解毒、凉血消肿的功效。现代研究发现，马齿苋提取物有抗敏、抗炎及抗外界刺激作用，被广泛用于过敏性皮肤的康复与治疗。

4. 黄芩提取物

黄芩提取物中的黄芩黄素、黄芩苷及汉黄芩素均具有抗炎及抗变态反应作用，能缓和化学添加剂对皮肤的刺激作用，缓解皮肤的紧张程度，抑制过敏性水肿及炎症的发生；同时，它们能强烈抑制 NO 合成酶活性，NO 可以导致血管扩张，而皮肤血管的扩张是导致皮肤敏感的一个重要机制。

5. 甘草提取物

甘草提取物中的甘草素、甘草苷和甘草次酸均具有抗过敏反应的作用。其中甘草素和甘草苷还能调理皮肤，缓解皮肤的紧张状态，具有镇静作用；甘草次酸可用于治疗过敏性或职业性皮炎。

（三）修复皮肤屏障类

1. 神经酰胺

神经酰胺是人体皮肤角质层细胞间脂质的主要成分，局部使用一定量的神经酰胺可使受损的皮肤屏障得以修复。此外，神经酰胺还具有保湿和延缓衰老作用。

2. 维生素 E

外用维生素 E 可使其聚集在皮肤的角质层，帮助角质层修复其屏障功能，增强皮肤抵御外界刺激的能力，并可阻止皮肤内水分的丢失。

六、配方实例

对以下常见敏感肌用调理乳液配方实例进行解析（表4-13）。

表4-13　调理乳液配方实例

组分	质量分数（%）	组分	质量分数（%）
橄榄油	15.0	甘油	5.0
肉豆蔻酸异丙酯	5.0	尼泊金甲酯	0.1
十六十八醇	2.0	尼泊金丙酯	0.1
壬基酚聚氧乙烯醚	3.0	去离子水	加至100.0
芹菜素	0.2		

【解析】方中橄榄油和肉豆蔻酸异丙酯为油相原料，具有润肤作用；壬基酚聚氧乙烯醚为乳化剂；芹菜素用少量乙醇溶解后加入油相，具有镇静、舒缓皮肤紧张作用；甘油为保湿剂；尼泊金甲酯及尼泊金丙酯为防腐剂。

第六节　面　膜

面膜是指涂敷于面部皮肤后，在皮肤表面能够形成膜状物，将皮肤与外界空气隔离，可剥离或洗去的一类制品，是集清洁、护肤和美容为一体的多功能化妆品。

面膜的作用是多方面的，主要体现在以下几方面：①深层洁肤作用：在剥离或洗去面膜时，可通过面膜的吸附作用，将皮肤的分泌物、污垢、皮屑等一同随着面膜而除去。②保湿作用：面膜在皮肤表面的包覆作用，能够抑制角质层水分蒸发，增加皮肤的水合作用，使皮肤柔软润湿。③促进营养物质的吸收：面膜覆盖在皮肤表面，能够使皮肤表面温度上升，促进皮肤血液循环，扩张毛孔和汗腺孔，以及皮肤水合作用的增加，均能使皮肤更有效地吸收面膜或底膜中的活性营养成分，起到良好的护肤作用。

面膜的种类很多，主要有粉状面膜、泥膏型面膜、撕拉式面膜、成型面膜等，各类面膜具有不同的特点，撕拉式面膜对皮肤的刺激性相对较大，使用率相对较低，在此不予介绍。

一、粉状面膜

粉状面膜是一种均匀、细腻、无杂质的混合粉末状制品，使用时需用水或其他液体将膜粉调和成糊状后，涂敷于面部，经过10~20分钟，糊状物逐渐在面部形成一层较厚的可剥离或不可剥离的膜状物。粉状面膜一般可分为软膜粉、水洗膜粉和硬膜粉。

（一）软膜粉和水洗膜粉

软膜粉在使用过程中能够形成可剥离的胶性软膜，使用后直接用手揭除即可。水洗膜粉在使用过程中不能形成可剥离的膜，使用后需用湿毛巾擦洗才可。

软膜粉和水洗膜粉的配方组成中主要包括粉类基质原料、成膜剂及功能性原料等：①粉类基质原料：是面膜的基质，常用高岭土、二氧化钛、氧化锌、滑石粉等，具有吸附和润滑作用。②成膜剂：是具有成膜作用的天然或合成水溶性聚合物，常用海藻酸钠、淀粉、硅胶粉等，水洗膜粉中不含成膜剂。③粉类功能性原料：可根据需要在粉状面膜中添加如中药原药材粉末、中药提取物等不同种类的功能性粉类原料，使其具有护肤、养肤等不同的功用。④油脂：许多市售的粉状面膜中还添加少量的油脂类原料，如橄榄油、小麦胚芽油等，为皮肤补充油分，滋养皮肤、润滑皮肤。⑤防腐剂、香精。

（二）硬膜粉

硬膜又称倒膜，主要成分是半水石膏（熟石膏）。使用时将石膏粉用适量水调和成糊状，涂敷于面部后，面部表面的糊状物很快凝固成坚硬的膜体，如同面具一般，可整体揭去。

硬膜在凝固过程中，石膏与水发生水合作用，产生热量，使皮肤温度上升，可促进皮肤微循环和新陈代谢，促进皮肤对营养物质的吸收。因此，可在石膏基质中添加一定量的功能性粉质原料（如中药细粉或中药提取物），或在涂敷硬膜之前，可先在皮肤表面涂敷一层能够营养肌肤的底膜，从而达到更为理想的美容护肤效果。

硬膜又有热膜和冷膜之分，其中冷膜常常在夏季为美容院做皮肤护理所使用。实际上，所谓冷、热，只是受施者的自身感觉而已，因为无论是热膜还是冷膜，膜体在凝固过程中均会释放热量，使面部皮肤温度升高达 37℃ 左右，只是在冷膜的配方中添加了少量的清凉物质，使受施者感到皮肤凉爽。

干性皮肤者尽量不用石膏倒膜美容法。

二、泥膏型面膜

泥膏型面膜一般是以中性、油性或易生粉刺皮肤的人群为目标，能够吸收皮肤表面过量的皮脂，去除堵塞毛孔的死皮细胞及污物，具有较强的清洁皮肤作用；同时又兼具收敛、杀菌作用，且具有深层保湿、滋养肌肤作用。此类面膜不能成膜剥离，使用后需用吸水海绵进行擦洗而除去。

泥膏型面膜配方的主要组成是粉类原料、水溶性聚合物、表面活性剂、水以及保湿剂、油脂油料、功能性原料等添加剂。其中粉类原料中含有丰富的矿物质，且通常含有较多的黏土类成分，如深海泥、火山泥、高岭土、硅藻土等，能够吸附皮肤表面的过剩油脂及污物，增加面膜与皮肤的黏附性，又可增加面膜本身的黏稠度。

泥膏型面膜由于固体粉末长时间水合作用，容易滋生细菌，所以此类面膜中多含有高浓度的防腐剂，敏感性肤质者需要谨慎选择使用，以免引起肌肤不适。

三、成型面膜

成型面膜是一类能够直接贴敷于面部的面膜贴，由于使用方便简单而备受消费者喜爱。

（一） 贴布式面膜

贴布式面膜又称美容面膜巾，是将面膜液浸入剪裁成人的面部形状的膜布内，装入铝箔袋中，使用时只需撕开包装，将布贴敷于面部，使其与面部贴牢，经 15~20 分钟，待面膜液逐渐被皮肤吸收后，将布取下即可。贴布式面膜使用非常方便，已经成为面膜类产品中销售量最大、发展速度最快的一个品种。

贴布式面膜由于其膜布材质的不同，又有无纺布面膜、纯棉纤维面膜、蚕丝面膜、生物纤维面膜及竹炭纤维面膜之分。不同材质的膜布具有不同的特点：①无纺布：具有防潮、透气、无毒、无刺激性、价格低廉等优点，是应用最早而且至今仍被广泛使用的膜布材料；缺点是较为厚重，与皮肤的贴合度不如其他材质膜布。②纯棉纤维：具有吸水性好、导湿性好、拉伸力强等优点；缺点为棉絮易引起皮肤过敏。③蚕丝：具有轻、薄、贴肤性强、透气好等优点；缺点是承载的面膜液相对较少，且拉伸性差、成本高、易撕破。④生物纤维：是由葡糖醋杆菌发酵制成，具有良好的湿态柔韧性及吸水性，且因其独特的结构而对液体及气体具有高透过性。⑤竹炭纤维：具有抑制微生物生长、吸湿性良好、吸收污垢的优点。

贴布式面膜液的主要成分有保湿剂、润肤剂、活性物质、防腐剂及香精等。其中活性成分可根据需要进行选择，常用维生素、表皮生长因子、珍珠水解液等。

（二） 贴敷型胶冻状面膜贴

贴敷型胶冻状面膜贴是以水溶性聚合物为主要成分，配伍其他功能性原料而制得的一类能够直接敷于面部的胶冻状成型面膜。使用方便、简单，只需将面膜贴从包装袋中取出后直接敷于面部即可，赋予皮肤清凉、舒爽的使用感，同时面膜贴于皮肤有很好的亲和性，具有较好的抗皱、保湿作用。目前，市场上贴敷型胶冻状眼贴膜较为常见。

贴敷型胶冻状面膜贴的配方中主要包括水溶性聚合物、功能性原料、水、防腐剂、保湿剂等几类组分。其中水溶性聚合物含量为 1%~2%；功能性原料可根据需要进行选择，若要得到清澈、透明的面膜贴，应注意所选原料在水中的溶解性。

复习思考题

1. 简述保湿化妆品的作用机制。
2. 简述延缓皮肤衰老的途径有哪些。
3. 简述抗痤疮化妆品的作用机制及常用的抗痤疮原料。
4. 简述敏感性皮肤用化妆品中的功效性成分。
5. 简述面膜的种类及其配方组成。

扫一扫，见答案

第五章　发用化妆品

　　毛发有御寒、机械性保护、防日晒、调节体温等生理功能。清洁健康、富有弹性和亮泽的毛发，使人精神焕发。用于清洁、保护、营养、美化、修饰人体毛发的化妆品统称为发用化妆品。

　　发用化妆品的种类繁多，主要包括洗发化妆品、护发化妆品、整发化妆品、染发化妆品和烫发化妆品五大类。由于染发化妆品和烫发化妆品属于特殊用途化妆品，将在后面的章节介绍，本章节只介绍前三种发用化妆品。

第一节　洗发类化妆品

　　洗发化妆品的英文名称为 shampoo，音译为香波，主要用于洗净附着在头皮和头发上的灰尘、油脂、汗垢、头屑等，矫正不良气味，是清洁和调理头发的化妆品。人们最早用肥皂清洁头发，其后用椰子油制作香波，现今香波功能多样化，不再只是头皮和头发的清洁剂，而逐渐朝着洗、护、养发等多功能合一的方向发展。近年来，具有洗发、护发功能的调理香波，以及集洗发、护发、去屑、止痒等多功能于一体的多合一香波越来越受到人们的欢迎，已经成为市场流行的主要品种，成为人们日常生活中必需的洗发用品。

　　理想的香波 pH 值应在 6.0~8.5 之间，在品质和功能上应满足如下要求：①香气怡人，色泽悦人。②泡沫丰富，稳泡性好，脏污易从头发上清洗下来。③洗净力适当，洗涤效果好，不脱尽油脂而导致头发干燥。④具有良好的干发和湿发梳理性。⑤对眼睛、头皮及头发均无刺激、无毒性、安全性好。

一、洗发类化妆品的配方组成

　　香波的配方组成主要有表面活性剂和其他添加剂两大类。表面活性剂是香波中的主要成分，主要发挥洗涤、发泡、稳泡及增稠等作用，根据其在香波中发挥作用的不同又可分为主表面活性剂和辅助表面活性剂两类；其他添加剂有调理剂、增稠剂、澄清剂、珠光剂、螯合剂、防腐剂、香精、着色剂、去屑止痒剂及营养添加剂等，主要具有改善香波的使用性能及感官效果等作用。

（一）　主表面活性剂

　　主表面活性剂主要作用是洗涤和发泡，最常用的是阴离子型表面活性剂，主要有脂肪醇硫酸盐、脂肪醇磺基琥珀酸酯盐、脂肪醇聚氧乙烯醚硫酸盐、脂肪酸单甘油酯硫酸盐等。

1. 脂肪醇硫酸盐（AS）

脂肪醇硫酸盐（AS）又称烷基硫酸酯盐，是香波中最常用的阴离子型表面活性剂，去污力和发泡性好。乙醇胺盐溶解性好，低温下仍能保持透明，十二烷基硫酸三乙醇胺（LST）是制造透明液体香波的主要原料。

2. 脂肪醇聚氧乙烯醚硫酸盐（AES）

脂肪醇聚氧乙烯醚硫酸盐（AES）又称烷基聚氧乙烯醚硫酸酯盐，是香波中应用最为广泛的阴离子型表面活性剂，多为钠盐、胺盐等，脂肪烷基多为十二烷基。AES的性能优于AS，具有优良的去污力，起泡迅速，易被无机盐增稠。AES溶解性优于AS，刺激性低于AS，低温下仍保持透明，适于制备透明液体香波，但泡沫稳定性稍差。

3. 脂肪酸单甘油酯硫酸盐

一般采用月桂酸单甘油酯硫酸铵，洗后使头发柔软而富有光泽，但易水解，适用于配制弱酸性或中性香波。

4. 醇醚磺基琥珀酸单酯二钠盐

醇醚磺基琥珀酸单酯二钠盐（AESM，AESS）全称为脂肪醇聚氧乙烯醚磺基琥珀酸单酯二钠盐，又称脂肪醇聚氧乙烯醚琥珀酸单酯磺酸钠，洗涤和发泡能力强，对人体皮肤和眼睛的刺激作用极低，是极温和的表面活性剂之一。

此外，N-酰基谷氨酸盐具有良好的抗硬水及助洗涤去污能力，作用温和，安全性高，可配制低刺激性香波；椰子油单乙醇酰胺磺基琥珀酸单酯二钠盐的钙皂分散力、去污力、稳定性、配伍性、发泡性、调理性和增稠性俱佳，非常适合配制婴儿用香波。

（二）辅助表面活性剂

香波中辅助表面活性剂的作用主要是增泡、稳泡、增稠、增加洗净力及降低主表面活性剂的刺激性等，主要为非离子型表面活性剂和两性表面活性剂。

1. 非离子型表面活性剂

非离子型表面活性剂在香波中主要作为增溶剂和分散剂，并能调节香波的黏度，稳定泡沫，还可降低阴离子型表面活性剂的刺激性，如聚乙二醇脂肪酸酯、聚氧乙烯失水山梨醇脂肪酸酯、烷基醇酰胺及烷基糖苷等。其中烷基醇酰胺具有优异的稳泡和增稠性能，代表性原料为椰子油二乙醇酰胺；烷基糖苷是一种温和的表面活性剂，既可发挥稳泡和增稠作用，又能大大降低阴离子型表面活性剂的刺激性。

2. 两性表面活性剂

两性表面活性剂具有较好的起泡、去污、杀菌、抑菌及调理毛发等性能，与头发的亲和性及生物降解性好，并且毒性低，对眼睛的刺激性低，如甜菜碱型、氧化胺型、咪唑啉型和氨基酸型等。甜菜碱型表面活性剂的代表性原料椰油酰胺丙基甜菜碱（CAB），是目前香波中应用最广的辅助表面活性剂，配伍性好，可降低阴离子型表面活性剂的刺激性，对眼睛和皮肤的刺激性很低，性能温和，安全性高，且具有抗菌性。氧化胺型表面活性剂具有发泡、稳泡、抗静电、润滑等性能，对眼睛刺激性很小，是香波中非常常用的稳泡剂。

（三）其他添加剂

1. 调理剂

调理剂的主要作用是护理头发，使头发光滑、柔软、易于梳理，包括高分子阳离子化合物、硅油、各种氨基酸、水解蛋白肽、卵磷脂、赋脂剂等，这些物质易吸附在头发上，修复受损头发，为头发补充油分，使头发润滑、易于梳理。

（1）高分子阳离子化合物　包括阳离子瓜尔胶、阳离子纤维素聚合物、阳离子高分子蛋白肽等，可改善头发的柔顺性、抗静电性，可赋予头发光泽、蓬松感，对受损伤的头发有修复功能，与其他表面活性剂有很好的相容性。

（2）硅油　属于高分子聚合物，又称聚硅氧烷，是现代香波中普遍采用的调理剂，常用的硅油有聚醚改性硅油和氨基改性硅油。硅油无油腻感，能够显著改善头发的湿梳理性、干梳理性，赋予头发抗静电性、润滑性、柔软性及光泽性等，对受损头发有修复作用，防止头发开叉，并能降低刺激性。

（3）赋脂剂　包括羊毛脂、羊毛醇等油质原料，能吸附在头发上，形成的油性薄膜能够抑制头发水分的蒸发，使头发自然润泽。

2. 增稠剂

增稠剂常用无机盐和有机水溶性高分子化合物，无机盐常用氯化钠、氯化铵等；有机水溶性高分子化合物，如聚乙二醇二硬脂酸酯、瓜尔胶、变性淀粉、汉生胶、变性纤维素等。增稠剂主要用于提高香波的黏度和稠度。

3. 螯合剂

螯合剂用于螯合金属离子，常用 EDTA 及其盐、柠檬酸、酒石酸等，可络合重金属离子，避免香波中阴离子型表面活性剂遇到 Ca^{2+} 或 Mg^{2+} 发生沉淀反应。

4. 澄清剂

澄清剂常用乙醇、丙二醇、脂肪酸柠檬酯等，用于保持或提高透明香波的透明度。

5. 珠光剂或遮光剂

常用的珠光剂有乙二醇硬脂酸酯、聚乙二醇硬脂酸酯等，使香波产生珠光效果；常用的遮光剂，如十六醇、十八醇等，使香波的透明度降低，使之成为乳浊状。

6. 防腐剂

常用的防腐剂有尼泊金酯类、凯松、布罗波尔等。

7. 着色剂与香精

香波中可添加适量着色剂和香精，以赋予香波怡人的视觉和嗅觉效果。

8. 去屑止痒剂

去屑止痒剂常用吡啶硫酮锌、甘宝素、十一碳烯酸衍生物和吡啶酮乙醇胺盐等。

9. 营养添加剂

为使香波具有护发、养发功能，通常加入各种护发、养发添加剂，主要原料有维生素类、氨基酸类、水解蛋白等营养类物质，以及芦荟、人参、当归、何首乌、生姜等中药和植物提取液等。

二、洗发类化妆品的常见类型

香波的种类很多，按功能分类有普通香波、调理香波、去屑止痒香波，以及洗、护、养多功能合一香波等；按形态分类有液状、膏状、凝胶状等。

1. 液状香波

液状香波按外观性状可分为透明型和乳浊型两类。液体透明香波配方实例见下表（表5-1）。

表5-1　液状透明香波配方实例

组分	质量分数（%）	组分	质量分数（%）
月桂醇硫酸三乙醇胺	5.0	十八醇	1.0
醇醚磺基琥珀酸单酯二钠	15.0	氯化钠	1.0
脂肪醇聚氧乙烯醚硫酸钠	5.0	柠檬酸	适量
月桂酰二乙醇酰胺	5.0	防腐剂、香精	适量
甘油	3.0	去离子水	加至100.0

（1）液状透明香波　外观透明、泡沫丰富、易于清洗，常用溶解性较好的脂肪醇硫酸三乙醇胺盐、脂肪醇聚氧乙烯醚硫酸盐、烷醇酰胺、醇醚磺基琥珀酸单酯二钠盐等表面活性剂，低温时仍能保持透明清晰，不出现沉淀、分层等现象。另外，还加入阳离子瓜尔胶、阳离子纤维素聚合物、水溶性硅油等调理剂改进透明香波的调理性能。

（2）液状乳浊香波　外观呈不透明状，在液状透明香波的基础上加入了高级醇、羊毛脂及其衍生物、硬脂酸盐等遮光剂而构成；珠光香波外观呈珠光光泽，是因其配方中加入了珠光剂乙二醇单硬脂酸酯、双硬脂酸酯等。

通过加入不同功能的添加剂，可制成具有特殊功能的香波，如加入各种高分子阳离子型表面活性剂、两性表面活性剂时，构成调理香波；加入吡啶硫酮锌、二唑酮、十一碳烯酸衍生物等去屑止痒剂时，构成去屑止痒香波；加入天然动植物提取液、维生素、水解蛋白时，构成护发、养发香波。

2. 膏状香波

膏状香波又称洗发膏，呈不透明膏状体，可加入多种具有滋养、调理等作用的物质。从配方组成来看，洗发膏分为皂基洗发膏与不含皂基洗发膏，皂基洗发膏的主要原料为各种高级脂肪酸及中和脂肪酸所需的碱；无皂基洗发膏的主要原料是各种合成表面活性剂，如月桂醇硫酸钠、十二烷基硫酸三乙醇胺等，其中月桂醇硫酸钠最为常用。

3. 洗发凝胶

外观呈透明胶冻状，晶莹剔透，令人悦目，有浅淡色泽，配方组成主要是在液状透明香波的基础上加入了胶凝剂、中和剂和紫外线吸收剂。其中胶凝剂主要是水溶性高分子化合物，如丙烯酸树脂、海藻酸钠、瓜尔胶等，丙烯酸树脂需要在碱的中和作用下才能形成凝胶。紫外线吸收剂能防止丙烯酸树脂形成的凝胶受紫外光照射而黏度下降，甚至被破坏。

第二节 护发类化妆品

头发角质的表面有一层薄的油膜，此层薄膜可维持头发的水分平衡，保持头发柔软、光亮和弹性。风吹、日晒、洗发、接触碱性物质、烫发、染发等对头发的脱脂作用，会使此层油膜的油分大量降低，头发就会变得枯燥、易断。护发化妆品的主要作用就是补充头发油分和水分的不足，以恢复头发的光泽和弹性，从而赋予头发自然、健康的外表，以达到滋润、保护、修饰头发及固定发型的目的。护发化妆品主要有护发素、发蜡、发油、发乳、焗油等不同类型。

一、护发素

头发表面的油脂层会在洗发时脱去，护发素是一种洗发后使用的护发用品，使被破坏的油脂层得到修复，从而保护头发、消除头发静电、柔软发质，使头发光亮、有弹性、易于梳理。

护发素可按剂型、功能或使用方法的不同分别对其进行分类：①按剂型：有透明液体、膏体、乳液、凝胶、气雾剂等不同类型。②按功能：有正常头发用、干性头发用、受损头发用、头屑性头发用、防晒用、头发定型用、染发时用等不同功能的护发素。③按使用方法：有免洗型、水洗型、焗油型等，水洗型护发素最常见，是在用洗发用品将头发洗净后，将护发素均匀涂于头发上，按摩揉搓并保持 5~10 分钟，然后用清水漂洗即可。

护发素的配方组成可分为主体成分和辅助成分两大类。

（一）主体成分

护发素的主体成分多为阳离子表面活性剂，如季铵盐类表面活性剂，有时再配以硅油和水溶性高分子化合物等。护发素以阳离子型表面活性剂或阳离子高分子聚合物为主要原料，具有正电荷的阳离子吸附在具有负电荷的头发上，而非极性的亲油基部分向外侧排列，如同头发上涂上油性物质，在头发表面形成一层油膜，从而使头发变得柔软光滑，易于梳理；其次，还有硅油类，如经过聚乙二醇或聚丙二醇改性，以及氨基改性的二甲基硅氧烷或环状聚硅氧烷，能在头发表面形成一层透气性良好的薄膜，可减少静电、抗尘，使头发光亮润泽、易于梳理；水溶性高分子化合物能在头发表面形成具有一定强度的薄膜，起到护发和定型的作用，如海藻酸钠、黄蓍树胶、聚乙烯吡咯烷酮等。

（二）辅助成分

护发素的辅助成分有保湿剂、赋脂剂、乳化剂、抗氧剂、防腐剂、香精、色素等，保湿剂有丙二醇、甘油、聚乙二醇、山梨醇等；赋脂剂有白油、高级脂肪酸、植物油、羊毛脂、高级脂肪醇等；乳化剂主要为聚氧乙烯失水山梨醇脂肪酸酯、单硬脂酸甘油酯、聚氧乙烯脂肪醇醚等刺激性小、脱脂力弱、配伍性好的非离子型表面活性剂。另外，还可加入一些特殊添加剂，如维生素 E、水解蛋白、霍霍巴油等，以配制一些特殊功效的护发素。乳化型护发素配方实例如下表所示（表 5-2）。

表 5-2　乳化型护发素配方实例

组分	质量分数（%）	组分	质量分数（%）
十六烷基三甲基氯化铵	2.0	十八醇	3.0
聚氧乙烯（20）失水山梨醇单硬脂酸酯	1.0	防腐剂、香精	适量
甘油	4.0	着色剂	适量
聚乙烯醇	1.0	去离子水	加至 100.0

二、发蜡

发蜡是一种外观透明或半透明的半固体软膏状化妆品，用于固定发型、增加头发光亮度，最早为男士用品，现在男性、女性皆可用。发蜡的主要成分为矿物油、石蜡、地蜡、鲸蜡、蜂蜡、凡士林、植物油等，也可含有乳化剂、香精、着色剂、防腐剂等，有无水发蜡、含水发蜡，还有一些特殊发蜡又兼有染发、护发等功效。发蜡油性大，黏性高，易粘灰尘，较难清洗，已逐渐被新型的护发、定发产品所替代。

三、发油

发油的主要作用是补充头发的油分，增加头发的光亮度，主要成分是动植物油和矿物油，再辅以其他油质类原料、抗氧化剂、着色剂、香精等。可用于发油的动植物油脂有橄榄油、蓖麻油、花生油、豆油及杏仁油等。动植物油脂易发生氧化酸败，需加入抗氧化剂，用后有黏滞感，现大多已被矿物油所取代。矿物油主要可选用精炼的白油，其主要由烷烃组成，化学性质稳定，常选用异构烷烃含量高的白油，其具有良好的透气性，且润滑性能好。

发油中加羊毛脂衍生物、脂肪酸酯类等性能良好的合成或半合成油性原料，可提高发油的质量，能与动植物油脂、矿物油互溶，从而改善发油的性质、阻滞酸败，并能被毛发吸收，使毛发滋润有光泽。

四、发乳

发乳是一种乳化体，洁白光亮，有一定稠度，主要用于补充头发的水分、油分，使头发柔顺、光亮、滑爽，有适度的整发效果，有 O/W 型和 W/O 型两种。

发乳的配方组成包括油性原料、水、乳化剂、香精、防腐剂等。油性成分以低、中等黏度的白油为主体，加入凡士林、高级醇及各种固态蜡等调节稠度，增加稳定性，修饰头发；乳化剂最为常用三乙醇胺皂，配以甘油单硬脂酸酯、脂肪醇硫酸盐等，配制稳定的乳化体；胶质类原料，如黄蓍树胶、聚乙烯吡咯烷酮等的添加，增加发乳的黏度，增加乳化体的稳定，改进发乳固定发型的效果；特殊添加剂，如水解蛋白等营养类原料，可补充头发营养、修复受损头发，金丝桃等中草药提取液及其他去屑止痒剂的添加，则可以制成具有消炎、杀菌、去屑止痒等功效的药性发乳。

与发蜡相比，发乳使用时没有黏滞感、感觉滑爽、容易清洗，而且可以补充头发上的油分和水分。O/W 型发乳，能使头发变软而具有可塑性，易梳理，易成型，水分挥发后，残留的油脂在头发表面形成油膜，保持水分，起到补油补水作用；W/O 型发乳含油量较高，能使头发光亮持久，但油腻感强，使头发易粘连，不易清洗，自然梳理成型性较差。

五、焗油

焗油是通过蒸气促进油分和各种营养成分渗入到发根，起到养发、护发作用，其效果优于护发素，是 20 世纪 90 年代开发上市的护发用品。

焗油多半为液体和膏状，多为 O/W 型乳液，成分与护发素相似，主要成分有不油腻、渗透性强的动植物油质原料，以及阳离子聚合物、硅油、吸收助渗剂等。动植物油质原料常用貂油、霍霍巴油等，阳离子聚合物及硅油对头发有优良护理作用；吸收助渗剂常用薄荷醇、氮酮、冰片和精油等。

普通焗油使用时将其涂抹在头发上，一定要配合加热套散发蒸气，以助于焗油膏的营养成分渗透到头发内部，修复受损头发，营养头发。另一品种是免蒸焗油，使用时不需要加热，其配方需含有助渗剂。

第三节　整发化妆品

整发化妆品主要用于固定发型，是无油的头发定型剂，主要品种有发胶、摩丝等。此类制品配方中都含有高聚物，能在头发表面形成一层有一定强度的薄膜，保持头发良好的发型，常用的高聚物为聚乙烯吡咯烷酮（PVP）、乙烯吡咯烷酮与醋酸乙烯酯的共聚物（PVP/VA）、丙烯酸酯与丙烯酰胺的共聚物等。

一、发胶

发胶又称啫喱水、定型水，配方组成中主要含有成膜剂、溶剂、调理剂、中和剂、喷射剂及其他添加剂等，能够固定发型，兼有保湿、赋予头发光泽和保养头发等作用。发胶中各类成分的配比及用量不同，所形成的定型、美化及保养效果也不同。

（一）成膜剂

成膜剂主要有乙烯吡咯烷酮及聚乙烯吡咯烷酮与乙酸乙烯酯的共聚物等高聚物。发胶喷于头发表面后，待溶剂挥发后，这些高聚物会在头发表面形成一层薄膜，发挥固定发型作用。

（二）溶剂

溶剂的作用是溶解成膜剂，多采用乙醇，但大量乙醇会引起头发和皮肤的脱水和脱脂，导致头发干枯，且不安全。新型的成膜聚合物对水和乙醇溶解性都好，成膜性好，膜的坚韧性好，可配制成无乙醇或以乙醇/水为溶剂的发胶，其他溶剂还有丙酮、异丙醇、戊烷和水等。

（三） 中和剂

中和剂有氨甲基丙醇（AMP）、三乙醇胺（TEA）、三异丙醇胺（TIPA）等，可中和酸性聚合物，提高高聚物的水溶性。

（四） 喷射剂

喷射剂常用氟利昂、丙烷、丁烷等。

（五） 添加剂

添加剂包括增塑剂、香精等。增塑剂如二甲基硅氧烷、月桂基吡咯烷酮等，改善聚合物膜在头发上的状态，使头发柔软，发型自然。

二、摩丝

摩丝（mousse）是由液体和推进剂共存，装于气雾罐内，施用压力后，推进剂携带液体喷出气罐，形成致密、丰满且柔软的泡沫的一类整发用化妆品，形成的泡沫具有一定的初始稳定性，经过摩擦或在体温作用下，泡沫坍塌消失，在头发表面形成具有一定韧性的薄膜，发挥调理、定型作用。摩丝的配方组成主要有成膜剂、发泡剂（表面活性剂）、保湿剂、推进剂和其他成分等。

（一） 成膜剂

成膜剂一般是高分子聚合物，如聚乙烯吡咯烷酮、聚季铵盐类、聚乙烯甲酰胺（PVF）等。与发胶略有区别的是，摩丝所用的成膜剂要求有一定的黏度，具有一定的稳泡作用，同时最好兼有调理毛发作用；而发胶所用成膜剂定型作用高，相对分子质量不是很高，黏度较低，易形成较细的喷雾。

（二） 发泡剂

发泡剂是常用的非离子型表面活性剂，如脂肪醇聚氧乙烯醚类及山梨醇聚氧乙烯醚类等。

（三） 推进剂

推进剂常用丙烷、丁烷、异丁烷等，在有压力的气罐中以液体的形式存在，常压下立即气化、膨胀，带动其他的料液一起喷出，形成摩丝的泡沫。

摩丝的品种较多，有以定发为主的摩丝，有定发和调理双重功能的摩丝，还有不含成膜剂、不具有定发作用、以梳理和调理性为目的的调理性摩丝等。

复习思考题

1. 简述洗发化妆品的类型有哪些。
2. 简述各类洗发化妆品的配方组成。
3. 简述护发素的配方组成。

扫一扫，见答案

第六章　彩妆化妆品

彩妆化妆品即美容化妆品，主要用于面部、眼部、唇部及指（趾）甲等部位的化妆，以美化容貌。根据使用部位的不同，彩妆化妆品可分为面部妆饰化妆品、唇部妆饰化妆品、眼部妆饰化妆品及指（趾）甲妆饰化妆品几大类。

第一节　面部妆饰化妆品

面部妆饰化妆品是指应用于面部（包括颈部）的彩妆化妆品，根据形态和使用目的不同，可分为粉底、香粉、胭脂等。

一、粉底

粉底是供化妆敷粉前打底用的一类化妆品，用于调节和均匀肤色，遮盖瑕疵，修正容颜，滋润肌肤，保持水分，可使皮肤显得细腻白皙，富有立体感。

（一）粉底的配方组成

粉底配方中一般含有如下原料：粉质原料（二氧化钛、滑石粉、颜料等）、滋润剂（矿油、硅油、羊毛脂等油脂类）、营养剂（植物提取精华）、高效保湿因子、表面活性剂（主要为阴离子型及非离子型表面活性剂）等。

（二）粉底的分类及特点

粉底的品种众多，分类方法也很多，按形态可分为粉底液、粉底霜、粉饼等；按基质体系又可分为水性粉底、乳化型粉底、油性粉底霜等。

1. 水性粉底

水性粉底是将粉质原料、颜料、保湿剂、滋润剂等分散于水中制成。常用的粉质原料为滑石粉等。水性粉底适用于各类皮肤，质地轻柔，紧贴皮肤，遮盖力较弱。

2. 乳化型粉底

乳化型粉底是将粉质原料、颜料添加于乳剂基质中而形成，按形态又可分为膏霜状粉底和乳液状粉底。

（1）膏霜状粉底　是将粉质原料、颜料均匀地分散于膏霜状乳化体系中而制成的，具有较强的遮盖力和修饰效果，更能掩饰细小皱纹，可分为 W/O 型、O/W 型。O/W 型粉底霜适合于油性皮肤，黏度较低，易于卸妆，但持妆不强；W/O 型粉底霜适合干性皮肤使用，油腻性较强，且有黏滞感，以二甲基硅氧烷为外相的 W/O 型粉底霜妆后保持性较好，无油腻感。

（2）乳液状粉底　又称粉底液。其原料组成与膏霜状粉底类似，但与膏霜状粉底相比，其含有较多的水分，黏度较低，触变性好，在皮肤上易分散铺展，妆后自然清新。乳化型粉底膏配方实例见下表（表6-1）。

表6-1　乳化型粉底膏配方实例

组分	质量分数（%）	组分	质量分数（%）
滑石粉	6.0	丙二醇	5.0
高岭土	3.0	聚乙二醇4000	5.0
钛白粉	6.0	失水山梨醇倍半油酸酯	1.0
液状石蜡	20.0	三乙醇胺	1.0
硬脂酸	2.0	硅酸铝镁	0.5
十六醇	0.3	色素、香精、防腐剂	适量
聚氧乙烯油酸酯	1.0	去离子水	加至100.0

3. 油性粉底霜

油性粉底霜主要由颜料、粉质原料分散在油脂和蜡的油性基质中制成，加少量亲油性乳化剂，利于颜料粉体的分散，更易卸妆，如硬脂酸单甘油酯等。这类粉底可预防皮肤干燥，适于秋、冬干燥季节及干性皮肤使用。条状粉底又称粉条，是油性粉底的固态形式，配方基质中蜡类原料含量较高。

4. 气雾剂型粉底

气雾剂型粉底主要成分有乳液基质、粉质原料、颜料和抛射剂等，主要为摩丝型粉底，为泡沫状外观，充装在铝制的压力容器内，包装成本较高。气雾剂型粉底易于铺展，便于携带，妆感清透自然。

另外，为强调粉底的遮盖作用，用来掩饰皮肤局部色素缺陷、外形缺陷等，配方中可增大粉质原料的用量比例，使产品遮盖力、附着力更强，这类粉底称为掩饰用粉底，又称遮瑕膏、修容膏、修容笔等。配方中一般不含香精、羊毛脂及其衍生物等，刺激性小，安全温和，多用于非正常皮肤。

二、香粉

香粉是用于固定粉底、定妆、掩盖面部皮肤缺陷的化妆品，其作用包括使皮肤光滑柔软、调节面部肤色、柔和面部曲线、吸收过多油脂、防止紫外线辐射等。香粉类化妆品包括散粉、粉饼、爽身粉等。

（一）散粉

散粉又称定妆粉、蜜粉等。散粉应具有如下特性：①遮盖力。②滑爽性。③吸收性。④黏附性。⑤颜色。⑥香气。散粉配方中主要含有二氧化钛、氧化锌、滑石粉、碳酸镁、碳酸钙、硬脂酸镁、硬脂酸锌、色素、香精、脂肪类物质等。加入脂类的香粉称为加脂香粉，一般脂肪物不超过 5%~6%。

（二） 粉饼

粉饼的作用、效果与散粉相同，为了便于携带，避免粉尘飞扬，将香粉制成粉饼的形式。粉饼与散粉的不同之处，体现为粉饼配方中添加了胶合剂，包括水溶性、脂溶性两类胶合剂，常用的水溶性胶合剂有黄蓍树胶、阿拉伯树胶等，脂溶性胶合剂有硬脂酸单甘油酯、羊毛脂及其衍生物、地蜡等。为了防止粉饼发生氧化酸败，可加入适量的抗氧剂、防腐剂等。为了使粉饼保持水分不干裂，可加入山梨醇、甘油、葡萄糖等。

（三） 爽身粉

爽身粉并不用于化妆，配方与香粉基本相同，滑爽性较高，遮盖力较低，主要用于浴后在全身敷抹，起到滑爽肌肤、吸收汗液的作用，给人以舒适芳香之感，往往还含有具有轻微杀菌消毒作用以及降低爽身粉 pH 值作用的原料，如硼酸等。

三、胭脂

胭脂又称腮红，是指涂敷于面颊颧骨部位，突出面部立体感，呈现健康红润气色的化妆品。通常使用红色系颜料，也有褐色、古铜色和米色等。

（一） 粉饼胭脂

粉饼胭脂是最常见的胭脂类型，一般以粉饼的形态出现，其原料大致与香粉相同，但颜料用量比香粉多，香精含量比香粉少。胶合剂与固体胭脂的压制成型有很大关系，它能增强粉块的强度和使用时的润滑性。胶合剂有不同类型，即水溶性、脂溶性、乳化型和粉类等。水溶性胶合剂一般常选用合成水溶性高分子化合物；脂溶性胶合剂常选用液体石蜡、羊毛脂等；乳化型胶合剂常选用单硬脂酸甘油酯、水及液体石蜡的调配物等；粉状的胶合剂常选用硬脂酸的金属盐如硬脂酸锌等。

（二） 胭脂膏

胭脂膏与粉饼胭脂不同的是加入了油脂，配方中不含胶合剂。一种是用油质原料和颜料所制成的油质膏状体，称为油膏型；另一种是用油质原料、颜料、乳化剂和水制成的乳化体，称为膏霜型。膏状胭脂中硬度最大的是条棒型胭脂，主要是将颜料分散于与粉条或唇膏相同的基剂中。

（三） 胭脂水

胭脂水是一种流动性液体，它可分为悬浮体和乳化体两种类型。

1. 悬浮体胭脂水

悬浮体胭脂水是将颜料悬浮于水、甘油等液体中，价格低廉，使用前常需先摇匀。

悬浮体胭脂水中常加入各种水溶性高分子化合物作为悬浮剂，以降低沉淀速度，提高悬浮体的分散稳定性，如羧甲基纤维素等。

2. 乳化体胭脂水

乳化体胭脂水是将颜料悬浮于可流动的乳化体中，外表美观、使用方便。为避免分层现象，可通过调节脂肪酸皂的含量及加入羧甲基纤维素等增稠剂等方式来调节。

（四） 凝胶型胭脂

凝胶型胭脂包括无水凝胶和水凝胶两种类型，涂抹在皮肤上可形成一层弹性薄膜，使妆面自然透明而富有光泽。

（五） 气雾剂型胭脂

气雾剂型胭脂主要组分有表面活性剂、溶剂、保湿剂、珠光颜料、防腐剂、推进剂等。摩丝型胭脂是将颜料分散于乳液和抛射剂中，盛装于带有喷嘴阀门的金属耐压罐内，喷洒在皮肤表面，可形成有光泽的薄膜，质地清爽，妆面自然。

第二节 唇部妆饰化妆品

唇部妆饰化妆品是指防止唇部干裂、赋予唇部色彩及光泽的化妆品。常用的唇部装饰化妆品有棒状唇膏（如口红等）、液态唇膏（如唇彩、唇蜜等）、唇线笔等。

一、唇膏

（一） 唇膏的配方组成

根据唇膏的形态可分为固态唇膏和液态唇膏。

1. 固态唇膏

固态唇膏是将着色剂溶解或悬浮于脂蜡基内而制成，最为常见的是棒状唇膏。固态唇膏配方组成中主要包含有蜡、油脂、颜料和香精等。

（1）蜡类原料　熔点较高，在唇膏中多作为硬化剂、成型剂。巴西棕榈蜡和地蜡是唇膏中最常用的蜡类原料。羊毛脂及其衍生物作为蜡类原料，具有滋润性好、相容性好、熔点低等特性，可增加唇膏光泽，防止唇膏"出汗"、干裂等现象的发生。

（2）油脂　常用蓖麻油、矿物脂、矿油、可可脂、低度氢化植物油等。精制蓖麻油是唇膏中最常用的油脂原料，可增加唇膏的黏度，溶解溴酸红颜料；矿物脂可增加唇膏的光泽，但易使唇膏熔点下降；可可脂是优良的润滑剂和光泽剂，但用量过大易导致唇膏难以铸模成型；低度氢化植物油，如橄榄油是唇膏中较理想的油脂类原料，性质也较稳定，能增加唇膏的涂抹性能。另外，唇膏中还可添加高级脂肪醇及单硬脂酸甘油酯类油脂原料，其中高级脂肪醇，如油醇，滑而不油腻，可溶解溴酸红；单硬脂酸甘油酯对溴酸红溶解性高，且具有滋润等作用。

（3）颜料　分为可溶性颜料、不溶性颜料和珠光颜料三类：①可溶性颜料：最常用的是溴酸红颜料，如二溴荧光素等，不溶于水，在油脂、蜡中的溶解性也很差，染色持久。单独使用溴酸红制成的唇膏表面为橙色，当涂抹在口唇上时，由于 pH 值改变，使颜色变为鲜红色。②不溶性颜料：是极细的有机颜料或无机颜料固体粉末，如氧化铁、云母、炭黑、硬脂酸镁等，加入油、脂、蜡基质中，遮盖力强，但附着力不佳，须与可溶性染料溴酸红染料配合使用。③珠光颜料：一般为合成珠光颜料，如氯氧化铋、二氧化钛覆盖云母片等，无毒、无刺激性。

（4）香精　唇膏用香精常选用花香和水果香型等。唇部彩妆应用部位特殊，要求原料安全、无毒、无刺激，一般使用食品级香精，用量为 2%～4%。

2. 液态唇膏

液态唇膏的配方组成主要包括成膜剂、增塑剂、溶剂、颜料等，成膜剂能够在口唇表面形成薄膜而覆盖口唇原色；增塑剂常用甘油、邻苯二甲酸二丁酯、山梨醇等，可增加膜的柔性，减少收缩，改善成膜的可塑性；溶剂主要采用乙醇、异丙醇等。

（二）唇膏的质量要求

1. 安全性要求

唇膏是直接涂于口唇部位的产品，易入口中，因此对其安全性要求很高，所用原料应该是食品级原料，产品对人体无毒、无害，对口唇黏膜无刺激。对细菌数量也有严格规定，细菌总数不得大于 500CFU/mL 或 500CFU/g。

2. 性能要求

唇膏在性能方面应满足以下质量要求：①膏体表面细洁光亮、色泽鲜艳均匀，香气纯正。②膏体软硬适度，易于涂抹，涂抹后无油腻感，感觉舒适。③附着性好，不易褪色，涂敷后无色条出现。

二、唇线笔

唇线笔的笔芯是将油脂、蜡和颜料混合研磨后，在压条机内压制成条而制成，要求软硬适度、色彩自然、使用方便，有铅笔式唇线笔和旋转推管式唇线笔。铅笔式是将笔芯黏合在木杆中，外形类似铅笔；旋转推管式需将笔芯装入特制的笔管内制成。唇线笔笔芯应具有一定硬度，以红色系为主，可在口唇边缘描画精细线条，勾画唇部轮廓，调整色调，给人以美观细致的感觉。

第三节　眼部妆饰化妆品

在面部装饰美容中，眼睛占有极其重要的地位，对眼睛和睫毛美容化妆，可弥补缺陷，增加神采。眼部化妆品主要有眼影、睫毛膏、眼线笔等。

一、眼影

眼影是用于涂敷于眼窝周围，使其形成色彩丰富的阴影，从而塑造眼睛轮廓、增加眼睛神采的化妆品。根据形态不同，有眼影粉、眼影膏、眼影液、眼影条等。

（一）眼影粉

眼影粉原料类型、配方组成与胭脂粉饼类似，原料有粉质原料、颜料和胶合剂等，这些是最常见的眼影制品。

（二）眼影膏

眼影膏是将颜料分散于油脂和蜡类原料基质中而制成的油性眼影膏，或分散于乳化体系中的乳化型眼影膏。油性眼影膏质地滋润亲肤，适于干性皮肤；乳化型眼影膏较为清爽，适于油性皮肤。眼影膏具有防水、防油、持妆性较好等优点，但晕染效果不及眼影粉。眼影膏配方举例见下表（表6-2）。

表6-2 眼影膏配方举例

组分	质量分数（%）	组分	质量分数（%）
凡士林	72.0	PEG-6 壬基酚醚	6.0
白矿油	2.0	着色剂	8.0
羊毛脂	3.0	滑石粉	5.0
巴西棕榈蜡	4.0	香精、防腐剂	适量

（三）眼影液

眼影液是以水为基底，将颜料散布于水中的一类制品，价格低廉、涂敷容易，为了使颜料均匀稳定地悬浮于水中，需要加入硅酸铝镁、聚乙烯吡咯烷酮等增稠稳定剂。

（四）眼影条

眼影条成分与唇膏相似，是由颜料粉体分散于油脂和蜡基的分散体系，蜡质比例较高，质地黏腻，硬度大，妆效明显，适合浓妆及干性皮肤使用。

二、睫毛膏

睫毛膏是使睫毛变得浓密、纤长、卷翘，以及加深睫毛颜色，烘托眼神的化妆品。根据外观形态的不同，有块状、膏霜状及液状等不同品种。块状睫毛膏是将颜料、皂类及其他油脂、蜡等混合而成；膏霜睫毛膏是在膏霜基质中加入颜料而成；液态睫毛膏是将极细的颜料分散悬浮于油类或胶质溶液中制成产品。为增加睫毛增长的效果，睫毛膏中可添加少量天然或合成纤维，为使其防水可加入硅油类原料。

睫毛膏的颜色以黑、棕色为主，多用炭黑、氧化铁棕等颜料；也有绿、蓝、紫色等鲜艳色系。睫毛化妆品要求是附着均匀，干燥速度适中，不结块粘连；有光泽、硬度和弹性；无毒、无刺激、无微生物污染；稳定性好，无沉淀分离和酸败现象。

三、眼线妆饰化妆品

眼线妆饰化妆品是用来描涂上下睫毛根部眼睑皮肤的化妆品，描涂眼线后，使眼睛轮廓清晰，更富立体感和层次感，眼睛更加明亮有神。眼线产品应着色性好，颜料无沉淀分离现象，抗水持妆，快干且柔软，安全无毒无刺激，无不良气味。按其形态分两类：固体状眼线笔、液体状眼线液。

（一）眼线笔

眼线笔的笔芯是由蜡、油脂和颜料配制而成，硬度由蜡来调节。与上文提到的唇线笔的产品形态类似，有铅笔式眼线笔和旋转推管式眼线笔。

（二）眼线液

眼线液的配方中都含有成膜剂。从防水效果看，有抗水性眼线液和不抗水性眼线液；从配方组成来看，有乳剂型眼线液和非乳剂型眼线液，其中 O/W 乳剂型眼线液不具备抗水性能。非乳剂型眼线液中不含油脂和蜡类原料，以水为介质，常用虫胶作为成膜剂，若用三乙醇胺溶解虫胶，生成的三乙醇胺虫胶皂是水溶性的，抗水性较差；若以脂溶性的吗啉为溶剂，则制成的眼线液有很好的抗水性。

四、眉毛妆饰化妆品

眉毛妆饰化妆品，是修饰调整眉形和眉色，美化眉毛，使之面型和气质相协调的化妆品。常用的眉毛用妆饰化妆品有眉笔、眉粉、染眉膏等，以黑、灰、棕色等基础色系为主。

（一）眉笔

眉笔是最常用的眉毛彩妆品，其笔芯是将颜料分散于低熔点的油脂和蜡基中压制而成的。眉笔应软硬适中，易于描画，色泽均匀自然，稳定性好，不出汗，不碎裂，安全无刺激。眉笔类似上文提到的唇线笔和眼线笔，主要有铅笔型眉笔和旋转推管型眉笔。

（二）眉粉

眉粉成分类似眼影粉，外观为粉饼状，配合专用眉刷涂抹，使眉粉附着在眉毛上，适合浅淡稀疏的眉毛。通常设计成深浅两色组合，可做出立体感的眉形。

（三）染眉膏

染眉膏的成分和外观类似睫毛膏，配有特制毛刷，涂刷在眉毛上可改变眉色，适合染浅色眉，膏体干燥后可固定眉形。

第四节 指（趾）甲妆饰化妆品

指（趾）甲妆饰化妆品是通过对指甲的涂布、修饰，以达到清洁、美化、保护指（趾）甲目的的化妆品，主要有指甲油、指甲油清除剂、指甲保养剂等，使用最多的是指甲油和指甲油去除剂。

一、指甲油

指甲油是用来修饰和美化指甲的化妆品，它能在指甲表面形成一层耐摩擦的薄膜，起到保护、美化指甲的作用。指甲油由成膜剂、树脂、增塑剂、溶剂、颜料、珠光剂等组成，其中成膜剂和树脂对指甲油的性能起关键作用。

（一）成膜剂

成膜剂主要由一些合成或半合成的高分子化合物组成，常用硝酸纤维素，其硬度高，附着力和耐磨性好，但易收缩变脆，光泽较差，还需加入树脂以改善光泽和附着力，加入增塑剂增加韧性以减少收缩。

（二）树脂

树脂能增加硝酸纤维薄膜的亮度和附着力，是指甲油的重要原料之一，多采用合成树脂。对甲苯磺酰胺甲醛树脂对膜的厚度、光亮度、流动性、附着力和抗水性等均有较好的效果。

（三）增塑剂

增塑剂又称软化剂，能使涂膜柔软、持久，减少膜层的收缩和开裂现象。指甲油用增塑剂主要是邻苯二甲酸酯类。

（四）溶剂

溶剂用于溶解成膜剂、树脂、增塑剂等，调节指甲油的黏度以获得适宜的使用感觉，并使其具有适宜的挥发速度等，如正丁醇、乙酸乙酯及异丙醇等。

（五）颜料

一般采用不溶性颜料，如立索红、二氧化钛和一些色淀来增加遮盖力和不透明的颜色，也可以加入珠光剂增加光泽，珠光剂一般采用天然鳞片或合成珠光颜料。透明指甲油一般采用盐基染料。指甲油配方举例（表6-3）。

表 6-3　指甲油配方举例

组分	质量分数（%）	组分	质量分数（%）
硝化纤维素	15.0	樟脑	3.0
甲苯	35.0	乙酸乙酯	11.0
甲苯磺酰胺甲醛树脂	8.0	着色剂	0.5
膨润土	1.0	乙酸丁酯	22.0
异丙醇	4.5		

二、指甲油清除剂

指甲油清除剂是用于清除涂在指甲上的指甲油膜，可用单一溶剂，也可用混合溶剂，如乙酸乙酯、丙酮、乙酸丁酯等。另外，在指甲油清除剂中适量加入油脂、蜡类等物质可减少溶剂对指甲的脱脂作用而引起的干燥感觉。

三、指甲油的质量要求

指甲油应满足下列质量要求：①颜色均匀一致，光亮度好，耐摩擦，不开裂，能牢固地附着在指甲上。②涂敷容易，成膜速度快，形成的膜均匀、无气泡。③无毒，不损伤指甲。④形成的涂膜容易被指甲油清除剂祛除。

指甲油中的部分原料有一定毒性，如丙酮、乙酸乙酯、甲醛、邻苯二甲酸二丁酯等，它们对皮肤、黏膜、眼、鼻有刺激作用，故使用指甲油时，一定要选择质量合格的产品，使用时注意避免接触指甲以外的部位。

指甲油长期覆于指甲面上，会影响其正常生理功能，反复涂洗，也容易损伤指甲，使指甲失去光泽，变得发脆、易折裂，应间断使用、短期使用。

复习思考题

1. 简述粉底的种类及各类的配方特点。
2. 简述唇膏的种类及各类的配方特点。
3. 选用指甲油时应注意哪些问题？

扫一扫，见答案

第七章　特殊用途化妆品

　　我国《化妆品卫生监督条例》将化妆品分为特殊用途化妆品和非特殊用途化妆品两大类。对于特殊用途化妆品，为确保其使用的安全性，国家对其监督、管理更为严格，要求生产企业必须在获得特殊用途化妆品卫生许可批件后方可进行生产及销售。本章只对防晒、美白祛斑、染发、烫发、健美、脱毛、除臭等特殊用途化妆品的相关知识进行简要介绍，育发及美乳类化妆品在此不予介绍。

第一节　防晒化妆品

　　防晒化妆品是指能够防止或减轻由于紫外线辐射而造成皮肤损害的一类特殊用途化妆品。人体长时间暴露于日光之下，过度的紫外线辐射会导致皮肤损害。近年来，由紫外线辐射引起的皮肤健康问题越来越突出，如晒斑、紫外线过敏等。关注皮肤健康，保护皮肤免受紫外线损伤的意识越来越深入人心，因此防晒化妆品已成为日常生活必备品之一，它的使用已成为护肤过程中必不可缺的一部分。

一、紫外线与皮肤损害

（一）紫外线辐射

　　紫外线（ultraviolet）是指日光中波长范围在 100~400nm 之间的光波，通常用 UV 表示。根据波长的长短和生物学效应，紫外线可分为三个主要波段：长波紫外线（UVA），波长范围为 320~400nm；中波紫外线（UVB），波长范围为 280~320nm；短波紫外线（UVC），波长范围为 100~280nm。从太阳辐射到地球表面的电磁辐射能中，紫外线是日光中波长最短的一种，约占日光总能量的 7%，也是日光中对人体伤害的主要光波。紫外线的波长越短，生物学作用越强，而穿透能力越弱。

1. 长波紫外线辐射

　　UVA 具有透射力强、作用缓慢持久、透射深度可达皮肤真皮层的特点。长期辐射可使皮肤出现黑化现象，通常被称为晒黑段。UVA 一般不会引起皮肤急性炎症，但长期作用会损害皮肤弹性组织，促进皱纹生成，加快皮肤老化进程，对皮肤的作用具有不可逆的累积效应，同时还会增加 UVB 对皮肤的损伤。

2. 中波紫外线辐射

　　UVB 对皮肤作用迅速，可穿透人体角质层和表皮到达真皮表面，其透射程度虽然只穿透人体表皮层，但对皮肤损伤作用较强，可使皮肤出现红斑、炎症等强烈的光损伤。UVB 是导致皮肤晒伤的根源，是紫外线对皮肤晒伤的主要波段，通常被称为晒红段。UVA 和 UVB 辐射过度，都会诱发皮肤癌变。

3. 短波紫外线辐射

UVC 透射能力较弱，只能到达皮肤角质层，并且日光中的 UVC 几乎被大气臭氧层完全吸收，天然环境中基本不存在，因此不会对人体皮肤产生危害。UVC 还具有较强的生物破坏作用，可由人造光源发射用于环境消毒，通常被称为杀菌段。

紫外线各波段透射皮肤的深度和强度与波长有关，随着波长增长，透射量和深度均随之增加。虽然地球大气臭氧层吸收 UVC 段的光波，能将其基本过滤掉，但 UVA 和 UVB 的辐射仍然很强烈，因此对紫外线的防护不容忽视。

（二） 紫外线辐射引起的皮肤损伤

过量的紫外线辐射对人体健康有诸多不利的影响，主要表现为可能引起短期效应（急性反应）和长期效应（慢性反应）。短期效应主要表现为日晒红斑和日晒黑化，长期效应往往是长期累积性的结果，主要表现为光致老化。

1. 日晒红斑

日晒红斑即日晒伤，又称皮肤日光灼伤或紫外线红斑等，是由紫外线照射在皮肤局部引起的一种急性光毒性反应。根据紫外线照射后皮肤出现红斑的时间，日晒红斑可分为两类：①即时性红斑：指在照射期间或照射后数分钟之内出现，而在数小时内很快消退，表现为皮肤出现红色斑疹，常伴有红肿、灼热、疼痛等反应。②延迟性红斑：是指经紫外线照射 4~6 小时后，皮肤开始出现红斑反应，并逐渐增强，16~24 小时达到高峰，皮肤表现为产生水疱、色素沉着或脱皮反应等，可持续数日后逐渐消退。UVB 是导致皮肤日晒红斑的主要波段，因此 UVB 通常也被称为红斑光谱或红斑区。

2. 日晒黑化

日晒黑化是指紫外线照射后引起的皮肤黑化现象，通常限于光照部位，边界清晰，表现为弥漫性灰黑色素沉着。日晒黑化的反应类型可分为三类：①即时性黑化：是指皮肤经紫外线照射后立即发生或照射过程中即可产生的一种蓝灰色色素沉着，这种反应在几分钟内开始，结束照射后 1 小时内开始消退。②持续性黑化：是指皮肤出现即时性黑化后，随着紫外线照射剂量的增加和个体肤色的不同，色素沉着可持续数小时至数天不消退的皮肤黑化现象。③延迟性黑化：是指皮肤经紫外线照射后数天内发生的皮肤黑化现象，其过程较慢，在紫外线照射后 48~72 小时开始，峰值时间可持续数天至数月不等。皮肤出现日晒黑化现象时虽然通常无自觉症状，但也会严重损伤皮肤，所以不容忽视。UVA 是诱发日晒黑化的主要因素，所以 UVA 通常也被称为黑化光谱或晒黑区。

3. 光致老化

光致老化是指皮肤长期受日光照射后由于累积性损伤而导致的皮肤衰老或加速衰老的现象。光致老化只限于皮肤的光暴露部位，表现为皮肤粗糙肥厚、皮沟加深及斑驳状色素沉着，甚至诱发皮肤癌等。光致老化的机理是紫外线通过损伤 DNA、进行性蛋白质交联、降低免疫应答、产生高度反应活性的自由基损伤细胞和组织等。UVA 和 UVB 在诱导皮肤光致老化形成中，既各具特点，又具有协同作用。

日光中的紫外线对皮肤组织的损害是多方面的，最主要的是引起真皮组成的变化，主要包括以下几方面：①真皮中弹力纤维变形、增粗和分叉，导致皮肤松弛无弹性。②胶原纤维结构改变，含量减少，致使皮肤出现松弛现象以及皱纹的产生。③蛋白多糖（氨基多糖与蛋白质的复合物）出现裂解，使其可溶性增加，影响其结构和功能，最终导致皮肤干燥、松弛、无弹性。

二、常用的防晒剂

《化妆品安全技术规范》（2015 年版）中明确指出：防晒剂（sun-screening agent）是指利用光的吸收、反射或散射作用，以保护皮肤免受特定紫外线所带来的伤害或保护产品本身而在化妆品中加入的物质。《化妆品安全技术规范》在"表 5 化妆品准用防晒剂"中列出了在我国准许使用的 27 项防晒剂，该表中主要包括四项内容：①物质名称（包括中文、英文、INCI 名称）。②化妆品中最大允许使用浓度。③其他限制和要求。④标签上必须标印的使用条件和注意事项。

防晒化妆品中的防晒剂的选择和使用应严格按照《化妆品安全技术规范》中的各项要求，防晒剂可在规定的限量和使用条件下加入化妆品中，在防晒类化妆品中的总使用量不应该超过 25%。

理想的防晒剂应具备以下条件：①不影响产品颜色和气味、无毒、无刺激、无过敏性、无光敏性、安全性高。②光稳定性好。③防晒效果好。④配伍性好，价廉易购。

防晒剂主要包括无机防晒剂、有机防晒剂两大类。

（一）无机防晒剂

无机防晒剂是一类白色无机矿物粉末状物质，如二氧化钛、氧化锌、高岭土、滑石粉等，《化妆品安全技术规范》将其中最为常用的二氧化钛和氧化锌列在"表 5 化妆品准用防晒剂"中。无机防晒剂的抗紫外线能力及防晒机理与其固体颗粒粒径大小有关，当粒径较大（颜料级）时，其对 UVA 和 UVB 的阻隔是以反射、散射为主，属于以简单遮盖为特点的物理性防晒，防晒能力较弱；随着粒径的减小，其对 UVA 的反射、散射作用逐渐降低，对 UVB 的吸收能力逐渐增强；当粒径达到超细（纳米级）状态时，既能反射、散射 UVA，又能吸收 UVB，对紫外线有更强的阻隔能力。

颜料级的无机防晒剂具有安全性高、稳定性好等优点，但是容易在皮肤表面沉积成较厚的白色层，粉质颗粒堵塞毛孔，影响皮脂腺和汗腺的分泌，且易脱落。所谓的纳米级无机防晒剂，其粒子直径应在数十纳米以下，虽然具有防晒能力强、透明性好的优势，但也存在分散性差、吸收紫外线的同时易产生自由基等缺点，目前可以通过对其粒子表面进行改性处理以解决上述问题。

1. 超细（纳米级）二氧化钛

超细二氧化钛（TiO_2）具有优异的化学稳定性及热稳定性，并且无毒、无味、无刺激，使用安全。由于其粒径小，所以制成的产品透明度高，有效克服了颜料级二氧化钛不透明，使皮肤呈现不自然苍白色的缺点。其防晒机制是能够吸收及屏蔽紫外线，其中以吸收 UVB 为主，且效果显著；同时又能反射、散射 UVA，但效果一般。该原料抗紫外线能力显著高于纳米级氧化锌。

经过表面处理的超细二氧化钛通常以固体粉末的形式应用，根据其表面性质分为亲水性粉体和亲油性粉体。目前，可在超细二氧化钛表面包覆既有亲水基团，又有亲油基团的表面处理剂，使粉体表面具有双亲性，促进其在产品体系中的溶解或分散，从而具有很强的通用性，这是对纳米级无机防晒剂进行表面处理的一个发展方向。

2. 超细（纳米级）氧化锌

超细氧化锌（ZnO）的形态和性能类似超细二氧化钛，也是广泛使用的一种无机防晒剂，常与二氧化钛配伍使用，它们抗紫外线辐射的机理都是吸收、散射或反射紫外线，而超细氧化锌的防晒作用显著低于超细二氧化钛，但超细氧化锌具有一定的杀菌作用。

（二）有机防晒剂

有机防晒剂是指对 UVA 和 UVB 具有较好吸收作用的一类有机化合物，又称紫外线吸收剂或者光稳定剂，属于化学性防晒剂。这类物质能选择性吸收紫外线，并将光能转换为热能释放，而自身化学结构不发生变化。有机防晒剂的分子结构不同，选择吸收的紫外线波段也不同。《化妆品安全技术规范》中指出准许在限量范围内使用的有机防晒剂有 25 项。为了提高防晒化妆品的防晒效果，通常将这些防晒剂以复配形式添加至化妆品中。目前，市面上某些非特殊用途类化妆品，如 BB 霜、CC 霜、气垫粉饼等产品中多数都加入了有机防晒剂，但并未按照防晒类化妆品进行申报，对此，《化妆品安全技术规范》中注明：非防晒类化妆品（除香水、指甲油外）中所含有化学防晒剂之和应小于 0.5%。下面将《化妆品安全技术规范》中的准用防晒剂进行简要介绍。

1. 对氨基苯甲酸及其酯类

对氨基苯甲酸及其酯类（PABA 类）是最早使用的一类紫外线吸收剂，属于 UVB 吸收剂，特点是价格低廉，但是对皮肤刺激性大，吸收效率低，耐水性差，且易氧化而发生颜色变化。近年来已较少使用，甚至有些防晒化妆品还注明"不含有 PABA"。《化妆品安全技术规范》中列出二甲基 PABA 乙基乙酯的使用限量为 8%。

2. 水杨酸酯类及其衍生物

水杨酸酯类及其衍生物是较早使用的一类紫外线吸收剂，属于 UVB 吸收剂，是我国常用的一类有机防晒剂，常与其他种类防晒剂复配使用，优点是毒性小、价格低廉，与其他成分相容性好，产品外观好，还可以作为一些不溶性化妆品组分的增溶剂。缺点是紫外线吸收率低，吸收波段较窄，长时间光照产品后易氧化而变色。另外，水溶性的水杨酸盐类对皮肤亲和性较好，能够增强产品的防晒效果。《化妆品安全技术规范》中列出水杨酸乙基乙酯的使用限量为 5%。

3. 对甲氧基肉桂酸酯类

对甲氧基肉桂酸酯类是一类优良的 UVB 吸收剂，其吸收波长范围为 280~310nm，常温下为不溶于水的透明液体，与油性原料相容性好，特别是在醇中吸收效果好。这类防晒剂在欧洲盛行，其中甲氧基肉桂酸辛酯（INCI 名称：Octylmethoxycinnamate，商品名：Parsol MCX）是目前世界上通用的防晒剂，特点是安全性良好，毒性极小，可与各类防晒剂复配。《化妆品安全技术规范》中列出对甲氧基肉桂酸异戊酯的使用限量为 10%。

4. 邻氨基苯甲酸酯类

邻氨基苯甲酸酯类属于 UVA 吸收剂，具有防晒黑作用。特点是价格低廉，但吸收率低，对皮肤刺激性大，在国内防晒产品中较为常用，如邻氨基苯甲酸薄荷酯。

5. 甲烷衍生物

甲烷衍生物是一类高效 UVA 吸收剂，缺点是光稳定性差，需要与其他防晒剂配合使用。由于此类防晒剂对皮肤刺激性大，致敏性强，其应用性一般受到限制。另外，此类防晒剂不能与释放甲醛的防腐剂合用，否则产品会变色。最近日本将其与其他共聚物和硅烷组合，提高了产品的稳定性。《化妆品安全技术规范》中列出丁基甲氧基二苯甲酰基甲烷的使用限量为 5%。

6. 樟脑类衍生物

樟脑类衍生物是一类较为理想的紫外线吸收剂，吸收波长范围为 290~390nm，在 345nm 处有最强吸收，属于对 UVB 和 UVA 兼吸收，优点是储藏稳定，不刺激皮肤，无光致敏性和致突变性，毒性小，化学惰性；缺点是皮肤吸收能力弱，多以复配形式加入防晒化妆品中。樟脑衍生物类防晒剂中以 4-甲基苄亚基樟脑最为常用，《化妆品安全技术规范》中列出其使用限量为 4%。

7. 二苯酮及其衍生物

二苯酮及其衍生物是一种广谱紫外线吸收剂，吸收波长为 290~380nm，属于对 UVB 和 UVA 兼吸收，代表性原料包括 2-羟基-4-甲氧基二苯甲酮、2-羟基-4-甲氧基二苯甲酮-5-磺酸等，均是美国食品和药物管理局（FDA）批准的 I 类防晒剂，在美国和欧洲使用频率较高，其中 2-羟基-4-甲氧基二苯甲酮具有一定的光毒性，产品上要求标出警示语。

8. 苯并三唑类

苯并三唑类兼能吸收 UVA 和 UVB，并且在 300~385nm 波长范围内有较高的吸光指数，吸收光谱接近于理想吸收剂的要求。这类防晒剂特点是光稳定性好，毒性小，安全性高，可配制成防晒指数较高的化妆品，在化妆品中常用 7% 以下浓度配制成防晒乳液。

9. 三嗪类

三嗪类是一种新型紫外线吸收剂，吸收波长范围为 280~380nm，属于对 UVB 和 UVA 兼吸收，由于还可以吸收一部分可见光，因而易使制品泛黄，其突出特点是强紫外线吸收性和高耐热性。《化妆品安全技术规范》中列出双-乙基己氧苯酚甲氧苯基三嗪的使用限量为 10%。

10. 聚硅氧烷-15

聚硅氧烷-15 是一类 UVB 吸收剂，特点是稳定性好，挥发性低，对眼睛、皮肤无刺激，安全性好，使用限量为10%。

11. 甲酚曲唑三硅氧烷

甲酚曲唑三硅氧烷又称麦素宁滤光环，对UVA和UVB都有一定的吸收能力，在防晒类化妆品中常有应用，使用限量为15%。

12. 奥克立林

奥克立林化学名称为2-氰基-3,3-二苯基丙烯酸-2-乙基乙酯，为黏稠的浅黄色澄清油状液体，能够对UVA和UVB兼吸收，且具有吸收率高、对光和热稳定性好的优点，是FDA批准使用的Ⅰ类防晒剂，一般用于高防晒指数（SPF）值的化妆品中，使用限量为10%（以酸计）。

13. 二乙氨基羟苯甲酰基苯甲酸己酯

二乙氨基羟苯甲酰基苯甲酸己酯为黄色固体至熔融状，脂溶性，是UVA吸收剂，并能保护肌肤免受自由基的损伤，同时具有良好的光稳定性，可长时间维持防晒效果，化妆品中使用限量为10%。

三、防晒化妆品的防晒因子

（一）防晒指数

1. 定义

（1）最小红斑量（minimal erythema dose，MED）　是指引起皮肤清晰可见的红斑，其范围达到照射点大部分区域所需要的紫外线照射最低剂量（J/m^2）或在固定强度照射条件下所需的最短照射时间（s）。

（2）防晒指数（sun protection factor，SPF）　引起被防晒化妆品防护的皮肤产生红斑所需的 *MED* 与未被防护的皮肤产生红斑所需的 *MED* 之比，为该防晒化妆品的 *SPF*，主要用于评定防晒化妆品对UVB的防护效果，又称防晒因子或日光防护系数。

$$SPF = \frac{防护皮肤的\ MED}{未防护皮肤的\ MED}$$

2. 防晒指数的标识方法

我国《关于发布防晒化妆品防晒效果标识管理要求的公告》要求：防晒指数（SPF）的标识应当以产品实际测定的 *SPF* 值为依据。根据 *SPF* 的测定方法要求，考虑到测定时的抽样误差以及化妆品行业的传统标识习惯，*SPF* 的标识值应遵循以下原则。

（1）*SPF* 值为2~5（包括2和5）时，标识实测 *SPF* 值。

（2）*SPF* 值为6~50（包括6和50）时，标识上限为实测 *SPF* 值，标识下限为实测值95%可信区间下限值与小于实测值的5的最大整数倍两者间的较小值。

（3）*SPF* 值大于50，且实测值95%可信区间下限值大于50时，防晒化妆品的防晒指数（SPF）应标注"50+"；当 *SPF* 值大于50，且实测值95%可信区间下限值小于或等于50时，标识上限为"50+"，标识下限为实测值95%可信区间的下限值。

（二）长波紫外线防护指数

对于长波紫外线的防御效果的评价，目前尚无统一的评定标准，国际上多数国家认可的是长波紫外线防护指数（protection factor of UVA，PFA），即对晒黑的防护程度的测定值。

1. 定义

（1）最小持续性黑化量（minimal persistent pigment darkening dose，MPPD）　最小持续性黑化量是指紫外线辐照后2~4小时在整个照射部位皮肤上产生轻微黑化所需要的最小紫外线辐照剂量或最短辐照时间。目前，国际上多数国家均采用紫外线照射后2小时读取的MPPD作为皮肤黑化反应的标准生物剂量单位。

（2）长波紫外线防护指数（PFA）　引起被防晒化妆品防护的皮肤产生黑化所需的 $MPPD$ 与未被防护的皮肤产生黑化所需的 $MPPD$ 的比值，为该防晒化妆品的 PFA 值。

$$PFA = \frac{防护皮肤的\ MPPD}{未防护皮肤的\ MPPD}$$

2. 长波紫外线防护效果的标识方法

防晒化妆品对 UVA 的防御能力与其 PFA 值成正比。目前，在防晒化妆品标签中，并不标出所测得的 PFA 的实际数值，而是根据 PFA 值的大小采用 PA 等级的方式进行标识。PFA 值与 PA 等级的对应关系见下表（表7-1）。

表7-1　UVA 防护指数及其对应的防护等级

PFA 值	PA 等级	防护等级
<2	—	无 UVA 防护效果
2~3	PA+	轻度防护
4~7	PA++	中度防护
8~15	PA+++	高度防护
≥16	PA++++	强度防护

（三）防晒化妆品防水性能的标识

防晒化妆品未经防水性能测定，或产品防水性能测定结果显示洗浴后 SPF 值减少超过 50% 的，不得宣称具有防水效果。宣称具有防水效果的防晒化妆品，可同时标注洗浴前及洗浴后 SPF 值，或只标注洗浴后 SPF 值，不得只标注洗浴前 SPF 值。

四、配方实例

防晒化妆品的常见剂型包括膏霜、乳液、油、水、棒、凝胶、气雾剂等。根据剂型种类不同，配方设计也不同，下面以防晒霜为例解析如下（表7-2）。

表 7-2 防晒霜配方实例

组分	质量分数（%）	组分	质量分数（%）
十六醇	4.0	2-羟基-4-甲氧基二苯甲酮	4.5
羊毛脂	4.0	超细二氧化钛	5.0
凡士林	12.0	超细氧化锌	2.0
橄榄油	12.0	聚乙二醇	4.5
液体石蜡	2.0	分散剂	适量
单硬脂酸甘油酯	2.0	去离子水	加至 100.0
吐温-60	2.0		

【解析】方中十六醇、羊毛脂、凡士林、橄榄油、液体石蜡均为油相原料；聚乙二醇和去离子水为水相原料；单硬脂酸甘油酯和吐温-60 为乳化剂；2-羟基-4-甲氧基二苯甲酮为有机防晒剂；超细二氧化钛及超细氧化锌为无机防晒剂。其中羊毛脂和橄榄油均有较好的润肤作用，橄榄油又能抗击紫外线对皮肤的损伤。方中将无机防晒剂与有机防晒剂配合使用，对 UVA 及 UVB 均有较好的防护作用并且提高防护效果。

第二节　美白祛斑化妆品

美白祛斑化妆品是指能够减轻或抑制皮肤表皮色素沉着的一类化妆品。美白对于东方女性具有特殊吸引力，安全、温和、有效、便捷的美白祛斑化妆品已成为爱美人士追求的目标和化妆品研发工作者努力的方向。本节将对美白祛斑化妆品的相关知识进行简要介绍。

一、黑素的合成与代谢

黑素细胞是合成黑素的唯一场所，是位于表皮基底层的树枝状细胞，每一个黑素细胞与其四周的 20~30 个角质形成细胞相联系，构成一个表皮黑素单元。

黑素小体是黑素细胞进行黑素合成的场所，是一种来源于高尔基体的球形小泡，并随着囊泡的不断分化，多种黑素合成相关酶相继装配入囊泡内并被有步骤地活化，使得黑素小体逐渐具备了合成黑素的能力。随着黑素在黑素小体内的合成、沉积，成熟的黑素小体的结构已模糊不清，内部充满黑素。

黑素是一种醌型高分子聚合物，其化学本质为蛋白衍生物的无定型小颗粒。分布于皮肤中的黑素有优黑素和褐黑素之分，优黑素也称真黑素，其颜色比褐黑素更深，是影响皮肤白皙的主要色素，因此探讨黑素的合成与抑制主要是针对优黑素而言。

（一）黑素的合成

黑素的合成过程相当复杂，是一个以酪氨酸为底物的多步骤的酶促氧化反应，其生物合成过程见下图（图 7-1）。

酪氨酸

慢 ↓ 酪氨酸酶

多巴

快 ↓ 酪氨酸酶

褐黑素　←——　半胱氨酰多巴醌　←——　多巴醌

↓ 分子重排

无色多巴色素

快 ↓ 自发氧化

多巴色素

多巴色素互变酶（TRP-2）

5,6-二羟基吲哚（DHI）　　5,6-二羟基吲哚-2-羧酸（DHICA）

↓ DHICA 氧化酶（TRP-1）

5,6-吲哚醌（DHI-黑素）　　5,6-吲哚醌-2-羧酸（DHICA-黑素）

优黑素

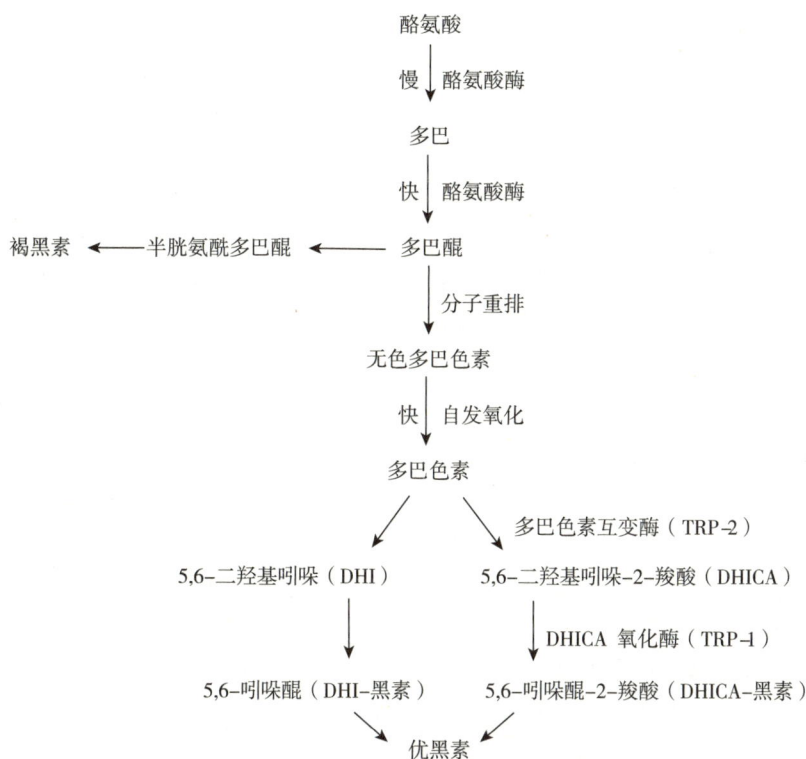

图 7-1　黑素生物合成过程示意图

从黑素合成过程可以看出，酪氨酸在黑素细胞内既可以生成优黑素，也可以生成褐黑素。优黑素合成途径：一方面多巴色素可以自发性脱羧生成 DHI，在酪氨酸酶作用下继续氧化聚合成黑色 DHI-黑素；另一方面多巴色素在酪氨酸酶和 TRP-2 作用下形成两者形成 DHICA，然后在 TRP-1 作用下聚合生成可溶性淡棕色的 DHICA-黑素。褐黑素合成途径：多巴醌与半胱氨酸的巯基结合，生成半胱氨酰多巴醌，通过关环、脱羧，最后形成含硫的可溶性红黄色的褐黑素。优黑素和褐黑素的合成机制的转换取决于酪氨酸酶的活性，酪氨酸酶活性越高，生成优黑素的量就越多。

抑制黑素的合成主要就是针对优黑素而言，从图 7-1 中可知，在优黑素的合成过程中，体内酪氨酸的量、中间体多巴醌和多巴色素的稳定性，以及酪氨酸酶、多巴色素互变酶、DHICA 氧化酶的活性均是影响优黑素合成量的重要因素，因此可通过对这些因素的控制达到抑制黑素合成的目的。

（二）黑素的转运与代谢

色素沉着不是仅仅取决于黑素生成的种类和数量，还与黑素小体的转运和代谢有关。黑素合成完成后，黑素小体沿着黑素细胞树突伸展方向转移，并传递至邻近的角质形成细胞内，从而发挥调整肤色和防止紫外线损伤皮肤的作用，具体过程简要介绍如下。

1. 黑素小体向黑素细胞树突末端转运

黑素在黑素小体内合成后，成熟的黑素小体沿着黑素细胞树突伸展方向向树突远端转移并被传递至周围的角质形成细胞内，发挥调节肤色和防护紫外线辐射的作用。树突是黑素细胞的重要形态学标志，树突的形状和长短直接影响黑素小体的转运。

研究发现，成熟的黑素小体具有很强的运动性，其向树突远端的转移是一种长距离的双向运动模式，是驱动蛋白和动力蛋白综合作用的结果。其中驱动蛋白促使黑素小体向树突远端运动，而动力蛋白则推动黑素小体向相反方向运动。两种蛋白互相协调带动黑素小体向树突的末端运动。在黑素细胞树突的末端周围含有丰富的肌动蛋白，运动到黑素细胞树突末端的黑素小体一旦被肌动蛋白捕获，这种双向的长距离运动即刻终止，而只能限定在树突末端做短距离运动，不再返回胞体，黑素小体最终集聚在树突末端。

2. 黑素小体向角质形成细胞传递

黑素小体到达黑素细胞的树突末端后，肌球蛋白可使肌动蛋白骨架发生构象改变，形成一个通往胞浆膜通道。黑素小体一旦接触到黑素细胞胞浆膜，就会立即黏附在黑素细胞胞浆膜上并与其融合，形成复合小囊泡，邻近的角质形成细胞将其吞噬，并使黑素小体在角质形成细胞内重新分布。

3. 黑素在角质形成细胞内的再分布和降解

目前，黑素小体在角质形成细胞中的分布降解机制尚未完全解释清楚。黑素小体进入角质形成细胞后，为了更好地吸收紫外线而保护细胞基因的稳定性，会选择性地向角质形成细胞表皮侧移动。随着角质形成细胞向表皮角质层上移，被推向皮肤表面，并不断角质化后最终脱落，其细胞内的黑素小体也逐渐降解。有研究发现，自噬在黑素代谢过程中起重要作用。

二、美白祛斑化妆品的作用机制

抑制表皮色素沉着，实现皮肤的真正美白，既要抑制黑素的合成，又要抑制黑素的运转；既要考虑机体自身对黑素合成及代谢的影响，也要考虑环境因素所起的作用。美白应从多方面、多角度入手，减轻黑素对人体皮肤颜色所产生的影响。美白祛斑化妆品的作用机制主要体现为以下几方面。

（一）抑制黑素合成

抑制黑素合成，从机体自身因素和环境因素两方面入手。机体自身因素称为内源性因素，环境因素属于外源性因素。其中对外源性因素的抑制主要是对紫外线的防护。

1. 抑制酪氨酸酶及多巴色素互变酶活性

酪氨酸酶是一种多酚含铜氧化酶，是黑素合成的起始酶，也是主要限速酶，其活性大小决定了黑素合成的数量，因此对酪氨酸酶活性的抑制至关重要。目前，大多数美白祛斑化妆品都是通过抑制酪氨酸酶活性来达到美白效果的。

根据抑制机制的不同，对酪氨酸酶活性的抑制有破坏型和非破坏型两种抑制方式：①破坏型抑制：也称不可逆抑制，是指美白活性物质直接对酪氨酸酶活性部位（如 Cu^{2+}

部位）进行修饰、改性，使酪氨酸酶失去对酪氨酸的作用。寻找安全、高效的 Cu^{2+} 络合剂作为美白剂即是该领域的一个研究热点。②非破坏型抑制：又称可逆性抑制，这类抑制剂对酪氨酸酶的结构不产生影响，而是通过抑制酪氨酸酶的合成或取代酪氨酸酶的作用底物（酪氨酸），达到抑制黑素合成的目的。

多巴色素互变酶是一种与酪氨酸酶有关的蛋白质，能够促进多巴色素发生重排反应，生成多巴色素的同分异构体（DHICA）。目前，对于多巴色素互变酶活性的抑制主要集中在竞争性抑制研究上，即通过寻求另一种物质作为多巴色素互变酶的作用底物，与该酶原有的作用底物（多巴色素）竞争，替代多巴色素与该酶作用，从而阻碍多巴色素进一步形成黑素。

2. 还原黑素中间体

黑素的合成过程是以酪氨酸为原料，历经多巴、多巴醌、多巴色素等中间体的多步骤氧化反应。还原剂能够还原这些黑素中间体，抑制其自动氧化，阻断其合成黑素的途径。

3. 选择破坏黑素细胞

黑素细胞是合成黑素的场所，它是由酪氨酸酶蛋白经过一系列合成反应形成的。通过降低黑素细胞功能或选择性破坏黑素细胞等方式，均能够抑制黑素的合成。通常选用某种物质使黑素细胞中毒，或阻碍酪氨酸酶蛋白的合成，降低黑素细胞功能，达到抑制黑素合成的目的。

4. 清除自由基

黑素是由酪氨酸经过一系列氧化反应后形成的，体内自由基参与了酪氨酸的氧化反应，具有促进黑素合成的作用。因此，产品中加入自由基清除剂，抑制氧化反应，也可达到抑制黑素合成的目的。此外，自由基清除剂也可抑制脂褐素的形成，可起到抑制老年斑的作用。

5. 拮抗内皮素

黑素的合成不仅与黑素细胞内酶的活性有关，还与黑素细胞自身的活性有关。研究发现，内皮素作为角质形成细胞和黑素细胞间相互作用的桥梁，能够促进黑素细胞的增殖及黑素的合成。肌肤中内皮素-1和内皮素-2具有激发黑素细胞活性的作用，是黑素合成过程中不可缺少的存在于黑素细胞外的两种物质。内皮素拮抗剂能够抑制黑素细胞的增殖、存活，具有抑制黑素合成的作用。

6. 防御紫外线

紫外线是促进黑素合成的最主要的外源性因素，UVA 能够刺激黑素细胞的增殖及黑素合成，使皮肤出现色素沉着。因此，美白离不开防晒，加强防晒是皮肤美白的重要措施。有关防晒的知识已经在上一节的防晒化妆品中做过详细介绍。

（二）抑制黑素转运

黑素合成后，随着黑素小体不断成熟，会沿黑素细胞的树突进入角质形成细胞内，进而在表皮内进一步扩散，并随着角质层的代谢而不断被降解。研究表明，黑素细胞内的成熟黑素小体必须转运到角质形成细胞内，才能对人体皮肤的颜色产生影响。因此，对于黑素细胞内尚未转移到角质形成细胞的成熟黑素小体而言，阻断其向角质形成细胞的转运，是一种有效的美白祛斑方式。

（三）促进表皮新陈代谢

对于已经扩散到表皮角质形成细胞内的黑素小体而言，可通过促进表皮新陈代谢的作用，使表皮的更新速度加快，促进在表皮内逐步降解的黑素小体随表皮的快速更新而排出体外，从而减轻其对皮肤颜色所产生的影响。

三、常用的美白活性物质

美白活性物质是指具有降低皮肤色度或减轻色素沉着作用的天然或人工合成物质。传统的美白活性物质，如过氧化氢、氯化氨基汞、氢醌等，具有美白迅速、价格低廉的特点，但毒性大，损害皮肤，已被多个国家禁用。随着研究的不断深入，更为安全、高效的美白活性物质相继被开发出来并被用于美白祛斑化妆品中。

（一）酪氨酸酶活性抑制剂

酪氨酸酶活性抑制剂是美白活性物质中研究最早、品种最多的一类，目前市售的绝大多数美白祛斑化妆品中均含有此类美白活性物质。

1. 熊果苷及其衍生物

熊果苷（Arbutin）是杜鹃花科植物熊果叶中的主要成分，属于氢醌糖苷化合物。为白色粉末或结晶，易溶于水和极性溶剂。原国家食品药品监督管理总局发布的《已使用化妆品原料名称目录》（2015 版）将其列入该目录中。目前，国内外的美白祛斑化妆品中广为应用熊果苷，占市场主导地位的为其化学合成品。

熊果苷依据结构不同可分为 α-熊果苷和 β-熊果苷，对酪氨酸酶的抑制作用和化学稳定性都是前者优于后者，其美白机制为：①抑制酪氨酸酶活性，减少酪氨酸酶在皮肤中的积累。②有效抑制多巴及多巴醌的合成。③抑制黑素细胞增殖。

熊果苷对紫外线照射引起的色素沉着效果尤为明显。此外，熊果苷还具有保湿、除皱、消炎等作用，并具有良好的配伍性。

熊果苷不稳定，在弱酸环境下容易水解产生 D-葡萄糖和氢醌。为了提高其稳定性和透皮吸收效果，现已研究开发出多种熊果苷的衍生物，如维生素 C-熊果苷磷酸酯及熊果苷酚羟基酯化物等。

2. 曲酸及其衍生物

曲酸又称曲菌酸，是葡萄糖或蔗糖在曲酶作用下发酵、提纯而制得。为白色针状结晶体，溶于水、乙醇等溶剂，最初是被日本学者于 1907 年在酿制酱油的曲中而发现。原国家食品药品监督管理总局发布的《已使用化妆品原料名称目录》（2015 版）将其列入该目录中。

曲酸的美白机制为：①与酪氨酸酶中的铜离子螯合，使酪氨酸酶失去活性。②抑制

5,6-二羟基吲哚（DHI）的聚合和5,6-二羟基吲哚-2-羧酸（DHICA）氧化酶的活性。③吸收紫外线。

曲酸具有很好的美白、祛斑功效，是一种安全、高效的美白活性物质。然而，曲酸的稳定性较差，特别是对光、热不稳定，易被氧化而变色，易与金属离子发生螯合反应，皮肤对其不易吸收。为了克服这些缺点，进一步提高曲酸的综合效能，现已开发研究出了多种曲酸衍生物，如曲酸双棕榈酸酯（KAD-15）、曲酸单亚麻酸酯及维生素C曲酸酯等，它们不但克服了曲酸稳定性及吸收性较差的缺点，并且美白效果也优于曲酸。

3. 甘草提取物

甘草提取物是取自甘草的一类天然植物提取物，主要有效成分为黄酮化合物，是一类快速、高效、安全的美白活性物质。

甘草提取物的美白机制为：①抑制酪氨酸酶及多巴色素互变酶活性。②阻断5,6-二羟基吲哚（DHI）的聚合。③使黑素细胞中毒。④清除体内自由基，减缓黑素合成过程中的氧化过程，其抗氧化能力与维生素E相当。

甘草中含有多种天然美白活性成分，其中黄酮类活性成分对酪氨酸酶活性的抑制作用非常显著，是近年来深受欢迎的美白活性物质，光甘草定即是其中的一种。光甘草定主要通过三个方面抑制黑素的生成：抑制活性氧生成、抑制酪氨酸酶活性和抑制炎症作用。但是由于光甘草定提取难度较大，并且资源短缺，所以价格比较昂贵，甚至被誉为"美白黄金"。

4. 红景天提取物

红景天有"高原人参""雪山仙草"的美誉，具有抗缺氧、抗疲劳、抗辐射、延缓衰老等作用，其提取物主要药效成分为红景天苷。

红景天提取物的美白机制为：①具有强大的抗氧化作用，能阻止紫外线和化学物质诱导的自由基对皮肤的损伤。②具有强大的SOD活性，能清除体内自由基。③具有强大的抗辐射作用，能够防止因各种辐射所导致的皮肤损伤和色斑。由于其作用全面，对皮肤无刺激，是近年来深受欢迎的美白活性物质。

5. 丝肽

丝肽是丝蛋白的酶水解产物，是可溶性天然蛋白，易被人体吸收。丝肽能够抑制酪氨酸酶活性，吸收紫外线，具有抗氧化作用，能够防止皮肤晒黑、晒伤，抑制黑素的生成。

6. 根皮素

根皮素主要存在于苹果、梨、多汁水果和蔬菜的果皮及根皮中，因而得名。原国家食品药品监督管理总局发布的《已使用化妆品原料名称目录》（2015版）将其列入该目录中。

根皮素在化妆品中的作用主要表现为：①清除自由基，抗氧化功能强。②抑制黑素细胞活性，淡化皮肤色斑。③保湿作用强，能够吸收自身重量4~5倍的水。④抑制皮脂腺的过度分泌，可用于痤疮的辅助治疗。

根皮素已被广泛用于面膜、护肤膏霜及乳液等类型化妆品。

7. 1-甲基乙内酰胺脲-2-酰亚胺

1-甲基乙内酰胺脲-2-酰亚胺是一种氨基酸衍生物。为水溶性白色晶体，安全无毒，是一种绿色美白活性物质，其美白机制为：①抑制酪氨酸酶活性。②阻止黑素细胞中黑素小体向角质形成细胞转运。1-甲基乙内酰胺脲-2-酰亚胺在化妆品中的使用浓度为 0.1%~1.5%。

8. 雏菊花提取物

天然植物雏菊花中含有黄酮、挥发油、氨基酸和多种维生素等成分，其提取物的美白机制为：①降低酪氨酸酶活性。②抑制由紫外线刺激引发的黑素生成。③降低黑素小体由黑素细胞向角质形成细胞的转移。雏菊花提取物主要用于美白化妆品中。

9. 氨甲环酸

氨甲环酸又称凝血酸、传明酸，为无臭、微苦的白色结晶性粉末，易溶于水，被皮肤医学界用在治疗黄褐斑、黑斑沉淀方面的药用处方中。原国家食品药品监督管理总局发布的《已使用化妆品原料名称目录》（2015 版）将其列入该目录中。

氨甲环酸是一种蛋白酶抑制剂，其美白机制为：①抑制黑色素增强因子群，阻断因紫外线照射而引起的黑素生成途径，从而有效地防止和改善皮肤的黑素沉积。②迅速抑制酪氨酸酶活性和黑素细胞活性，防止黑素聚集。氨甲环酸主要用作美白剂，与维生素 C 衍生物配合使用，效果更佳。

10. 苯乙基间苯二酚

苯乙基间苯二酚为白色至米黄色粉末，微溶于水，易溶于丙二醇。原国家食品药品监督管理总局发布的《已使用化妆品原料名称目录》（2015 版）将其列入该目录中。

苯乙基间苯二酚是一种新型美白祛斑原料，是最有效的酪氨酸酶抑制剂之一，还能抑制 B16 细胞合成黑色素的活性，并对黑素合成过程的氧化反应有较好的抑制作用，同时具有皮肤刺激低、细胞毒性低的特点而被广泛用作皮肤美白剂。但其具有光不稳定性和生物利用度较低等缺点，是目前还待解决的技术难题。

11. 阿魏酸乙基己酯

阿魏酸乙基己酯为浅黄色黏稠液体，可以从制油的米糠中提取，也可化学合成，美白机制为：①能够结合铜离子，抑制酪氨酸酶活性。②具有较强的抗氧化性。③能够吸收波长为 280~360nm 的紫外线。阿魏酸乙基己酯主要用于美白祛斑化妆品、防晒化妆品和延缓皮肤衰老化妆品。

12. 十一碳烯酰基苯丙氨酸

十一碳烯酰基苯丙氨酸为白色粉末，易溶于水。原国家食品药品监督管理总局发布的《已使用化妆品原料名称目录》（2015 版）将其列入该目录中。

十一碳烯酰基苯丙氨酸结构与促黑素细胞激素的结构相似，通过竞争性结合黑素细胞表面的蛋白质受体来阻碍黑素细胞对信号分子的响应，从而抑制下游生化途径中酶的表达和黑素的形成，并对酪氨酸酶活性呈剂量依赖性抑制。十一碳烯酰基苯丙氨酸从多个环节全面抑制黑素的生成，效果明显、持久且安全可靠，主要用于美白化妆品。

（二） 内皮素拮抗剂

内皮素拮抗剂是由日本 Imokawa 等在 20 世纪 90 年代初发现的一种通过抵抗内皮素刺激，间接抑制黑素细胞增殖及分化的物质，在抑制黑素合成方面具有高效、快速及使黑素分布均匀的特点。国外专家主要从洋甘菊中提取内皮素拮抗剂，而国内利用生物工程技术，也首次以天然产物为原料制得了内皮素拮抗剂 8#。

（三） 黑素运输阻断剂

黑素运输阻断剂能降低黑素小体向角质形成细胞的转运速度，从而达到美白祛斑功效。

1. 烟酰胺

烟酰胺又称烟碱酰胺、尼克酰胺（NAA），与烟酸统称为维生素 PP，或维生素 B_3，在体内可由烟酸转变而成。烟酰胺为白色针状结晶或粉末，易溶于水、乙醇和甘油，稳定性好，刺激性小，使用安全。原国家食品药品监督管理总局发布的《已使用化妆品原料名称目录》（2015 版）将其列入该目录中。

烟酰胺的美白机制为：①降低黑素细胞内外物质交换的能力，抑制黑素小体向角质形成细胞的转运。②降低黑素细胞的增殖和分裂能力。烟酰胺在化妆品中使用浓度一般为 4%～6%，需要注意的是，妊娠初期使用过量有致畸作用。

2. 壬二酸

壬二酸又称杜鹃花酸，是含有 9 个碳原子的直链饱和二元羧酸，为白色或淡黄色结晶性粉末，微溶于水，较易溶于热水和乙醇，可溶于乙氧基二乙二醇，不溶于油脂，对光不敏感，与皮肤相容性好，较难溶解，不易制成乳液。原国家食品药品监督管理总局发布的《已使用化妆品原料名称目录》（2015 版）将其列入该目录中。

壬二酸的美白机制为：①降低黑素小体的转运。②抑制黑素细胞活性。③阻滞酪氨酸酶蛋白的合成。④高浓度的壬二酸对异常黑素细胞及恶性黑素瘤细胞有抗增生和细胞毒性作用，效果持久。壬二酸其优点是只对高活性黑素细胞抑制，而不影响正常黑素细胞的功能，在化妆品中使用浓度为 5%～10%。

3. 绿茶提取物

绿茶提取物主要含有以茶多酚为主的生物类黄酮、黄烷醇、酚酸类、花色苷等成分。

绿茶中含有多种美白活性成分，可通过多条途径抑制黑素的合成，主要表现为：①抑制酪氨酸酶活性：包括对酪氨酸酶的破坏性抑制和非破坏性抑制两方面作用。②阻碍黑素小体向角质形成细胞的转运。③清除自由基，阻断黑素合成的氧化链。④吸收紫外线。

（四） 化学剥脱剂

美白活性物质可以通过促进表皮新陈代谢作用，加速角质层脱落，降低皮肤中的黑素含量。

1. 羟基乙酸

羟基乙酸又称甘醇酸，是果酸的一种，广泛存在于柠檬、甘蔗、苹果及甜橙等水果中，但因含量较低，基本以化学合成为主，一般为含量70%的水溶液或98%的晶体。原国家食品药品监督管理总局发布的《已使用化妆品原料名称目录》（2015版）将其列入该目录中。

羟基乙酸是相对分子质量最小的果酸，具有皮肤穿透性好的特点。羟基乙酸的美白机制是能够降低皮肤细胞桥粒的附着作用，加快表皮角质层的脱落，增加表皮细胞新陈代谢速度，既能促进含有黑素的角质细胞脱落，降低皮肤中黑素的含量，又能改善皮肤粗糙暗沉现象，达到美白祛斑的目的。

由于高浓度的羟基乙酸会刺激或损伤皮肤，导致角质层过度剥脱。因此，使用浓度不宜过高，一般为4%~10%。

2. 胶原蛋白酶

胶原蛋白酶又称胶原酶、羧菌肽酶A，为动物骨胶原蛋白的水解产物，其中含有大量氨基酸，主要存在于动物皮肤组织内。胶原酶与磷脂配合，能够有助于皮肤角质层的剥离，与上述羟基乙酸不同的是，酶型的皮肤剥离剂无刺激性。胶原蛋白酶外用时的使用浓度为0.0005%~0.05%，高于此范围无效。

3. 溶角蛋白酶

溶角蛋白酶是一种既有活性又具有较好稳定性的蛋白酶，使用安全，无刺激性，能软化角质层，在无感觉中迅速分离及溶解老化的角质细胞，同时能够促进细胞分裂增殖，加快肌肤的更新速度。

（五）还原剂

黑素及合成黑素的中间体多巴醌都是醌类结构，醌类物质的结构中所含有的大量共轭体系而使其显色。还原剂能够将醌类物质还原为无色的酚类物质而发挥美白作用。常见的还原剂有维生素C及其衍生物和原花青素等。

1. 维生素C及其衍生物

维生素C既是延缓皮肤衰老化妆品的活性原料，同时也是化妆品中最具代表性的美白活性物质，很早就被应用。原国家食品药品监督管理总局发布的《已使用化妆品原料名称目录》（2015版）将其列入该目录中。

维生素C的美白机制是：①还原多巴醌，阻断多巴醌进一步合成黑素的途径。②将黑素的醌式结构还原为无色的酚式结构，使色素褪色，但这一过程是可逆的。③通过与酪氨酸酶的活性位点相互作用而抑制酪氨酸酶活性。

维生素C易溶于水，在水溶液中易被氧化，在产品里的稳定性不佳，容易变黄或失效，且不易被皮肤吸收。目前，研究和应用较多的是维生素C的盐类和酯类等衍生物，最常用的有维生素C磷酸酯镁和维生素C棕榈酸酯等。

维生素C磷酸酯镁同样是一种水溶性美白活性物质，能在体内迅速酶解游离出维生素 C，既能发挥维生素 C 特有的生理生化功能，又克服了维生素 C 易被氧化的缺点，已被广泛应用于美白祛斑产品中。原国家食品药品监督管理总局发布的《已使用化妆品原料名称目录（2015 版）》将其列入该目录中。另外，维生素 C 磷酸酯镁还具有清除氧自由基，促进胶原产生，以及很好的保湿功效，并与维生素 E 有协同作用。不足之处是维生素 C 磷酸酯镁的水溶液长期放置会析出沉淀。研究人员开发了稳定性更好的丙氨基维生素 C 磷酸酯镁。

维生素 C 棕榈酸酯是脂溶性的维生素 C 衍生物，性能稳定，效果显著，适用于 W/O 型美白祛斑化妆品。原国家食品药品监督管理总局发布的《已使用化妆品原料名称目录（2015 版）》将其列入该目录中。

2. 原花青素

原花青素是一种新型高效抗氧化剂，具有良好的抗衰老作用。另外，原花青素还具有迅速、高效、持久的美白功效，其美白机制为：①抑制酪氨酸酶活性。②清除自由基，具有特殊抗氧化性能。③将黑素的醌式结构还原为无色的酚式结构。④在波长 280nm 处有较强的紫外线吸收，能够防止紫外线对皮肤造成的损伤，抑制黑素合成。原花青素与维生素 C 和维生素 E 均具有协同作用。

（六）　自由基清除剂

具有清除自由基功效的活性物质不仅能够延缓皮肤衰老，还具有美白祛斑作用，这类物质主要有维生素类（如维生素 E、维生素 C 等）、酶类（如 SOD、辅酶 Q_{10} 等）及许多天然植物提取物（如黄芩、人参、芦荟等植物的提取物等）等。

（七）　防晒剂

已在上一节防晒化妆品中做过详细介绍。

（八）　中药提取物

中药提取物作为美白活性物质具有副作用小、安全性高的优点，具有很强的市场影响力。研究证明，许多中药提取物具有抑制酪氨酸酶活性的作用，其中对于甘草提取物的研究较为深入而完善，甘草黄酮就是从甘草中提取得到的美白活性部位，而光甘草定则是甘草黄酮中的单体美白活性成分。另有研究表明，中药提取物对于酪氨酸酶活性的影响存在三种不同的情况：①对酪氨酸酶活性的抑制作用随着中药提取物剂量的增大而增强，如白术、僵蚕、藁本、白及、沙苑子等。②中药提取物在高浓度条件下能够抑制酪氨酸酶活性，在低浓度条件下能够激活酪氨酸酶活性，如茯苓、甘草、白芍、细辛、苍术、桂枝、防风等。③中药提取物在高浓度条件下激活酪氨酸酶活性，在低浓度条件下抑制酪氨酸酶活性，如生地、骨碎补、乳香等。因此，在选用中药提取物作为美白活性物质时，一定要确定适宜的使用浓度，以免适得其反。

目前，具有美白祛斑作用的中药还有待开发，对中药美白祛斑作用的研究主要局限在对酪氨酸酶活性的抑制方面，而对抑制黑素合成的其他机制方面的研究较少，从而限制了中药美白活性物质的开发和利用。

四、配方实例

下面列出美白霜及美白凝胶的配方实例及解析见下表（表7-3、表7-4）。

表7-3　美白霜配方实例

组分	质量分数（%）	组分	质量分数（%）
凡士林	5.0	维生素E	4.0
霍霍巴油	4.0	熊果苷	4.0
十六醇	3.0	2-羟基-4-甲氧基二苯甲酮	2.0
单硬脂酸甘油酯	5.0	羧甲基纤维素钠	0.1
硬脂酸聚氧乙烯酯	2.0	防腐剂	适量
甘油	4.0	去离子水	加至100.0

【解析】方中十六醇、凡士林、霍霍巴油均为油相原料；甘油和去离子水为水相原料；单硬脂酸甘油酯和硬脂酸聚氧乙烯酯均为乳化剂；羧甲基纤维素钠为水溶性聚合物，发挥增稠作用；2-羟基-4-甲氧基二苯甲酮为有机防晒剂；维生素E既是优良的抗氧化剂，又具有很好的润肤养肤作用；熊果苷是优良的美白活性物质，既能有效抑制酪氨酸酶活性，同时还具有防紫外线照射和祛皱消炎的功效，与维生素E复配能提高产品稳定性和美白功效。

表7-4　美白凝胶配方实例

组分	质量分数（%）	组分	质量分数（%）
羟乙基纤维素	2.0	维生素C	1.0
乙醇	3.0	乙二胺四乙酸	0.01
甘油	3.0	三乙醇胺	适量
羟基乙酸	7.0	防腐剂	适量
壬二酸	2.0	去离子水	加至100.0

【解析】方中甘油为保湿剂；三乙醇胺为pH调节剂；羟乙基纤维素为胶凝剂；羟基乙酸、壬二酸、维生素C为美白活性物质剂；乙二胺四乙酸为金属离子螯合剂，可提高维生素C的稳定性；壬二酸是黑素运输阻断剂，且能抑制黑素细胞活性；羟基乙酸和壬二酸都具有剥脱角质的能力；维生素C是还原型美白活性物质。上述原料都是水溶性的，复配在一起可提高产品的美白功效。

第三节　染发化妆品

染发化妆品是指具有改变头发颜色作用的一类特殊用途化妆品，其目的主要是美化头发颜色，使头发染黑或染成其他各种丰富多彩的颜色，以提升个人魅力。染发化妆品中的关键成分是染发剂，不同的染发剂，其染发原理、染发牢度及对人体可能产生的影响也不一样，因此染发时必须正确使用染发化妆品。我国《化妆品安全技术规范》（2015年版）中列出了准用的75项染发剂。

理想的染发化妆品应具有如下特性：①安全性：高度的安全性是化妆品的首要特性，是染发化妆品必须具备的最重要的特性。②染色的牢固性：染在头发上的颜色不易受到空气、阳光、摩擦等因素的影响，不易发生变色或很快褪色的现象。③不受其他类发用化妆品的影响而变色，如发油、头发定型剂、香波等。④既能使头发染上自然美观的颜色，而又不会在头皮上染上颜色。⑤具有较好的稳定性，产品有效期应为一年以上。⑥易于分散涂布于头发上，头发着色所需时间短。⑦染料或中间体来源稳定，易购得且成本满足经济核算的要求。

一、染发化妆品的功效成分

染发剂是染发化妆品中的功效性成分。根据染发后头发颜色可能经受洗发的次数，即头发着色的耐久性，可将染发剂分为暂时性染发剂、半永久性染发剂和永久性染发剂，当前最常用的是永久性染发剂。

（一）暂时性染发剂

暂时性染发剂的染色牢固度较差，不耐洗涤，只需一次洗涤就可全部除去染在头发上的颜色，通常用于临时性修饰。

暂时性染发剂常用的染料有酸性染料、碱性染料、分散染料、无机或有机颜料等，这些染料的相对分子质量通常较大，不能透过毛发表皮渗入发干的皮质内，只能沉积在头发表面形成着色覆盖层，而且与头发亲和力低，因而非常容易被香波和水洗掉，如不洗发，可保持色泽7~10天。但因暂时性染发剂只滞留在头发表面，不易损伤发质，也不易透过皮肤，安全性高，而且便于重复染色或随意改变发色。

暂时性染发化妆品有各种不同的剂型，包括染发膏、染发摩丝、染发凝胶、染发喷剂、染发香波及染发条等，其中染发条是将颜料配入类似唇膏的基质中，主要用于局部补色染发或演员化妆用。

（二）半永久性染发剂

半永久性染发剂的染色牢固度介于暂时性染发剂和永久性染发剂之间，一般可耐6~12次的洗涤，色泽可维持3~4周。

半永久性染发剂常用的染料主要是一些分子量较低、可渗入头发外皮和部分渗入皮质的染料，多含有硝基苯胺类衍生物、金属盐染料等。虽然这类染发剂能渗入发质内部而不易被洗脱，但由于渗入的皮质层较浅，所以也会在洗发时从发质内部逐渐渗出而导致褪色。半永久染发剂染发的作用不同于暂时性染发剂，暂时性染发剂是通过在头发表面形成着色覆盖层而使头发着色，而半永久染发剂则是能够直接使头发变色。

半永久性化妆品的剂型有染发膏、染发液、染发摩丝、染发凝胶及染发香波等。

（三） 永久性染发剂

永久性染发剂主要为氧化型染发剂，是目前最常用的一类染发剂，用永久性染发剂配制的染发化妆品具有染色效果好、色调变化宽、持续时间长等优点，一般色泽可维持1~3个月。

1. 永久性（氧化型）染发剂的组成

永久性（氧化型）染发剂主要由染料中间体、偶合剂、氧化剂组成。其中染料中间体是一类本身无色，但在氧化剂的作用下能够生成染料的物质，主要有对苯二胺类、氨基酚类、甲基苯二胺及其衍生物等。偶合剂主要有间苯二酚、对苯二酚等。氧化剂主要有过氧化氢、过硼酸钠等。

2. 永久性（氧化型）染发剂的染发原理

永久性染发剂中不直接使用染料，而是使用无色的染料中间体，先使小分子染料中间体和偶合剂渗入头发皮质层和髓质层，再在氧化剂的作用下发生一系列缩合反应，生成有色的稳定的大分子染料，被封闭在头发纤维内。由于大分子染料不容易通过毛发纤维的孔径被洗去，故起到持久的染发效果。依据染料中间体和偶合剂的不同种类和剂量比，可产生不同色调的大分子染料，从而使头发染上黑、金、黄、绿、红、红棕等不同的颜色。

3. 永久性（氧化型）染发化妆品的配方组成

永久性（氧化型）染发化妆品通常以两剂型为主，即将染发产品中的染料中间体和氧化剂分别制成 A、B 两剂，使用时将两者现场混合。其中 A、B 两剂的配方组成简介如下。

（1）A 剂的配方组成　主要有染料中间体、偶合剂、增稠剂、表面活性剂、脂肪酸，以及其盐、碱、溶剂、调理剂、抗氧化剂、螯合剂等。其中表面活性剂发挥渗透剂、分散剂、匀染剂，以及发泡、洗涤作用；碱能够使头发膨胀和软化，利于染料中间体和偶合剂向发干内部渗透，通常要求 pH 为 8.5~10.5。

（2）B 剂的配方组成　B 剂通常称为显色剂，其中的显色成分是氧化剂，此外配方中还包括高级脂肪醇类赋形剂、表面活性剂、酸度调节剂、螯合剂、去离子水等。

市售的两剂型染发化妆品均属于永久性染发化妆品，主要有粉状、液状、膏霜等不同剂型，其中膏霜型最为常用。近年来，单剂型永久性染发产品陆续出现，有空气氧化型、含过氧化氢微胶囊型等，如洗发-染发膏即属于空气氧化型单剂型永久性染发剂，这种染发产品中不含有氧化剂，而是通过染料中间体遇氧气后自然氧化而染色。两剂型染发膏配方实例见下表（表 7-5）。

表 7-5　两剂型染发膏配方实例

A 剂组分	质量分数（%）	B 剂组分	质量分数（%）
对苯二胺	4.0	过氧化氢（30%水溶液）	12.0
2，4-二氨基苯甲醚	1.0	矿油	12.0
间苯二酚	0.2	聚乙二醇	10.0
异丙醇	4.0	卡波树脂 940	0.2
油酸	20.0	平平加	4.0
聚乙二醇	13.0	甘油	2.0
氨水	5.0	硅油	1.5
亚硫酸钠	0.5	磷酸	适量
水溶性硅油	3.0	防腐剂	适量
EDTA 二钠、防腐剂	适量	去离子水	加至 100.0
去离子水	加至 100.0		

二、染发化妆品的安全使用

（一）染发化妆品的不安全性因素

染发化妆品的不安全性因素是由于产品中含有潜在的危害性化学成分，以及由于使用不当所引起的急慢性健康危害。染发化妆品的不安全性问题主要有以下几方面。

1. 引起中毒反应

由染发化妆品引起的人类急性中毒事件极其罕见，多为误食引起。曾报道儿童因误食对苯二胺及 Henna 染料（一种从植物中提取的染料）而导致中毒身亡的事件。

2. 引起过敏反应

染发化妆品中引起过敏反应的首要物质为对苯二胺，其次是过氧化物、氨水、过硫酸铵及对氨基苯酚等芳香族化合物等。研究证明，苯二胺类物质已被确认为有害物质，可引起某些敏感个体出现急性过敏反应，表现为皮炎、哮喘、荨麻疹等，甚至会引起皮肤鳞化、发热、畏寒及呼吸困难等，引起的过敏反应可能在染发的过程中产生，也可能在染发后几小时甚至几天产生。

3. 对头发的损害

氧化剂是永久性染发剂中必不可少的组分，以过氧化氢为代表，浓度高时染发效果更好，但高浓度的过氧化氢同时也增强了对头发角蛋白的破坏力，加剧头发受损程度，使头发干枯、变脆、开叉甚至脱落。

4. 潜在远期生物学效应

永久性氧化型染发化妆品的某些成分可能会造成细胞遗传物质产生突变，在动物体内具有致癌作用。但目前全球还没有直接证据证明染发会导致癌症。近年来，采用低毒合成染料或天然植物染料替代传统的苯二胺类化合物的研究在不断进行，永久性染发化妆品的安全性将会不断得以提高。

（二） 染发化妆品的安全使用

首先要选择符合国家标准的合格染发产品，其次是使用染发化妆品之前必须进行皮肤斑贴试验，试验方法按产品中附带的警示性说明书进行，通常方法如下。

斑贴试验可在使用产品 1~2 周前进行，将少量染发化妆品涂抹在比较敏感的区域如耳后或肘部内侧皮肤，保持 24~48 小时进行观察。若在观察期内斑贴区或周围出现过敏反应，说明受试者对所试的染发化妆品过敏，应避免使用。需要指出的是，阴性斑贴试验并不说明今后也不会对该染发化妆品出现过敏反应，所以即使长期使用同一款染发产品，最好也定期进行斑贴试验。

此外，应尽量降低永久性染发化妆品的染发频率，一年内不要超过两次，同时，染发操作时尽量使染发产品少与皮肤直接接触，以进一步确保使用的安全性。

第四节　烫发化妆品

烫发化妆品是将天然直发或者卷曲的头发改变为所期望发型的化妆品，又称烫发剂。目前，市场上的烫发产品是利用化学方法即化学卷发剂来使头发的结构发生变化而达到卷曲目的。

一、烫发化妆品的作用机制

头发主要由不溶性角蛋白组成，其含量占 85% 以上。角蛋白由氨基酸组成，通过氨基酸的羧基与另一氨基酸的氨基链接，形成了多肽。角蛋白中还含有较多的胱氨酸（14%~15%），因此二硫键含量特别多，在肽链中起交联作用。

烫发的原理：先"软化"，使用烫发剂中的还原剂将头发角蛋白中的二硫键打开，将头发软化半个小时左右；再"定型"，将卷好的头发使用氧化剂将软化过程所破坏的二硫键重新接上，使发型固定。

二、烫发化妆品的配方组成

烫发化妆品通常为两种剂型，即软化过程所使用的卷曲剂（还原剂）和定型过程所使用的定型剂（氧化剂）。烫发化妆品主要有乳剂、水剂、粉剂等剂型。

（一） 卷曲剂

卷曲剂的配方组成包括还原剂、碱剂、表面活性剂及稳定剂等。

1. 还原剂

还原剂是卷曲剂的主要组分，作用是将二硫键还原打断，使头发软化。由于卷曲剂有热烫卷曲剂和冷烫卷曲剂之分，因而烫发也有热烫和冷烫之分。其中热烫卷曲剂中的还原剂主要是亚硫酸盐；冷烫卷曲剂中的卷曲剂主要为巯基化合物，如巯基乙酸及其盐类、巯基乙酸单乙醇胺等。

2. 碱剂

头发角蛋白在碱性条件下可发生膨胀，碱剂有利于还原剂的渗透，可提高卷曲效果。试验表明，卷曲剂 pH 值在 9.0~9.5 的范围内卷曲效果较好。可用作卷曲剂的碱剂主要有氨水、碳酸钾、三乙醇胺、碳酸氢铵、磷酸氢二铵、尿素等，其中氨水最为常用。

3. 表面活性剂

表面活性剂能够使卷曲剂更好地渗入头发。常用的表面活性剂有阴离子型表面活性剂、阳离子型表面活性剂和非离子型表面活性剂。

4. 稳定剂

巯基化合物容易被氧化，尤其是在碱性条件下，金属离子就可将其氧化或促进其氧化，因此卷曲剂中还需加入抗氧剂和金属离子络合剂作稳定剂。

（二）定型剂

定型剂的配方组成包括氧化剂、酸剂及表面活性剂等。其中氧化剂是定型剂的主要组分，作用是将已打开的二硫键氧化复原，常用溴酸钾、过硼酸钠、过氧化氢、过硫酸钾等。酸剂通过调节定型剂的 pH 值至酸性状态时，能够提高氧化剂的氧化性，定型剂 pH 值为 2.0~4.0，一般选用弱酸，如磷酸、磷酸二氢钠、柠檬酸等。表面活性剂能够提高定型液向头发内渗透的能力。

需要注意的是，烫发产品不仅可使头发卷曲，还可把头发拉直，作用原理与卷发相同，包括"软化""拉直"和"定型"三个过程。

冷烫卷曲剂配方实例和冷烫定型剂配方实例见下表（表7-6、表7-7）。

表7-6 冷烫卷曲剂配方实例

组分	质量分数（%）	组分	质量分数（%）
巯基乙酸铵	12.0	硼砂	0.1
PEG-75 羊毛脂	3.0	甘油	5.0
司盘-60	0.2	EDTA、香精	适量
十八烷基三甲基氯化铵	0.2	去离子水	加至100.0

表7-7 冷烫定型剂配方实例

组分	质量分数（%）	组分	质量分数（%）
溴酸钠	10.00	透明质酸钠	0.01
磷酸二氢钠	pH调至3.0	去离子水	加至10.00

第五节 健美化妆品

体形健美是人体健康的重要标准之一，身体皮下脂肪的累积量对维持人体的曲线具有极其重要的作用。局部脂肪堆积不仅能够影响人体的形体美，而且容易导致肥胖病，进而会诱发其他种类疾病，成为危害人类健康的主要因素之一。

健美化妆品通过皮肤吸收健美活性物质，可促进皮肤脂肪代谢，减少局部脂肪堆积，是有助于体形健美的一类化妆品。其作用是通过将健美化妆品涂敷于人体脂肪堆积的部位，并借助按摩、热敷等方法使皮肤毛细血管扩张，增加皮肤的吸收功能和功效性成分的渗透，促进脂肪代谢，使多余的脂肪得到分解与排泄，减少局部脂肪堆积，从而达到保持形体健美的目的。

一、肥胖及局部脂肪堆积的原因

肥胖是由于能量的摄入大于能量的消耗，过剩的能量以脂肪的形式积存于体内而产生的。尽管脂肪分布于全身各部位，但皮下脂肪占人体脂肪的绝大部分，其中女性为92%，男性为79%，因此皮下脂肪的动态变化是影响体形健美的主要因素。

根据不同的分类方法，肥胖有不同的种类。按照脂肪沉积部位的深浅可分为皮下性肥胖和内脏性肥胖；按照脂肪沉积部位的高低可分为高位性肥胖和低位性肥胖；按照肥胖形成的原因分为单纯性肥胖（原发性肥胖）和继发性肥胖（病理性肥胖）。

肥胖的成因是多方面的，一般认为主要与遗传、饮食、睡眠、运动量、疾病、内分泌失调和精神因素等有关，这些因素之间不是独立存在的，而是相辅相成的。研究表明，遗传因素是肥胖发生的基础，饮食、睡眠等生活习惯，以及疾病、精神因素等是肥胖发生的条件。

产生肥胖或脂肪堆积的生理原因主要是脂肪代谢障碍，特别是脂肪分解不利所造成的。当脂肪分解出现障碍时，储存脂肪的细胞变得过度肥大，从而挤压周围组织，使得静脉血液循环和淋巴循环受到影响，导致肥胖发生。此外，重力的作用也可影响淋巴液和静脉血液的回流，促使人体下肢肥胖。

二、健美化妆品的作用机制

健美化妆品促进皮肤脂肪代谢，减少局部脂肪堆积的作用机制主要体现为以下几方面。

（一）促进脂肪分解

促进脂肪分解，减少局部脂肪堆积量是保持体形健美最直接的途径，许多健美化妆品中的活性物质都是通过促进脂肪分解的作用而保持体形健美的，如绿原酸、肉碱、茶碱等。

（二）增加流动性，改善皮肤微循环

肥胖与局部脂肪堆积的形成与组织微循环功能障碍有密切关系，能够增加淋巴液、静脉血液的流动性，以及促进微循环的活性物质均能有助于改善肥胖及局部脂肪堆积的症状，如许多具有活血化瘀作用的中药原料等。

（三） 保护和构建正常的结缔组织

正常脂肪组织中的结缔组织对脂肪代谢有重要作用，脂肪组织中的结缔组织参与脂肪代谢产生热能等作用。体内过多的类脂化合物会导致结缔组织中的弹性纤维等受损，从而影响脂肪的分解与代谢。因此，保护和构建正常的结缔组织是保持体形健美的又一途径。视黄酸、视黄醇、维生素 A 衍生物及维生素 C 等活性物质均显示出对结缔组织的强化保护作用。

此外，细胞在响应炎症时，通常会释放能够破坏结缔组织的酶类物质（MMPs），如胶原酶、弹性蛋白酶等。所以，消除炎症、促使 MMPs 失活，同样可以强化结缔组织。抗氧化剂由于有助于减轻炎症，减少或破坏结缔组织的 MMPs 释放，而被化妆品配方师用于健美化妆品中。如葡萄籽提取物、绿茶提取物、维生素 C 及辅酶 Q_{10} 等。

三、健美化妆品的活性成分

健美化妆品是在调理、保湿、润肤功能的基质基础上，添加了活性成分配制而成。健美活性成分是指能够促进脂肪分解、减少脂肪堆积，赋予化妆品健美功能的一类组分，主要有以下几类物质。

（一） 绿原酸

绿原酸又称咖啡鞣酸，是咖啡和金银花等中草药的提取物。绿原酸能够激活脂肪细胞进行"有氧体操"，提高人体原本正常的脂肪消耗效率，从而减少局部的脂肪堆积。

（二） 肉碱

肉碱又称肉毒碱，是存在于动物肌肉中的季铵盐类生物碱。其中左旋型肉碱（L-肉碱）具有生物活性，能够为脂肪酸氧化反应提供能量，是脂肪分解及氧化的促进剂。

（三） 甲基黄嘌呤

咖啡因、可可碱、茶碱等黄嘌呤类生物碱均是有效的促脂解物质，有助于过剩的脂质转移成血清游离脂肪酸而由淋巴系统消除。这类物质虽然具有一定的副作用，但在处方含量范围内使用是安全无害的。

（四） 烟酸酯类

烟酸酯类物质能够促进新陈代谢，扩张周围血管，改善血液循环，是健美化妆品中常用的功能性原料，如乙醇烟酸酯、苯甲醇烟酸酯、α-生育酚烟酸酯等。

（五） 硅烷醇及其复合物

硅烷醇及其复合物对脂肪分解代谢发挥多重功效：①硅烷醇：能够改善静脉和淋巴微细管的通透性，减少弹性纤维和胶原纤维的破坏和降解，并可重组蛋白葡聚糖和结构糖蛋白，从而促进脂肪代谢。②硅烷醇甘露糖醛酸与咖啡因硅烷醇：环磷腺苷是对脂肪代谢起重要调节作用的一类物质，硅烷醇甘露糖醛酸与咖啡因硅烷醇均能刺激胞内环磷腺苷（cAMP），从而促进脂肪细胞的脂解。③甲基硅烷三醇：可阻止不饱和甘油三酯的积聚，增加甲基黄嘌呤的活性，促进脂肪的脂解。④硅烷醇与茶碱乙酸结合也可使脂解活性增加。

（六）　中药提取物

多种中草药可以改善皮肤末梢的微循环，如丹参、银杏、代代花、大麦、金缕梅、常春藤、月见草、绞股蓝、茶叶、木贼、甘草等，均可作为健美化妆品的功能性原料。

（七）　植物精油

精油是现今常用的一类健美化妆品活性原料，如月见草油、百里香油、迷迭香油、薰衣草油、薄荷油、柠檬油、桉叶油、刺柏油、洋葱油等。

健美霜配方实例见下表（表7-8）。

表7-8　健美霜配方实例

组分	质量分数（%）	组分	质量分数（%）
十六烷基糖苷	5.0	甘油	3.0
白油	15.0	305乳化剂	3.0
硅油	1.0	防腐剂、香精	适量
绿原酸	5.0	去离子水	加至100.0
常春藤、代代花等提取液	15.0		

第六节　脱毛化妆品

毛发是人体皮肤的附属物，主要有头发、眉毛、睫毛、阴毛、腋毛及汗毛等。其中腋毛以及过于浓密的体毛等会对人的仪表产生影响，在当代社会，柔滑、光洁的皮肤不仅仅是健康的象征，同时也是人体仪表美的标志。

一、脱毛化妆品的含义

脱毛用化妆品是用来脱除或减少不需要的毛发（如腋毛、过浓密的体毛等）的特殊用途化妆品。

理想的脱毛化妆品应满足如下要求：①使用安全，不会引起皮肤刺激反应。②脱毛效果显著，10分钟内毛发变软，并易于擦除。③脱毛部位皮肤表面光滑、使用感觉舒适，不会留下痕迹。④无异味或尽可能低的气味，外观宜人，无色或天然色。⑤不会损伤或玷污衣物。⑥易于贮存，有相对稳定的保存期。

二、脱毛化妆品的配方组成

脱毛化妆品可分为物理脱毛化妆品和化学脱毛化妆品两类，它们在配方组成及常用剂型上各不相同。

（一）物理脱毛化妆品

物理脱毛化妆品又称拔毛剂，是利用松香等树脂将需要脱除的毛发黏住，再从皮肤上拔除，其作用相当于用镊子拔除毛发，会刺激皮肤，价格低。物理脱毛化妆品以蜡状制品为主，分为冷蜡和热蜡。对于热蜡产品，使用前先使其受热融化，然后均匀涂抹在需要拔除毛发的部位，待蜡凝固后，从皮肤上揭去，被黏着于凝固蜡中的毛发即随之从皮肤中拔出。由于物理脱毛化妆品在使用过程中会给消费者带来疼痛，而且容易造成皮肤感染，因此使用已经越来越少。

（二）化学脱毛化妆品

化学脱毛化妆品多为乳膏制品，是在膏霜或乳液基质中加入适当的脱毛剂制备而成。其中化学脱毛剂是通过化学作用使毛发在较短时间内软化而容易被擦除，作用机制与烫发剂大体相同，主要是打开毛发角蛋白的二硫键。不过烫发剂是破坏部分二硫键以达到使头发软化的目的，而脱毛剂是彻底破坏二硫键使毛发完全脱除。具体来说，化学脱毛剂是在碱性条件下，使毛发膨胀变软，硬度降低的同时，利用还原剂将构成体毛的主要成分角蛋白胱氨酸链中的二硫键还原成半胱氨酸，使毛发在较短时间内彻底软化而能够被轻易擦除，达到脱毛的目的。

化学脱毛剂及助剂主要包括还原剂、碱剂、表面活性剂、溶胀剂及填充剂等。

1. 还原剂

还原剂是发挥脱毛作用的主要物质，可分为无机脱毛剂和有机脱毛剂：①无机脱毛剂：即硫化物脱毛剂，如硫化钠、硫化钙、硫化钡等碱性硫化物，效果肯定，价格低廉，但易氧化而产生令人不愉快的气味，生成黄色的多硫化物，此时活性丧失，且气味更重，并且伴随产生的硫化氢气体对人体有毒害作用，属于限用物质，不受欢迎。现在逐渐被有机脱毛剂所取代。②有机脱毛剂：即巯基乙酸盐类脱毛剂，其中巯基乙酸钙最为常用，与无机脱毛剂相比，此类脱毛剂虽然作用较慢，但对皮肤刺激性较小，且几乎无臭味。有机脱毛剂限用量为5%。如使用两种以上的巯基乙酸盐（如钠盐、镁盐、锶盐等）为原料，则脱毛效果会更好。使用该类原料必须在脱毛产品说明书上注明：含巯基乙酸盐；按用法说明使用；防止儿童抓拿；避免接触眼睛；如果产品不慎入眼，应立即用大量水冲洗，并找医生处治。

2. 碱剂

碱剂可使体毛膨胀，有利于脱毛剂的渗入，提高脱毛效果。脱毛化妆品的适宜 pH 值为 $10 \sim 12$。若 pH 值低于 10 时，脱毛速度太慢；pH 值大于 12.5 时，则对皮肤刺激性大。碱剂的含量不得大于巯基化合物化学剂量的 2 倍。

3. 表面活性剂

表面活性剂可用作乳化剂和脱毛剂的润湿剂。常用阴离子型表面活性剂和非离子型表面活性剂，如脂肪醇硫酸盐、聚氧乙烯失水山梨醇酯等。

4. 溶胀剂

溶胀剂有助于加快巯基化合物脱毛的速度，可选用三聚氰胺、二氰基二酰胺或两者的混合物，以及硫脲、硫氰酸钾等。

5. 增效剂

增效剂包括尿素、碳酸胍等，它们与毛发角质蛋白作用后，能促使其切断二硫键，使毛发更容易脱落。

6. 填充剂

添加一些惰性的填充剂可使浆状制品易于在皮肤上涂敷。

三、脱毛化妆品的安全使用

目前，脱毛化妆品中以化学脱毛类最为常用，而化学脱毛剂存在潜在的皮肤刺激或致敏的危险性。脱毛化妆品对皮肤的刺激作用与活性物质的浓度、产品的 pH 值和与皮肤接触时间长短等因素有关，并随皮肤个体的不同而表现出较大的差异性。所以在使用化学脱毛化妆品之前，必须先做皮肤斑贴试验或试用试验，特别是皮肤敏感者。脱毛化妆品使用频率不宜太高，最多每两周使用一次。

第七节　除臭化妆品

除臭化妆品是用来清除或减轻体臭的一类化妆品，是针对体臭人士所设计和生产的一种特殊用途化妆品，主要适用于除腋下体臭。

一、体臭产生的机制

体臭的产生与分泌的汗液具有密切的关系。人体的汗液是由汗腺分泌而来。

人体汗腺包括小汗腺和顶泌汗腺（大汗腺）两种。小汗腺几乎全身均有分布，分泌的汗液成分除极少量的无机盐类外，几乎全部是水，具有调节体温、软化角质层及杀菌作用。顶泌汗腺腺体较大，与小汗腺不同，仅分布于特殊部位，如腋窝、乳晕、脐窝、肛门四周及生殖器等部位，分泌汗液的成分中含有蛋白质、脂质及脂肪酸等有机物。顶泌汗腺不具有调节体温的作用，由于其分布的部位多为阴暗潮湿的环境（尤其是腋窝），因而非常适宜细菌的生长繁殖，使其分泌出的汗液中的有机物被细菌产生的酶所分解，产生了具有特殊气味的小分子挥发性物质，从而导致了体臭的产生，发生于腋下者又称腋臭或狐臭。因此，顶泌汗腺分泌的汗液和局部微生物繁殖是导致体臭的主要根源。

二、除臭化妆品的作用机制

除臭化妆品主要是通过抑制汗液分泌以及抑制细菌繁殖的作用来达到除臭的目的，

其作用途径有以下四种。

（一） 抑制汗液分泌

体臭的产生源于顶泌汗腺分泌的汗液，通过使用收敛剂，抑制汗液的过量分泌，可以达到间接防止体臭的目的。

（二） 防止汗液分解

汗液本身并无臭味，而是由于分泌的汗液被局部繁殖的细菌所分解，产生了有臭味的物质。利用杀菌剂抑制细菌的繁殖，防止细菌对汗液进行分解，从而消除产生体臭的根源。

（三） 掩盖不良气味

利用现代配香技术设计除臭香精，掩盖不良气味，或将不良气味的强度降至可以接受的水平。

（四） 减少臭味散发

可用化学臭味吸收剂或物理臭味吸收剂来减少臭味的散发。

三、除臭化妆品的配方组成

除臭化妆品按照剂型外，除臭化妆品可以分为粉剂、溶液剂、乳剂（膏霜型、乳液型）、喷雾剂、棒状和走珠型等。目前市场上以止汗除臭露、止汗除臭霜、喷雾止汗除臭剂及棒状止汗除臭剂为主，不同剂型的除臭化妆品具有各自不同的特点。总之，除臭化妆品配方组成中除剂型的基质原料外，主要是抑汗剂、杀菌剂、除臭剂和芳香剂。

（一） 抑汗剂

抑汗剂是最主要的活性物质，具有较强的收敛作用，能够抑制汗液的过度排泄，起到间接防止汗臭的效果，包括以下三类物质：①金属盐类，如氯化铝、碱式氯化铝、硫酸钾铝、苯酚磺酸锌、尿囊素二羟基铝、尿囊素氯羟基铝、明矾等。②酸类，如单宁酸、柠檬酸、琥珀酸、乳酸、酒石酸、枸橼酸等，无机酸如硼酸等。③中草药提取物，如金缕梅提取液。

（二） 杀菌剂

杀菌剂能够抑制或杀灭寄生于腋窝等体臭部位表面的细菌，防止汗液被细菌分解，达到除臭目的，常用硼酸、六氯酚、三氯生（2,4,4-三氯-2-羟基二苯醚）、季铵盐类表面活性剂、三氯二苯脲、苯扎氯铵、盐酸氯己定等。需要注意的是，这些杀菌剂一般都具有一定的刺激性或副作用，在卫生标准中都有限量要求。

（三）除臭剂

臭味吸附剂能够吸附臭味，减少臭味向空气中的散发，达到除臭效果，如分子筛等。化学除臭剂能够与产生体臭的低级脂肪酸反应生成金属盐，达到消除臭味的目的。

（四）芳香剂

芳香剂是指具有芳香气味的物质，能够直接掩盖体臭的不良气味，或降低不良气味的程度，或将恶臭改变为愉快气味的物质。一是通过芳香剂怡人的香气，直接消除或者掩盖体臭的不良气味；二是通过现代配香技术，使芳香剂和体臭的气味混合，形成一种令人愉快的气味，从而达到消除体臭的目的。近年来还将植物提取物，如地衣、龙胆、百里香、丁香、广木香、藿香、荆芥、山金车花、茶树油、鼠尾草等也添加到除臭化妆品中。

需要注意的是，除臭化妆品中的抑汗剂和杀菌剂等功能性原料多为化妆品限用物质，因此其使用浓度应符合我国《化妆品安全技术规范》的规定。

除臭化妆品的使用在欧美等国家极为普遍，其中以液体除臭剂（祛臭液）更为消费者所喜爱，其有效成分一般采用季铵盐类化合物，这类化合物在皮肤上有很好的附着能力，不易被汗液冲掉，能够保持长久的杀菌和祛臭效能，效果显著，在配方中含量可达2%。

祛臭液配方实例见下表（表7-9）。

表7-9　祛臭液配方实例

组分	质量分数（%）	组分	质量分数（%）
羟基氯化铝	15.0	无水乙醇	40.0
甘油	3.0	聚氧乙烯氢化蓖麻油	0.5
黄原胶	0.5	香精	适量
氯化苄烷铵	0.2	去离子水	加至100.0

复习思考题

1. 简述 SPF 与 PFA 的含义及其在化妆品标签上的标识方法。

2. 简述美白祛斑化妆品的作用机制及常用的美白活性物质。

3. 简述黑素的合成过程。

4. 简述永久性染发化妆品及化学烫发法的作用机制。

5. 简述化学脱毛化妆品及除臭化妆品的作用机制。

扫一扫，见答案

下 篇　# 化妆品制备技术与性能评价

第八章　常见剂型化妆品的制备技术

第一节　乳剂类化妆品

乳剂类化妆品是当今应用非常广泛的一类产品，它既可以为皮肤提供油分、又可以为皮肤提供水分，很受消费者的青睐。按产品乳化性质不同，乳剂类化妆品可分为水包油（O/W）和油包水（W/O）两种基本类型；按产品外观形态不同又分为半固态和流动态两种，如膏霜为半固态，奶液则多为流动态；按产品功能不同分类，则种类繁多，如雪花膏、防晒霜、抗皱霜、营养霜、润肤乳、洗面奶等。本节将从乳剂类化妆品的配方组成入手，介绍此类化妆品的制备技术。

一、乳剂类化妆品的配方组成

无论是哪一类乳剂化妆品，其配方主要组成均为油相原料、水和乳化剂三类物质。同时，为改善产品的使用性、稳定性及功能性等性能，在乳剂化妆品配方中还需添加防腐剂、保湿剂及功能性原料等添加剂。

乳剂化妆品中油相原料的主要作用是为皮肤提供油分，润滑肌肤，柔软角质层，在皮肤表面形成油膜而抑制表皮水分的蒸发。

对于乳剂配方中的乳化剂而言，传统膏霜乳剂配方中并没有乳化剂的存在，乳化剂是在产品制备过程中由配方中的两类原料发生化学反应而生成的，这样的乳化体系称为反应式乳化体系。与反应式乳化体系对应的是非反应式乳化体系，是指在乳剂产品配方中直接添加乳化剂，不需要在制备过程中生成乳化剂。另有一种乳化体系称为混合式乳化体系，它是反应式乳化体系与非反应式乳化体系的结合，即体系中既有直接添加的乳化剂，也有制备过程中通过化学反应生成的乳化剂。当代乳剂类化妆品多为非反应式及混合式乳化体系。我们从乳化体系的类型入手介绍乳剂化妆品的配方组成。

（一）反应式乳化体系——传统膏霜

膏霜类化妆品出现较早，它是一类含固态油性原料相对较多的半固态乳剂制品。传统的膏霜类化妆品均是典型的反应式乳化体系。雪花膏和冷霜就是两种典型而传统的膏霜类化妆品，前者为油/水（O/W）型，而后者为水/油（W/O）型。

1. 雪花膏

雪花膏外观洁白，涂抹在皮肤上后会立即消失，如同雪花一般，故而得名雪花膏。它是一类以硬脂酸和碱反应得到的产物（硬脂酸盐）作为阴离子型乳化剂，对体系中的水和剩余硬脂酸进行乳化而制成的 O/W 型乳剂。

雪花膏的组分中水分含量较高，用后滑爽、舒适、油而不腻，涂在皮肤上，水分逐渐蒸发后，会在皮肤上留下一层薄膜，从而能抑制表皮水分蒸发，防止皮肤干燥、开裂或粗糙，主要用作润肤、打粉底及剃须后使用化妆品。

传统雪花膏配方主要由硬脂酸、碱、水及各种添加剂组成。配方中的油相原料为硬脂酸，乳化剂是在制备过程中硬脂酸与碱反应生成的硬脂酸盐，属于阴离子型表面活性剂。

（1）硬脂酸　硬脂酸是传统雪花膏配方的必备原料之一，在配方中的用量一般为 15%～25%。硬脂酸在雪花膏配方中主要具有两方面作用：一是与碱反应生成硬脂酸盐作为乳化剂；二是作为配方中的油相原料，能够在皮肤表面形成油膜，使角质层柔软，保留水分。

来源于天然的硬脂酸是动植物油脂经水解而制得，有一压、二压和三压三种级别，它是一种脂肪酸的混合物，其中硬脂酸占 45%～49%。制备雪花膏必须选用三压硬脂酸，以保证产品的色泽和防止酸败。

（2）碱　碱也是传统雪花膏配方的必备原料之一，它与方中一部分硬脂酸发生中和反应生成硬脂酸盐作为乳化剂。

碱的种类较多，不同种类的碱所制备出的产品的性能有较大的差别。选用三乙醇胺时，制备出的膏体最为柔软细腻，产品放置过程中不易增厚，而且对皮肤刺激性小，但产品的光泽较差，对香料要求也较高，易变色。一般情况下，选用氢氧化钾制备出的膏体较为理想，为提高膏体的稠度，可辅加少量氢氧化钠，氢氧化钾与氢氧化钠的用量比为 9∶1。

碱的用量需要经过计算得到其粗略值，然后由生产过程中 pH 值的控制来确定其准确用量。

（3）水　水在雪花膏配方中的用量较大，采用去离子水或蒸馏水均可。

（4）添加剂　主要有多元醇、单硬脂酸甘油酯、十六醇或十八醇、液体石蜡及防腐剂、香精等。

所用的多元醇主要有甘油、丙二醇、山梨醇和 1,3-丁二醇等，主要用作保湿剂，既对皮肤有较好的保湿效果，又能防止膏体水分丢失。多元醇作为保湿剂时，浓度不宜过高，一般为 5%。

在现代雪花膏配方中往往添加单硬脂酸甘油酯，作为辅助乳化剂，能使膏体更加稳定，质地更加细腻、润滑，冰冻后水分不易离析，用量一般为1%~2%。

十六醇或十八醇具有助乳化作用，与单硬脂酸甘油酯混合使用时，使得产品乳化效果更为理想，用量一般为1%~3%。

液体石蜡的加入也可提高产品稳定性，避免水分离析现象的发生，用量一般为1%~2%。

雪花膏配方实例见下表（表8-1）。

表8-1　雪花膏配方实例

组分	质量分数（%）	组分	质量分数（%）
硬脂酸	18.0	三乙醇胺	0.9
十八醇	2.0	防腐剂	适量
液体石蜡	3.0	香精	适量
甘油	5.0	去离子水	加至100.0

2. 冷霜

冷霜又称香脂或护肤脂，是一种古老的化妆品，早在公元200年左右由古希腊名医盖伦研制而成，但当时成品乳化效果不稳定，敷于皮肤上因有水分离析出来，而水分在蒸发过程中吸热，使皮肤有冰凉的感觉，所以称作冷霜。后来，人们将硼砂与蜂蜡中的游离脂肪酸皂化，得到了性能稳定的冷霜，并一直沿用至今。

传统冷霜属于W/O型乳剂，含油量通常高于50%，涂抹于皮肤后会形成一层油脂膜，可使皮肤滋润、柔软、滑爽，防止皮肤干燥、皲裂，是干性皮肤和气候干燥地区人群的护肤佳品。

传统冷霜的配方主要由蜂蜡、硼砂、液体石蜡、水及其他添加剂组成。配方中的油相原料为液体石蜡，乳化剂为硼砂与蜂蜡中的游离脂肪酸反应生成的钠皂。

（1）蜂蜡　是传统冷霜配方中的必备原料，以选择化妆品级的白蜂蜡为好。其所含的游离脂肪酸与方中的硼砂反应生成钠皂作为乳化剂。蜡酸是蜂蜡中的主要游离脂肪酸，又称二十六酸（$C_{25}H_{51}COOH$），含量约为13%。

（2）硼砂　是中和剂，与蜂蜡发生皂化反应得到乳化剂钠皂，其反应式为如下。

$$2C_{25}H_{51}COOH + Na_2B_4O_7 + 5H_2O \longrightarrow 2C_{25}H_{51}COONa + 4H_3BO_3$$

在冷霜配方设计中，蜂蜡与硼砂的配比非常关键。硼砂用量过少或过多，均会影响产品的质量。理想的乳剂应是蜂蜡中50%的游离脂肪酸被中和。在实际配方中，还应考虑单甘酯、棕榈酸异丙酯等原料中有游离脂肪酸的存在（尽管含量很少，但也必须考虑），因此在确定硼砂的用量时必须全面考虑。通常情况下，蜂蜡与硼砂的比例为10∶1~16∶1。

（3）液体石蜡　在配方中作为油相原料，用量较大，能够在皮肤表面形成油脂膜，滋润皮肤，使皮肤柔软、滑爽。以选异构烷烃含量高的液体石蜡为宜，否则，大量的正构烷烃会在皮肤上形成障碍性不透气的薄膜。

此外，还可根据制品流变性和稠厚度的要求，选用凡士林、固体石蜡等其他烷烃类原料。

现在也有选用其他油性原料如霍霍巴油、羊毛油、脂肪酸酯类原料等，这些油质原料对皮肤的渗透性较好，能够在皮肤表面形成不油腻的油脂膜。

（4）水　传统的冷霜是典型的 W/O 型乳剂，所以配方中水分的含量相对较低，油相和水相的比例一般是 2∶1 左右。配方中用水可采用去离子水或蒸馏水。

冷霜配方实例见下表（表 8-2）。

表 8-2　冷霜配方实例

组分	质量分数（%）	组分	质量分数（%）
蜂蜡	10.0	防腐剂	适量
硼砂	0.8	香精	适量
液体石蜡	48.0	去离子水	加至 100.0

（二）非反应式及混合式乳化体系——新型膏霜乳液

随着社会进步、科技发展，尤其是近年来合成化学的发展，为化妆品产业提供了大量新颖的原料，使得乳剂类化妆品不再局限于传统的雪花膏和冷霜两类，而是出现了种类繁多、功能各异的新型膏霜乳液。产品从配方组成到乳化体系的特点以及使用性能等各方面与传统的雪花膏和冷霜相比，已是今非昔比。

1. 配方组成

虽然现代膏霜乳液类化妆品种各异，但作为乳剂类产品，其配方组成仍然是油相原料、水（包括水溶性成分）、乳化剂及各种添加剂。

（1）油相原料　现代膏霜乳液类化妆品中的油相原料已不再局限于传统雪花膏和冷霜中的硬脂酸和液体石蜡。动植物油脂、动植物蜡类及高级脂肪酸、高级脂肪醇等油性原料均可用于现代膏霜乳液类化妆品中。其中许多合成油性原料渗透性好、不油腻；植物油脂、蜡类原料不但对皮肤亲和性更好，往往还兼具其他一些生理活性，如抗氧化、防晒等作用。

（2）乳化剂　在乳剂类化妆品中，乳化剂是膏霜乳液类化妆品赖以稳定的关键。由于越来越多的表面活性剂作为乳化剂直接应用于各种膏霜乳液类化妆品中，使得现代乳剂类化妆品的乳化体系大多为非反应式乳化体系或混合式乳化体系。

可用于现代膏霜乳液类化妆品中的乳化剂种类很多，其中合成表面活性剂是应用最多、效果最理想的一类，主要以阴离子型和非离子型为主。阴离子型表面活性剂如脂肪酸皂、十二烷基硫酸钠等虽然乳化性能较好，但因其所制成的产品存在涂抹性能差、泡沫多、刺激性大等不足之处，在现代膏霜中尽量少用或者不用。所以，非离子型表面活性剂是目前最为常用的乳化剂。常用的非离子型表面活性剂有吐温系列、司盘系列、脂肪醇聚氧乙烯醚、单脂肪酸甘油酯、烷基酚聚氧乙烯醚、乙氧基氢化蓖麻油等。此外，复合乳化剂作为近年来的一类新型乳化剂，深受化妆品配方师喜爱，常用的品种有单硬脂酸甘油酯/聚氧乙烯（100）硬脂酸酯、十六十八醇/十六十八烷基糖苷等。

在品种繁多的非离子型表面活性剂中，如何选择适宜的乳化剂，是设计乳剂化妆品配方时的关键所在。尽管 HLB 法方法粗略，具有不少的局限性，但至今仍是选择乳化剂时广泛使用的方法，利用 HLB 法选择乳化剂时可按如下步骤进行。

1）根据配方中的油相组分计算所需乳化剂的 HLB 值：不同的油相原料制备成乳剂时对乳化剂的 HLB 值要求也不相同。例如，制备 O/W 型乳剂时，蜂蜡所需的 HLB 值为 10~16，矿物油所需的 HLB 值为 10 等。若配方中只有一种油相原料，只需要根据配方中这种油相原料被乳化所需的 HLB 值，选择 HLB 值与之相符的表面活性剂作为乳化剂即可。若配方中油相原料为多种原料的混合物时，其所需的 HLB 值具有加和性，可通过计算而得，举例如下。

某乳剂（O/W 型）初步配方中油相原料为蜂蜡和矿物油，在配方中质量占比分别为 5% 和 16%，两者被乳化所需的 HLB 值分别为 15 和 10，则此配方中油相原料所需的 HLB 值如下。

$$HLB_{油} = \frac{5 \times 15 + 16 \times 10}{5 + 16} = 11.19$$

2）根据油相原料所需 HLB 值选择乳化剂：可选择一种与所需 HLB 值相符的表面活性剂作为乳化剂，或选择一种亲水性表面活性剂与一种亲油性表面活性剂组成混合乳化剂。对于混合乳化剂，需要根据油相原料所需的 HLB 值计算出混合乳化剂的中各种乳化剂的用量配比，其中各种乳化剂的 HLB 值同样具有加和性，计算方法举例如下。

仍以上述配方为例，通过计算得出油相原料所需 HLB 值为 11.19，若选用 Span-60 和 Tween-80 作为混合乳化剂时，需要计算出两种乳化剂的用量配比，以符合配方中油相原料所需的 HLB 值，计算方法如下。

查表得知，Span-60 和 Tween-80 的 HLB 值分别为 4.7 和 14.9，设混合乳化剂对中 Span-60 的用量占比为 $X\%$，则 Tween-80 的用量占比为（$1-X\%$），根据配方中油相原料所需的 HLB 值为 11.19，则列式如下。

$$HLB_{乳} = 4.7 \times X\% + 14.9 \times (1-X\%) = 11.19$$

由上式求出 $X = 36.3 \approx 36$，可知 Span-60 和 Tween-80 的用量占比分别为 36% 和 64%。

3）通过乳化实验筛选乳化剂：上述步骤说明了如何根据油相原料所需的 HLB 值选择乳化剂，但需要注意的是，能够满足配方中油相原料所需的 HLB 值的乳化剂的形式及品种可能有多种，如上述举例中 HLB 值接近 11.19 的表面活性剂可能有多种，而且若选择一对乳化剂的话，以不同配比组合在一起使其 HLB 值满足 11.19 的乳化剂对也有多种。而这些不同的乳化体系所配制出的乳剂效果会受到多种因素的影响，导致最终的乳化效果不完全相同，所以还需进一步对这些满足要求的乳化体系通过乳化实验进行进一步筛选，最终确定出最优的乳化体系。

4）确定乳化剂的用量：通过乳化实验筛选出最优的乳化体系后，还需要对乳化剂的用量进行初步确定，可根据下式计算而得。

$$\frac{乳化剂质量}{油相原料质量+乳化剂质量} = 10\% \sim 20\%$$

确定乳化剂用量的原则是，在确保乳剂最佳稳定性的前提下，乳化剂的用量越少越好。

（3）添加剂　在现代新型膏霜乳液产品中，多种多样的添加剂赋予了产品更为卓越的功能。例如，新型保湿剂、防腐剂、香精的添加赋予了现代膏霜乳液类化妆品更好的稳定性及更佳的使用感，而层出不穷的功能性原料如防晒剂、美白剂、抑汗除臭剂、生物制品、中药提取物及天然功效性成分的添加又赋予了此类化妆品各自不同的特殊功能。

2. 乳液与膏霜的区别

乳液是一类具有流动性、黏度较低、容易倾倒的乳剂类化妆品，在化妆品中又被称为蜜、露或奶液。此类化妆品多为 O/W 型，容易涂抹且不油腻，具有使用舒适、滑爽等优点，尤其适合夏季和油性肤质人群使用。乳液与膏霜的不同之处主要体现为以下几点：①乳液是具有流动性、黏稠度较低的一类制品；而膏霜则是不具有流动性、黏稠度相对较高的半固体制品。②乳液长时间放置容易分层，稳定性相对较差，需要经过离心试验检测其稳定性；膏霜类产品稳定性较高，不需要进行离心检测试验。③乳液与膏霜的配方主要组成虽然均为油性原料、水和乳化剂，但乳液配方中固态油相原料的含量要更低一些，而水分的含量相对增大。

为提高乳液制品的稳定性，在配方设计及制备工艺等方面可采取如下措施：①配方中分散相和分散介质的密度应尽可能接近。②通常选择具有增效作用的混合乳化剂要比使用单一乳化剂的效果好。③增加分散介质的黏度：可在分散介质中添加胶黏剂。④采用高效率的乳化设备，控制适宜的乳化条件，如乳化温度、搅拌速度及时间、冷却方式及速度等。

润肤霜配方实例、保湿乳液配方实例见下表（表8-3、表8-4）。

表8-3　润肤霜配方实例

组分	质量分数（%）	组分	质量分数（%）
十六醇	2.0	甘油	3.0
肉豆蔻酸肉豆蔻酯	4.0	透明质酸	0.1
白油	10.0	防腐剂、香精	适量
PEG-200 甘油牛油酸酯	2.0	去离子水	加至 100.0

表8-4　保湿乳液配方实例

组分	质量分数（%）	组分	质量分数（%）
聚乙二醇-60 氢化篦麻油	2.0	甘油	5.0
霍霍巴油	2.0	透明质酸	0.1
棕榈酸异丙酯	5.0	卡波树脂 940	0.15
角鲨烷	6.0	三乙醇胺	0.15
单硬脂酸甘油酯	1.0	香精、防腐剂	适量
十八醇	1.0	去离子水	加至 100.00

二、乳剂类化妆品的制备技术

在乳剂类产品的实际生产过程中，虽然采用同样的配方，但如果生产工艺条件（如加热温度、乳化时间、加料方法、搅拌条件等）不同，则制得的产品的稳定性以及其他物理性能也会不同，有时甚至相差悬殊。因此，根据不同的配方及要求，应制定相应的乳化工艺及操作方法，以确保得到质量较高的产品。

（一）生产程序

乳剂类化妆品的生产程序见下图（图8-1）。

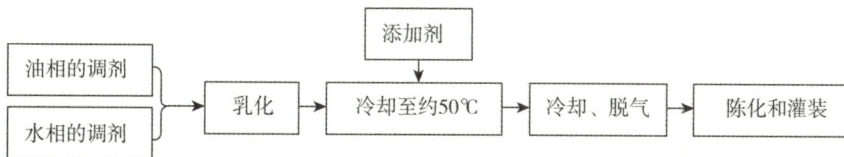

图8-1　乳剂类化妆品的生产程序流程图

1. 油相的调制

将配方中的油脂蜡类原料、乳化剂及其他脂溶性成分加入夹套油相锅内，开启蒸气加热，先将油相锅内原料加热至90℃，维持20分钟灭菌。在不断搅拌的条件下，按配方要求冷却至规定温度，保证其充分熔化混匀。一般在乳化前油相原料的温度应维持在70~80℃。

需要注意的是，温度过高及加热时间过长，有可能会导致原料发生氧化变质，所以，对于容易被氧化的油相成分、防腐剂和乳化剂等可在乳化之前加入油相锅，待溶解混匀后即可进行乳化。

2. 水相的调制

将去离子水以及水溶性成分如保湿剂、碱类、水溶性乳化剂等加入夹套水相锅中，搅拌下加热至90~95℃，使其充分溶解并混合均匀，并维持20分钟灭菌。在乳化前冷却至70~80℃，即与油相原料的温度相近或稍高于油相原料温度。

如果配方中含有水溶性聚合物，则应单独配制后再加入水相锅，配制方法是将其加入水中，在室温下使其充分均匀溶胀后，在乳化前加入水相中搅匀，并注意避免加热时间过长，以免导致黏度变化。溶胀过程中应注意防止结团，必要时可进行均质。

为补充加热和乳化时挥发掉的水分，可按配方用量多加3%~5%的水，对第一批制品进行水分分析后，再精确确定水的用量。

3. 乳化和冷却

将调制好的油相原料和水相原料按照一定的顺序分别通过过滤器加入乳化锅内，启动锅内的搅拌及均质装置，并设定其速度及时间，保持乳化温度在70~80℃，在充分搅拌及均质条件下使其乳化完全。乳化温度一般比配方中最高熔点油分的熔化温度高5~10℃较为合适。

在乳化过程中，多种因素都会影响乳化体粒子的形状及其分布状态，如油相和水相的添加顺序（油相加入水相或水相加入油相）、添加速度、乳化温度和时间、乳化器的结构和种类、搅拌及均质的速度和时间等。对于含有水溶性聚合物的体系，应严格控制均质速度和时间，以免过度剪切而改变体系的流变性，造成不可逆的变化。

乳化后，乳化体系要冷却至接近室温。一般采用将冷却水不断通入乳化锅夹套内的方式进行冷却，边搅拌、边冷却。冷却水的温度、冷却时的搅拌强度及终点温度等因素均会影响乳化体系粒子的大小和均匀度，要通过实验选择最优条件。

4. 添加剂的加入

香精、防腐剂及营养添加剂等原料需要在乳化降温之后进行添加。

（1）香精的加入　由于香精挥发性强，易被氧化，一般在生产后期加入，通常在乳化已经完成并冷却至 50~60℃ 时加入。在真空乳化锅中操作时，加香时不应开启真空泵，直接利用乳化锅内原来的真空状态将香精吸入后，搅拌均匀即可；对敞口的乳化锅而言，加香温度要控制低一些，以免香精挥发而造成损失。总之，在保证香精能够分散均匀的前提下，加香温度尽可能低为好。

（2）防腐剂的加入　为获得水相中最大的防腐剂浓度，对于 O/W 型乳剂而言，加入防腐剂的最好时机是油相与水相原料混合乳化刚刚完毕时。但需要注意的是，防腐剂加入时的温度不能过低，以免导致防腐剂分散不均匀。有些固态防腐剂最好先用溶剂溶解后再加入。

（3）营养添加剂的加入　营养添加剂、中药提取液等功能性原料及热敏性物质需在加香前加入，以免温度过高时被破坏以及温度过低时分散不均匀而影响产品质量。

5. 陈化和灌装

陈化是将制品停留在乳化罐中静置一段时间的过程，通过陈化可提高制品的稳定性，陈化的时间一般为一天或几天不等。

经过陈化后的制品，经质量检验合格后才能进行灌装。灌装是生产过程的最后一道工序，对设备和容器要进行杀菌消毒处理，以符合相关的卫生质量标准。

（二）转相

转相就是乳剂制品由 O/W（或 W/O）型转变成 W/O（或 O/W）型的过程。利用转相法制得的乳剂化妆品稳定性好，膏体细腻。转相方法主要有增加外相转相法、降低温度转相法及加入阴离子型表面活性剂转相法。

1. 增加外相转相法

以制备 O/W 型乳剂为例，外相为水，内相为油，在制备过程中，油水两相的混合方法是将水相缓缓加入油相中，开始时由于水相量少，形成的是 W/O 型乳剂，随着水相的不断增加，最终使得油相无法将水相包住时即发生转相，形成 O/W 型乳剂。转相能使体系的界面张力急剧下降，因而容易得到稳定而细腻的乳化产品。需要注意的是，油水两相的混合应缓慢进行，混合速度不能过快。

2. 降低温度转相法

对于用非离子型表面活性剂作为乳化剂的 O/W 型乳剂类产品而言，在某一温度点，内相和外相将相互转化，这一温度称为转相温度。浊点在 50~60℃ 的非离子型表面活性剂作为乳化剂时，在乳剂的制备过程中，由于乳化时的温度超过了浊点，使该乳化剂亲水性减弱，*HLB* 值降低，形成 W/O 型乳剂，随着对体系进行冷却降温，当温度降至浊点以下时，乳化剂的亲水性增强，*HLB* 值上升，此时体系发生转相，由 W/O 型转变为 O/W 型。

3. 加入阴离子型表面活性剂转相法

少量的阴离子型表面活性剂可提高非离子型表面活性剂体系的浊点。利用这一点，可选择浊点在 50~60℃ 的非离子型表面活性剂作为乳化剂，油水两相的乳化温度可设定在 80℃ 左右，开始形成的是 W/O 型乳剂，随着温度的降低发生转相，转成 O/W 型。

在制备乳剂类化妆品的过程中，上述三种转相方法往往会同时发生。

（三）　乳化剂的加入方法

乳剂类化妆品的制备工艺中只是强调了油、水两相的调制方法，并未指出乳化剂的添加方法，而乳化剂的加入方法有多种，不同的加入方法所制得产品的稳定性也不相同。常用的添加方法有以下三种：①乳化剂溶于水相加入法。②乳化剂溶于油相加入法：非离子型表面活性剂多用此法。③乳化剂分别溶解法：这种方法是根据乳化剂的溶解性不同采取分别溶解的添加方法。将水溶性乳化剂溶于水相，脂溶性乳化剂溶于油相。

（四）　实例解析

以雪花膏为例解析乳剂类化妆品的制备方法，配方见上表（表 8-1）。

【解析】①将方中油相原料硬脂酸、十八醇和液体石蜡加入油相锅内，在不断搅拌条件下加热至 90℃，维持 20 分钟灭菌，然后降温至 70~75℃，确保所有油相原料充分熔化并混合均匀。②将水相原料甘油、三乙醇胺和蒸馏水加入水相锅内，搅拌下加热至 90~100℃，维持 20 分钟灭菌，然后冷却至与油相温度接近。③将油相锅内原料注入乳化锅后，在搅拌条件下，再将水相锅内原料缓慢注入乳化锅内，维持温度在 70~75℃，在充分搅拌以及均质条件下使其乳化完全。④继续搅拌降温至 50℃ 左右时加入防腐剂和香精，充分搅拌使防腐剂和香精分散均匀，并进一步搅拌冷却至 38℃，陈化 1 天后即可灌装。

三、制备乳剂类化妆品的常用设备

（一）　生产设备

在乳剂类化妆品的生产过程中，最为关键的是乳化这一环节，胶体磨、三辊研磨机及超声波均质乳化机均是较为常用的乳化设备。但在乳剂类化妆品的制备过程中，还涉及油相原料的调制、水相原料的调制以及冷却等环节，因此目前较为先进的乳剂类化妆品生产设备多为组合式真空均质乳化成套设备。

组合式真空均质乳化成套设备由油相锅、水相锅、乳化锅、真空系统、蒸气加热或电加热温度控制系统、电器控制等部分组成。其中油相锅和水相锅实为配有加热系统的简单的搅拌釜，用作油相原料和水相原料的调制；乳化锅则为真空均质乳化机，锅内配有搅拌器及均质器，在真空条件下完成油水两相原料的乳化、冷却等生产环节。该套组合式设备具有如下优点：①性能完善，是生产膏霜和奶液等产品的理想设备。②真空条件能使膏霜和奶液的气泡减少到最低程度，使膏霜表面光洁度好。③真空密闭环境，确保锅内原料不与空气接触，减少了氧化过程。④出料时通过灭菌空气加压，能避免细菌污染，安全卫生，特别适用于采用无菌配料制备的高级乳剂类化妆品。

（二）灌装设备

最常用的灌装设备有立式活塞式充填机和卧式活塞式充填机两种。作用原理是采用泵将灌装物料推进容器内，并根据量程等实行容积的定量控制。可根据灌装物料特性，在料斗部位加装加热恒温装置。

第二节　水剂类化妆品

水剂类化妆品是指具有液体样流动性的化妆品，主要分为香水和化妆水。

香水起源久远，历尽数千年仍然经久不衰，近年来随着人们对时尚的追逐，以及香料提取工艺和调香技术的提高，使得香水的品种也在不断增加。按使用对象及使用目的的不同，香水分为普通香水、科隆水和花露水三大类。

化妆水具有不油腻、不黏稠、生产工艺简单、功能多样、外形美观及使用效果好等特点，虽然早在100多年前就已存在，但是在近十几年才得到真正的迅速发展，它是一类深受消费者喜爱、很有发展前景的化妆品。

本节将主要介绍水剂类化妆品的配方组成和制备技术。

一、普通香水

普通香水（简称为香水）因香型的不同而品种各异，然而根据其外观的不同，主要有液状香水、乳状香水和固体香水三类。其中液状透明型香水是普通香水中最为常见的一类。

液状透明型香水是将香精溶解在乙醇中而制成的透明澄清的液态产品。在衣襟、皮肤或居室等处喷洒少许的液状香水，能起到散发香气、驱除体臭、心旷神怡等作用。主要原料是香精、乙醇及少量精制水，其中香精用量为15%~25%。

液状透明型香水的制备工艺简单，制备过程主要包括配料、静置、过滤、灌装等工序。需要注意的是，普通香水中的乙醇应预先经过精制处理，除去乙醇中的杂味，以免对香水的气味产生影响。

液状香水配方实例见下表（表8-5）。

表 8-5　液状香水配方实例

组分	质量分数（%）	组分	质量分数（%）
茉莉香型香精	20.0	乙二胺四乙酸	0.1
乙醇（95%）	75.0	着色剂	适量
抗氧剂（BHT）	0.1	去离子水	加至 100.0

制作方法：将香精加入乙醇溶解后，加水，间隔搅拌，放置数日（放置时间长，香味怡人），过滤即成。

二、科隆水

科隆水是 1707 年意大利的法利那（Farina）在德国的科隆市研制成功，故命名为科隆水。在 1756~1763 年的德法战争中，科隆市被法国占领，改名为古龙市，所以科隆水又称古龙水。由于科隆水香味清淡，深受士兵的喜爱，随之被传播至巴黎以及世界各地，为男性消费者所推崇。

科隆水的配方组成主要有乙醇、精制水、香精和微量元素等。其中香精用量通常为 3%~8%，乙醇用量通常为 75%~90%，传统的科隆水香型是柑橘型的。

科隆水的制备过程主要包括配料、静置、过滤、灌装等工序。科隆水配料中的乙醇也需要精制处理。

科隆水配方实例见下表（表 8-6）。

表 8-6　科隆水配方实例

组分	质量分数（%）	组分	质量分数（%）
柑橘型香精	5.0	去离子水	加至 100.0
乙醇（95%）	80.0		

制作方法：与香水相同。

三、花露水

花露水是用花露油作为主体香料，以乙醇的水溶液为溶剂，配制而成的一类夏令卫生用品。因其香体原料是花露油，故称为花露水。将花露水洒于洗脸水、浴水、枕巾、内衣、手帕上等，具有祛痱止痒、散热祛臭、解毒驱蚊等作用，并能使人具有神清气爽之感。

花露水的配方组成主要有乙醇、蒸馏水、香精及具有清热解毒、祛痱止痒和清香除臭等作用的植物提取物，必要时辅以少量螯合剂、抗氧剂。花露水是香水类产品中香精和乙醇含量最低的一类，香精用量通常仅为 2%~5%，乙醇用量多为 70%~75%，其生产过程与普通香水相同。

花露水配方实例见下表（表 8-7）。

表 8-7　花露水配方实例

组分	质量分数（%）	组分	质量分数（%）
玫瑰麝香香精	2.5	着色剂	适量
乙醇（95%）	70.8	去离子水	加至 100.0
薄荷油	0.2		

制作方法：将上述全部原料混合均匀，静置 3~5 天后过滤即可（香精种类多的配方应密封静置 1 个月后过滤）。

四、化妆水

（一）化妆水的特点及分类

1. 化妆水的特点

化妆水是一类油分含量较少、使用舒爽、作用广泛的肤用水剂类化妆品，具有清洁、收敛、保湿等多种功能。自 20 世纪 90 年代以来，随着生物工程的发展，化妆水的功能不断扩展，已经拥有众多品种，并已成为人们使用的主要护肤品之一。

2. 化妆水的分类

化妆水品种繁多，下面主要介绍两种分类方法。

（1）**按外观性状分类**　可分为以下三类：①透明型化妆水：体系中的油性成分通过增溶剂使其溶解于水中，产品呈透明状，含油量相对较低，是较为流行的一类。②乳化型化妆水：外观呈灰白至青白色半透明状态，又称乳白润肤水，体系中含油量相对较多，润肤效果好，分散相粒子非常细小，粒径通常小于 150nm。③双层型化妆水：体系中由于含有粉质原料，因此在静置状态下分为两层，使用前需摇匀。此类化妆水既具有透明型化妆水的性质，又具有粉底的特征，尤其适合夏季使用，清爽、不油腻，且体现化妆打底的作用，同时还具有防紫外线等功效，是一类多功能新剂型产品。

（2）**按功能和目的分类**　主要有以下几类：①收敛性化妆水：又称紧肤水、爽肤水，为透明或半透明液体，pH 值与皮肤接近，呈微酸性，具有收缩毛孔和汗孔作用，适合油性皮肤和毛孔粗大的人群使用。②清洁用化妆水：以清洁皮肤为主要作用，同时兼有保湿、润肤作用。③柔软性化妆水：为皮肤角质层补充足够的水分和少量油分，具有保持皮肤柔软、润湿及营养皮肤的作用，注重保湿效果，适用于干性皮肤。④营养性化妆水：类似于柔软性化妆水，以柔软皮肤、润湿、营养为目的，但柔软性化妆水更倾向润肤柔软的作用，而营养性化妆水则倾向补充养分的作用。⑤平衡水：主要作用是调节皮肤的水分和平衡皮肤的 pH 值，主要组分是保湿剂，同时加入对皮肤酸碱性起到调节作用的缓冲剂。⑥其他：化妆水还可以根据不同需要，调配成不同功用的品种，如美白化妆水、祛痘化妆水等。

（二）化妆水配方的主要原料

化妆水所用原料大多与其功能有关，因此不同使用目的的化妆水，其配方中所用原料和用量也有差异，一般原料组成如下所述。

1. 溶剂

化妆水中的溶剂主要有水和乙醇两类原料。

（1）水 水作为化妆水的主要原料，主要用作溶剂，溶解配方中水溶性原料，并可稀释其他原料，同时又可补充角质层水分，柔化肌肤。水在化妆水中的用量比例最大，含量一般不低于60%，一般采用蒸馏水或去离子水。

（2）乙醇 乙醇也是化妆水的主要原料，主要作用也是作为溶剂，溶解配方中水不溶性原料，且具有杀菌、消毒功能，还可赋予制品以清凉的使用感。乙醇在化妆水中的用量仅次于水，含量一般在30%以下。此外，化妆水对于乙醇的要求较为严格，用于制备化妆水的乙醇需要事先经过预处理后方可使用。

2. 保湿剂

保湿剂在化妆水中的主要作用是保持皮肤角质层中适宜的水分含量，同时还可降低制品的冻点，改善制品的使用感，也可作为溶解其他原料的溶剂。

化妆水中所用的保湿剂主要有多元醇类（如甘油、丙二醇、1,3-丁二醇、聚乙二醇等）、天然保湿因子类（如吡咯烷酮羧酸盐、氨基酸、乳酸盐等）及氨基多糖（如透明质酸钠）等。保湿剂在化妆品中添加量不高于10%。

3. 表面活性剂

表面活性剂在透明型化妆水中主要作为增溶剂，增加配方中油性原料以及脂溶性香精等组分的溶解度，以确保制品的清澈透明，提高制品的滋润作用；同时，表面活性剂还具有清洁作用。

化妆水中一般使用亲水性强的非离子型表面活性剂，如聚氧乙烯氢化蓖麻油、聚氧乙烯失水山梨醇脂肪酸酯等。表面活性剂在化妆水中添加量一般不超过2%。

4. 柔软滋润剂

油性原料作为柔软滋润剂，在化妆水中不仅具有良好的滋润皮肤作用，还能润滑肌肤、柔软角质层、改善制品使用感、防止角质层水分蒸发，如角鲨烷、羊毛脂、高级脂肪醇、酯类、胆甾醇、霍霍巴油、水溶性硅油等。碱在化妆水中具有软化角质层以及调节制品 pH 值的作用，如三乙醇胺等。

5. 胶黏剂

胶黏剂在化妆水中的主要作用是调节化妆水的黏稠度、改善制品的使用感，还可赋予化妆水一定的保湿作用。用于化妆水的胶黏剂主要有纤维素衍生物、海藻酸钠、黄耆胶等，添加量一般不超过1.5%。

6. 药剂

用于化妆水中的药剂主要有收敛剂、杀菌剂及特殊添加剂等。

（1）收敛剂 收敛剂在化妆水中的主要作用是收缩毛孔和汗孔，抑制过多皮脂及汗液的分泌，预防粉刺的生成。

常用的收敛剂有金属盐类收敛剂、有机酸类收敛剂及无机酸类收敛剂三类。金属盐类收敛剂常用硫酸锌、氯化锌、苯酚磺酸锌等锌盐，以及硫酸铝、氯化铝、苯酚磺酸铝、明矾等铝盐，其中铝盐的收敛作用强于锌盐；有机酸类收敛剂常用苯甲酸、水杨酸、柠檬酸等；无机酸常用的有硼酸等。

（2）杀菌剂　化妆水中常用的杀菌剂是季铵盐类化合物，如十六烷基三甲基溴化铵、十二烷基二甲基苄基氯化铵等，此外，上述原料中的乙醇、硼酸、水杨酸等也具一定杀菌作用。

（3）特殊添加剂　不同功用的化妆水，根据需要可适量加入具有特殊功能的添加剂，如甘草酸及其衍生物、α-红没药醇等具有抗炎、舒缓敏感肌肤作用；泛醇、海藻提取物、维生素、DNA、丝肽等具有营养和细胞赋活作用；桑白皮、果酸及其衍生物、维生素 C 磷酸酯镁、甘草黄酮等具有美白作用；水杨酸辛酯、2-羟基-4-甲氧基二苯甲酮-5-磺酸等具有防晒作用等。

7. 粉体

二氧化钛、氧化锌等粉体原料具有调节油脂分泌和修饰的作用，在化妆水中添加量一般不超过 5%。

8. 其他

香料、着色剂、防腐剂、螯合剂等具有赋香、调色、防腐抑菌、提高制品稳定性的作用。

（三）化妆水的配方组成

化妆水的种类不同，其配方组成也各不相同。

1. 柔软性化妆水

保湿效果和柔软效果是柔软性化妆水配方的关键，配方主要组成为：①保湿剂：可选用甘油、丙二醇等多元醇，以及吡咯烷酮羧酸、氨基酸等天然保湿因子类原料，作为水溶性保湿成分以保持角质层中适宜的含水量。②柔润剂：可选用角鲨烷、霍霍巴蜡、羊毛脂、高级脂肪醇及其酯类等油性原料，以发挥滋润皮肤、软化角质层以及封闭保湿的作用。③胶质类物质：可选用纤维素类、聚乙烯吡咯烷酮等原料，提高制品稳定性，改善制品使用性能，也具有一定的保湿作用。④表面活性剂：可选用聚氧乙烯(20)月桂醇醚、聚氧乙烯（20）失水山梨醇单月桂酸酯等原料，作为增溶剂以增加油性原料在制品中的溶解度。⑤碱剂：可选用三乙醇胺等，对角质层具有较好的柔软效果，并具有调节 pH 值作用。

柔软性化妆水配方实例见下表（表8-8）。

表8-8　柔软性化妆水配方实例

组分	质量分数（%）	组分	质量分数（%）
吡咯烷酮羧酸钠	0.05	羟乙基纤维素	0.20
透明质酸	0.05	吐温-20	0.10
甘油	9.00	防腐剂、香精	适量
乙醇	4.00	去离子水	加至 100.00
丙二醇	6.00		

2. 收敛性化妆水

除了保湿剂、增溶剂、溶剂等基本原料之外，收敛效果是收敛性化妆水配方的关键，使产品能够起到收敛、控油和保湿的作用。一方面，金属盐类、有机酸类及无机酸类收敛剂，是制品产生收敛作用的主要成分；另一方面，乙醇的蒸发导致皮肤的温度暂时性降低，由于热胀冷缩作用，使其也具有一定的收敛作用。收敛性化妆水大多呈弱酸性。

收敛性化妆水配方实例见下表（表8-9）。

表8-9　收敛性化妆水配方实例

组分	质量分数（%）	组分	质量分数（%）
乙二胺四乙酸	0.05	乙醇	6.00
硫酸锌	0.50	金缕梅提取液	2.00
乳酸钠	4.00	吐温-20	0.10
乳酸	0.20	防腐剂、香精	适量
尿囊素	0.06	去离子水	加至 100.00
聚乙二醇	4.00		

3. 清洁用化妆水

清洁用化妆水以清洁皮肤为主要作用，同时兼有柔软、保湿之功效。配方组成主要包括清洁剂、增溶剂、保湿剂和溶剂等。其中清洁剂主要为非离子表面活性剂、乙醇和碱等，同时表面活性剂兼有增溶作用，乙醇还具有溶剂作用，碱性物质还能软化角质层。

从配方组成上看，清洁用化妆水与柔软性化妆水基本相当，只是两者的侧重点不同，清洁用化妆水为了强化洗净力，配方中乙醇和表面活性剂的用量较大，同时制品多呈弱碱性；而柔软性化妆水侧重的是保湿和柔软肌肤效果。需要注意的是，柔软性化妆品及收敛性化妆水中也都大多含有乙醇、表面活性剂等，所以也具有一定程度的清洁作用。

近年来，新开发的粉底、睫毛膏、唇膏等化妆品大多对皮肤附着性好，卸妆时需用专用的清洁用化妆水进行清除，使得清洁用化妆水的使用量在不断增加。

清洁化妆水配方实例见下表（表8-10）。

表8-10　清洁化妆水配方实例

组分	质量分数（%）	组分	质量分数（%）
吐温-20	3.0	乙醇	8.0
甘油	7.0	防腐剂、香精	适量
尿囊素	0.1	去离子水	加至 100.0

化妆水是在洁面之后，涂抹其他护肤用品之前使用。根据皮肤类型不同，建议油性皮肤使用收敛性化妆水，干性皮肤使用柔软性化妆水，健康皮肤使用平衡水，混合皮肤

T区使用收敛性化妆水。

（四） 化妆水的制备技术

1. 化妆水的生产工艺

化妆水的制备相对比较简单，主要包括溶解、混合、调色、过滤及灌装等，其生产工艺流程如图8-2所示。

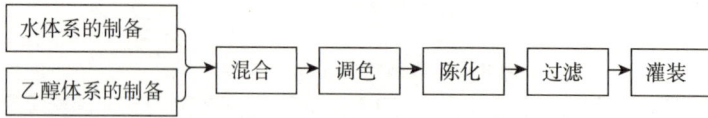

图8-2　化妆水生产工艺流程图

（1）水体系的制备　在溶解罐Ⅰ中加入去离子水或蒸馏水，并依次加入保湿剂等其他水溶性成分，搅拌使其充分溶解。

（2）乙醇体系的制备　在溶解罐Ⅱ中加入乙醇，再加入润肤剂等其他水不溶性成分，搅拌使其均匀溶解。

（3）混合　将乙醇体系和水体系在室温下混合，搅拌使其充分混合均匀。

（4）调色、陈化　在上述混合液中加入着色剂调色，进入储存陈化工序。

化妆水的陈化工序有利于产品香味的匀和成熟，减少粗糙气味的产生。陈化时间长短取决于产品的种类、配方及原料性能等因素，可以从一天到两个星期不等。一般情况下，不溶性成分含量越多，陈化时间越长。如果配方中各成分的相溶性好，香料易于混合均匀，则不需要陈化。

（5）过滤、灌装　将陈化之后的混合液过滤，得到澄清透明的化妆水后，进入灌装车间进行包装即得产品。若过滤后的滤渣过多，则说明增溶和溶解过程不完全，应重新考虑配方及工艺。

上述化妆水的生产工艺是针对含有乙醇的配方，对于不含乙醇配方的化妆水的制备，只需将配方中所有原料依次加入水中，经过溶解混匀、调色、陈化、过滤、灌装工序即可。对于方中不溶或难溶于水的原料，需要事先与增溶剂混匀后再缓缓加入制品中，不断搅拌直至完全溶解。

2. 制备化妆水的注意事项

在化妆水的制备过程中，应注意以下几方面：①由于化妆水的制备过程大多数在常温下进行，而配方中水分含量又较高，因此，应选择经过灭菌处理的去离子水为宜。②为了加速原料溶解，必要时可略微加热，但温度切勿过高。③对于乙醇含量较高的化妆水，应采取防火防爆措施。④香精的添加：香精多为脂溶性，需加在乙醇溶液中。若配方中乙醇含量较少，香精溶解困难，而配方中有增溶剂（表面活性剂）时，可先将香精加入增溶剂中，待其与增溶剂充分混合均匀后，再与乙醇混合，最后与水体系混合，不断地搅拌直至成为均匀透明的溶液。

（五）化妆水的制备设备

化妆水配方中多含有乙醇，而乙醇属于易燃易爆物质，因此对化妆水生产设备、车间及操作等均有特殊要求。所用设备均需要在密闭状态下操作，以免大量的乙醇挥发到空气中，增加不安全因素；同时，生产车间必须配有良好的通风设施，以免乙醇滞留，造成空气中乙醇浓度超标；所用设备、照明和开关等都应加装防火防爆装置。另外，应采用不锈钢制设备为好，以免金属离子和乙醇溶液发生反应，使产品变色和变味。

化妆水生产设备主要是混合设备和过滤设备，另外还有储存、液体输送及灌装等辅助设备。

1. 混合设备

化妆水生产过程中对混合设备的搅拌条件要求不高，各种形式的搅拌桨叶均可采用，通常以螺旋推进式搅拌较为有利。混合设备的锅体应为不锈钢制的密闭容器，电机和开关等电器部件均需具有较好的防燃防爆性能。

2. 过滤设备

化妆水生产过程中使用的过滤设备主要是板框式压滤机，有立式和卧式两种类型。此外，还有叶片式压滤机和筒式精密过滤器等。

第三节 液洗类化妆品

液洗类化妆品是指以表面活性剂为主要原料、以洗涤为主要目的的一类液状制品，如香波、浴液、洗手液等。从外观上看，液洗类化妆品有透明型和乳浊型之分。

一、液洗类化妆品的配方组成

液洗类化妆品的配方组成原料大致可分为表面活性剂和添加剂两大类。

（一）表面活性剂

表面活性剂是液洗类化妆品配方中的主要组分，在配方中主要作为洗涤剂，为产品提供良好的去污力和丰富的泡沫。用于液洗类化妆品的表面活性剂通常以阴离子型表面活性剂为主，为改善产品的洗涤性和调理性，还可加入非离子型及两性表面活性剂。

（二）添加剂

液洗类化妆品中，除主要发挥洗涤作用的表面活性剂外，还有其他种类的添加剂，主要包括稳泡剂、增稠剂、调理剂、珠光剂、螯合剂、澄清剂、防腐剂、香精及着色剂等。

二、液洗类化妆品的制备技术

（一）液洗类化妆品的制备工艺

液洗类化妆品的制备工艺较为简单，仅是几种物料的混配，在生产过程中没有化学反应的发生，但若制备出高质量的产品，对工艺的要求是极其严格的。液洗类化妆品的制备工艺流程见下图（图 8-3）。

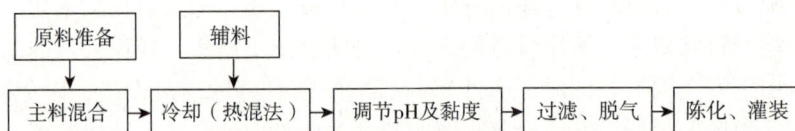

```
┌────────┐   ┌────────┐
│ 原料准备 │   │  辅料  │
└───┬────┘   └───┬────┘
    │            │
    ▼            ▼
┌────────┐ ┌──────────────┐ ┌──────────────┐ ┌──────────┐ ┌──────────┐
│ 主料混合 │→│ 冷却（热混法） │→│ 调节pH及黏度  │→│ 过滤、脱气 │→│ 陈化、灌装 │
└────────┘ └──────────────┘ └──────────────┘ └──────────┘ └──────────┘
```

图 8-3　液洗类化妆品制备工艺流程图

1. 原料准备

液洗类化妆品实际上是多种物料的混合物，在混合之前需要对原料进行预处理，如某些粗制原料需预先滤除杂质，而有些原料需要预先熔化，有些原料需用溶剂预溶。

2. 主料混合

液洗类化妆品的配制过程以混合为主，根据配方中各种物料的物理化学特性，确定合适的混合方法以及加料顺序是至关重要的。配制液洗类化妆品的混合操作一般有两种方法：一是冷混法，二是热混法。

（1）冷混法　在操作过程中不需加热的混合方法，适用于不含蜡状固体或难溶物质的配方。加料顺序及操作步骤为：先将去离子水加入混合锅内，然后将表面活性剂溶解于去离子水中，再加入其他助洗剂，搅拌至全部溶解，使之形成混合均匀的溶液。

（2）热混法　在操作过程中需要加热的混合方法，适用于含有蜡状固体或难溶物质，用于配制珠光或乳浊状制品的配方。加料顺序及操作步骤为：先将表面活性剂溶解于热水或冷水中，在不断搅拌下加热至 70℃后，再加入要溶解的固体原料，继续搅拌混合，直至固体原料全部溶解。

在混合操作的过程中，不论是冷混法、热混法，均离不开搅拌，而搅拌方式、搅拌速度及时间等均会影响成品质量，因此对于搅拌器种类的选择是十分重要的。

3. 辅料的添加

对于冷混法，主料全部溶解并混合均匀后，即可加入香精、着色剂、防腐剂及螯合剂等辅料，继续搅拌，使之溶解并混合均匀。

对于热混法，待主料在 70℃下完全溶解混匀后，需要进行冷却，待温度降低到 50℃以下时，再加入香精、着色剂及防腐剂等辅料。

4. 调节 pH 值

pH 值的调节在产品的制备后期进行，通常是在体系温度降低到 35℃左右时进行，可选择柠檬酸、磷酸、酒石酸或磷酸二氢钠等作为 pH 调节剂或缓冲剂。

需要注意的是，产品配制后立即测定的 pH 值并不完全真实，经长期储存后产品的 pH 值将发生明显变化，在控制生产时应考虑到这一点。

5. 调整黏度

黏度是液洗类化妆品的主要物理指标之一。产品的黏度取决于配方中表面活性剂和无机盐的用量，若表面活性剂及助洗剂的用量高，则产品的黏度也相应较高。

通常在产品制备的后期，即在香精、着色剂及防腐剂等辅料加完之后，再用无机盐

（氯化钠、氯化铵等）对产品进行黏度的调整，无机盐的加入量视实验结果而定，一般不超过3%，过多的无机盐反而会降低产品的黏度，增加产品的刺激性，同时还会影响产品的低温稳定性。如果无机盐的用量已达到3%，但产品的黏度仍达不到要求时，可添加水溶性高分子化合物进行调节，与无机盐不同的是，在产品制备过程中，水溶性高分子化合物通常在制备前期加入。

6. 过滤

在进行混合操作过程中，难免会带入一些机械杂质，或产生一些絮状物，因此包装前应对产品进行过滤处理。

7. 脱气

在物料混合过程中，由于搅拌的作用和配方中表面活性剂等组分的影响，使得大量的微小气泡混合在制品中。气泡的存在会导致制品稳定性降低、包装时计量不准确，可通过抽真空排气工艺，快速将制品中的气泡排出。

8. 陈化

将制品在陈化罐中静置储存几小时，待其性能稳定后再进行灌装。

9. 灌装与包装

对于制备工艺的最后一道工序，灌装与包装的质量是非常重要的，应严格控制灌装量，并做好封盖、贴标签等后续工作。对于液洗类化妆品，多采用塑料瓶包装。

在液洗类化妆品的制备工艺流程图中，冷却工序只是针对热混法而言的，冷混法中不需要冷却。

（二）制备液洗类化妆品的注意事项

1. 高浓度表面活性剂的溶解

对于高浓度表面活性剂（如聚氧乙烯脂肪醇醚硫酸盐等），加料的顺序非常关键。特别需要注意的是，必须是把表面活性剂缓缓加入水中，而不是把水加入表面活性剂中，否则会形成黏性很大的团状物，影响表面活性剂的溶解，导致溶解困难。适当的加热可促其溶解。

2. 水溶性高分子物质的溶解

对于香波类化妆品配方中的调理剂，如阳离子纤维素聚合物、阳离子瓜尔胶等均为水溶性高分子化合物，这类物质大多是固体粉末或颗粒，在水中的溶解速度很慢。传统的制备工艺是将其长时间浸泡或加热浸泡，耗时长、设备利用率低、能量消耗大，而且某些天然产品在此期间还容易变质。新型制备工艺是在高分子粉料中加入适量甘油，在甘油的存在下，将高分子物质加入水中，于室温下搅拌15分钟，即可将其彻底溶解，如若加热的话，溶解速度加快。加入其他的助溶剂也会收到同样效果。

3. 珠光剂的使用

漂亮的珠光是高档液洗类化妆品的象征。通常选用硬脂酸乙二醇酯作为珠光剂，而珠光效果的好坏，不仅与珠光剂的用量有关，还取决于制备过程中的搅拌速度和冷却速度（采用片状珠光剂时）。如果搅拌速度和冷却速度过快，则会使体系暗淡无光。通常采用的方法是选择热混法，在70℃左右时加入片状珠光剂，在溶解及冷却过程中，控制一定的搅拌速度及冷却速度，可使珠光剂结晶增大，可获得晶莹闪烁的珠光效果。若采用珠光浆，在常温下加入搅匀即可。

4. 加色

液洗类化妆品的色调不易过深过浓，着色剂的用量不宜过大，应在千分之几的范围甚至更少。对于透明型产品，必须保持产品应有的透明度。

水溶性着色剂的添加最为简单。若添加的着色剂不溶于水，应选择对配方中某些成分有较好溶解性的着色剂。例如，着色剂易溶于乙醇，可在设计配方时加入乙醇，制备时先将着色剂溶于乙醇中，再加入水中。

三、配方实例

液体珠光液洗类化妆品配方实例见下表（表8-11）。

表8-11　液体珠光液洗类化妆品配方实例

组分	质量分数（%）	组分	质量分数（%）
月桂醇醚硫酸钠（AES）	13.0	水溶性羊毛脂	1.2
椰子油脂肪酸二乙醇酰胺	2.0	柠檬酸	0.3
乙二醇单硬脂酸酯	1.2	防腐剂	适量
氯化钠	0.5	香精	适量
十二烷基二甲基甜菜碱（BS-12）	5.0	去离子水	加至100.0

【解析】方中月桂醇醚硫酸钠（AES）、十二烷基二甲基甜菜碱（BS-12）及椰子油脂肪酸二乙醇酰胺（尼纳尔）均为表面活性剂，为产品提供良好的洗涤性及丰富、持久的泡沫；乙二醇单硬脂酸酯为珠光剂。由于方中含有难溶于水的固态原料，所以应采用热混法制备工艺。

制备方法：①将AES、BS-12及尼纳尔溶于水中，在不断搅拌下将体系加热至70℃。②加入乙二醇单硬脂酸酯及羊毛脂，控制搅拌速度，慢慢搅拌，使其完全熔化至溶液呈半透明状。③通冷却水使其冷却，并控制冷却速度，使其能够出现较好的珠光；待体系冷却至45℃时，加入香精、防腐剂，搅拌均匀。④加入柠檬酸调节pH值为6~7，40℃左右时加入氯化钠调节黏度，搅拌均匀。⑤用泵经过过滤器送至静置槽中静置、排气，气泡消失后即可灌装。

第四节　凝胶类化妆品

凝胶类化妆品是外观为透明或半透明的半固体胶冻状物质的一类制品，由于凝胶的英文为"jelly"，因此市售的凝胶类化妆品常被称为"啫喱"。

凝胶类化妆品始现于20世纪60年代，因其外观晶莹剔透，使用感觉滑爽清凉、无油腻感，所以深受消费者喜爱。现今凝胶类化妆品已出现在功用不同的各类化妆品中，如护肤凝胶、按摩凝胶、发用定型凝胶、凝胶唇膏及凝胶牙膏等。本节将从凝胶类化妆品的分类、配方组成入手，对其制备工艺做一简要介绍。

一、凝胶类化妆品的分类

凝胶类化妆品按使用用途来说，种类繁多，但若从产品体系性质来看，可将其分为无水性凝胶体系和水性凝胶体系。

无水性凝胶体系主要由液体石蜡或其他油类原料和非水胶凝剂组成，油分含量较多，主要用于无水型油膏、按摩膏等，具有保湿、润肤作用。由于制品较黏、油腻感较强，现今已较少使用。

水性（水或水醇）凝胶体系含有较多水分，使用清爽、不油腻，可根据产品要求调节其油性和黏度。配方中可选择的原料多种多样，还可添加着色剂，调配成各种色调，使制品外观更为艳丽。因此，水性凝胶化妆品是现今最流行的凝胶类制品。

二、水性凝胶化妆品的配方组成

由于无水性凝胶化妆品现已较少使用，所以本节只介绍水性凝胶类化妆品的配方组成。水性凝胶类化妆品的配方组成中主要包括以下几类原料。

（一）　胶凝剂

胶凝剂是凝胶类化妆品配方中最关键的原料，它是配方中能够使产品形成凝胶的物质。

在化妆品原料中，由于水溶性聚合物具有凝胶化作用，所以可选择水溶性聚合物作为凝胶类化妆品的胶凝剂，主要有以下几类：①天然水溶性聚合物，如海藻胶、琼脂、瓜尔胶及鹿角菜胶等。②半合成水溶性聚合物，如羟丙基纤维素、羟乙基纤维素、羟丙基瓜尔胶等。③合成水溶性聚合物，如聚丙烯酸树脂（Carbopol 系列产品）、聚氧乙烯和聚氧丙烯嵌段共聚物（Poloxamer 331）等。④无机胶凝剂，如硅酸铝镁、硅酸钠镁等。胶凝剂的用量一般为 0.1%～2%。

（二）　中和剂

如果配方中的胶凝剂是聚丙烯酸树脂类原料，需要在碱的中和作用下才能形成凝胶体系，可选用三乙醇胺等碱类中和剂。碱类中和剂的用量应控制在使凝胶体系的 pH 值在 7.0 左右，因为此时体系黏度最大、性质最稳定。

（三）　保湿剂

保湿剂能够保持皮肤及产品水分，可改善产品的使用感，也可作为溶剂溶解配方中的其他组分，常用甘油、丙二醇、山梨醇、吡咯烷酮羧酸钠等，添加量一般为 3%～10%。

（四）　溶剂

溶剂主要是去离子水，可溶解方中其他水溶性组分，也可给肌肤、毛发补充水分，用量一般为 60%～90%。

（五） 增溶剂

若配方中含有脂溶性香精及酯类物质等水不溶性成分时，则需与增溶剂混合均匀后，再加入体系中搅拌至全部溶解。常用 *HLB* 值高的非离子型表面活性剂，如 PEG-40 氢化蓖麻油、油醇醚-20 等。增溶剂添加量多为 0.5%～2.5%。

（六） 螯合剂

螯合剂用于螯合金属离子，提高制品的稳定性。

（七） 紫外线吸收剂

紫外线吸收剂可吸收紫外线，防止因日光照射而导致产品变色或褪色。

（八） 防腐剂、香精、着色剂及其他原料

防腐剂、香精、着色剂及其他原料是凝胶类化妆品基质的主要组成，对于不同功用的凝胶产品，还需添加其他原料，如护肤凝胶需添加润肤剂等、毛发定型凝胶需添加成膜剂等。

三、水性凝胶化妆品的制备技术

水性凝胶的制备工艺流程见下图（图 8-4）。

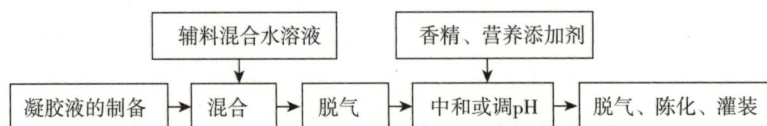

图 8-4　水性凝胶的制备工艺流程图

（一） 凝胶液的制备

凝胶液就是将胶凝剂溶胀或溶解于溶剂（去离子水）中所形成的黏稠液体。凝胶液的制备是凝胶类化妆品制备工艺中最关键的一步，必须确保胶凝剂在溶剂中充分溶胀或溶解，形成均匀透明的黏稠液体。

在制备凝胶液的过程中，如果操作不当会导致胶凝剂尚未在溶剂中分散开时就已经结成块状物，此时在块状物表面会形成一层保护层，阻止块状物内部被溶剂润湿，导致胶凝剂的溶解处于很不理想的状态，往往需要较长时间且溶解效果不佳。

为了使树脂类胶凝剂在溶剂中的溶胀或溶解达到最佳效果，防止结块现象的出现，应该在快速搅拌溶剂的情况下缓缓将胶凝剂直接撒入因搅拌而形成的溶液漩涡面上，一旦胶凝剂被充分分散，应减慢搅拌速度，以减少由于搅拌夹带空气而产生的气泡。另外，升高温度可加快胶凝剂的溶胀，但加热时间不宜过长。一些胶凝剂需要温热（50～

60℃）才可充分溶胀。

（二）添加原料

凝胶液制备完成后，即可添加配方中的其他辅料，如保湿剂、防腐剂、螯合剂及紫外线吸收剂等，这些原料需事先用一部分溶剂（去离子水）将其溶解、混匀，调制成辅料混合水溶液。对于酯类等油性原料，需先与增溶剂混匀后再加入上述混合液中，搅拌混匀并过滤后，再可加入制备好的凝胶液中。

（三）中和

有些胶凝剂（如聚丙烯酸树脂类）需用碱中和后方能形成凝胶。若所用碱是溶液，可直接添加，边加边搅拌，使其充分混合均匀；若所用碱是固态，需配制成溶液后方可添加。需要注意的是，中和形成凝胶后，不宜再进行高速搅拌，否则会导致凝胶黏度下降。

香精及一些营养类物质在中和之后加入凝胶中，对于难溶于水的香精，则需用增溶剂增溶后再加入体系中。

（四）脱气

水性凝胶制备工艺流程中有两个脱气的环节，均是为了消除由于上一环节搅拌操作而产生的气泡。

四、配方实例

以护肤凝胶为例解析见下表（表8-12）。

表8-12 护肤凝胶配方实例

组分	质量分数（%）	组分	质量分数（%）
卡波树脂-940	0.60	角豆胶	0.02
海藻提取物	9.00	尼泊金甲酯	0.02
常春藤提取液	10.00	咪唑烷基脲	0.20
三乙醇胺	0.60	去离子水	加至100.00

【解析】方中卡波树脂-940和角豆胶是胶凝剂；尼泊金甲酯和咪唑烷基脲是防腐剂；海藻提取物和常春藤提取液为营养添加剂，具有润肤、养肤作用；三乙醇胺是中和剂。

制备方法：①在快速搅拌下将卡波树脂940和角豆胶分别缓缓地撒入部分去离子水中，使之充分溶胀，形成凝胶液。②将凝胶液抽入真空乳化罐内，将尼泊金甲酯、咪唑烷基脲溶解于水中，混匀过滤后加入凝胶液中，搅拌均匀后抽真空脱气。③加入海藻提取物和常春藤提取液继续搅拌均匀后，加入三乙醇胺搅拌均匀，同时抽真空，脱气至产品无气泡为止。

复习思考题

1. 以雪花膏和冷霜为例简述反应式乳化体系类产品的配方特点。

2. 简述化妆水、液洗类化妆品、凝胶类化妆品的配方组成。

3. 简述乳剂类化妆品、化妆水、液洗类化妆品以及凝胶类化妆品的制备技术。

扫一扫，见答案

第九章　化妆品感官评价

第一节　感官评价概述

感官评价在食品工业中的应用已经有很长的历史。早期的评价方法主要是利用自身感觉器官进行评价和判定工作，如评价咖啡、茶叶、酒等，通过评价将产品分为不同的等级，这种方式的评价被称为原始感官分析。

由于原始感官分析存在诸多人为因素方面的问题，使得该方法的可信度令人怀疑。为此，在感官分析试验中逐渐引入了生理学、心理学和统计学方面的研究成果，以及利用计算机进行数据处理等，以尽量避免原始感官分析中存在的各种缺陷，从而发展成为现今的现代感官分析。

一、感官评价的定义

随着当代测量技术的开发及其在感官评价方面的应用，感官评价已发展成为以理化分析为基础，集实验学、社会学、心理学、生理学、统计学知识为一体的一门科学。

根据美国食品工艺学家学会（IFT）感官评定分会的定义，感官评价是一门用来唤起、测量、分析及诠释食品及原料当中那些可被视觉、嗅觉、触觉、味觉及听觉所感觉到的特征反应的科学学科。

此定义虽然针对的是食品，但它的基本原理已被推广应用到各类消费品，如化妆品、个人护理品、纺织品等。

二、感官评价的指标

产品的感官特性多种多样，产品不同，感官评价指标也不同。化妆品感官评价指标主要包括产品的外观、气味、质地及肤感几方面。

（一）外观

化妆品外观评价主要包括以下三方面：①颜色：评价产品颜色的色调、色饱和度、深度，以及颜色是否均匀、是否有斑点等。②表面质地：包括产品的光泽度、平滑度、软硬度、是否易碎等，如膏霜类产品、粉饼等。③澄清度：评价产品是否有浑浊、朦胧或不透明现象，如透明的液体或啫喱产品等。

（二）　气味

气味包括气味的类型和浓度。目前，世界上已知约有 17000 种香气化合物，一位经验丰富的香水评香师能区分 150~200 种气味品质，但对于气味的感官评价尚没有国际性的标准的气味术语。通常可用多个术语描述单一化合物的气味，如类似药草、类似橡胶等术语描述麝香草酚的气味；而单一术语也可描述多种化合物的气味，如柠檬气味可描述 α-蒎烯、β-蒎烯、α-柠檬烯、柠檬醛等化合物的气味。

（三）　质地

在评价食品时，质地属性是通过口尝的感觉进行评价，而化妆品的质地属性是通过皮肤和人体肌肉的感觉进行评价，主要包括产品的黏稠度、颗粒度、轻薄/厚重感、延展性、流动性及光滑度等。对于膏霜类产品而言，还包括挑起时的牢固性、黏着性、成尖峰的高度等。

（四）　肤感

肤感特性是针对护肤品而言，主要包括以下两方面：①涂抹特性：如润湿性、黏腻感、吸收性、油腻感等。②残留物外观和肤感：包括涂抹后皮肤的光泽、残留物的黏性、残留量及润滑性等。

三、感官评价的实施要求

在感官评价过程中，为了尽可能准确地评价、测量出所研究产品的真实属性，必须要严格控制评价的客观和主观条件。其中客观条件包括外部环境和样品准备，主观条件包括评价人员的基本条件和素质。通常将感官评价条件的管理和控制分为以下三组。

（一）　评价环境的控制

评价环境的控制包括实验室环境、测试隔开的小间或会议圆桌的使用、室内的灯光及空气、药品制备区、入口及出口等。

（二）　样品的准备

样品的准备包括使用仪器设备、样品的制备（包括制备手续、计数、编号等）、样品的呈送及提供样品的方法。

（三）　评价人员的控制

感官评价是以人的感觉为基础，也就是以人作为测量仪器的一种试验，因此感官评价人员在感官评价试验中起着至关重要的作用。感官评价人员的感官灵敏性及稳定性直接影响最终结果的趋向性和有效性。

1. 感官评价人员的类型

在感官评价中，通常可把参加评价的人员分成以下五类。

（1）准评价员　是指尚未满足特殊判断标准的人员，需要经过进一步筛选和培训才可获得感官分析评价员资格。

（2）初级评价员　是指具有一般感官分析能力的评价员，一般是在实验室小范围内进行感官分析，可由参与所试验产品生产研发的有关人员组成，经过初步审查和指导后即可，无须经过特定培训和筛选程序，其代表性不及消费者型评价员强。

（3）优选评价员　也可称为有经验的评价员，是指挑选出的具有较高感官分析能力的评价员，是经过评价方法、总则的培训和筛选实验，并具有一定分辨差别能力的感官分析实验人员。

（4）消费者评价员　这类感官评价员是由各阶层的化妆品消费者代表组成，他们仅从自身的主观愿望出发，评价是否喜欢或接受所试验的产品，并评价喜爱和接受程度。

（5）专家　可进一步分为专家评价员和具有专业知识的专家评价员。其中专家评价员是指具有高度的感官敏感性和丰富的感官方法学经验的优选评价员，他们对各种产品能做出一致的、可重复的感官评价；具有专业知识的专家评价员是指具备产品生产和/或加工、营销领域专业经验的专家评价员，并能够对产品进行感官分析，能评价或预测原材料、配方、加工、贮藏、老化等方面相关变化对产品的影响。

2. 感官评价人员的筛选

为了使感官评价试验能够顺利进行，必须要有大量可供选择的候选人员。

（1）感官评价人员的招募与初选　感官评价人员的来源通常没有什么特殊的限制，为了方便易行，很多公司的感官评价员就来自于本公司的工作人员，如市场部、人力资源部等部门的员工，在某些情况下，也可在公司所在地招募一些付薪资的临时雇员。感官评价人员的初选可通过问卷方式进行，问卷应包括候选人的兴趣、知识和才能、健康状况、表达能力、个性特点、每次培训和试验能保证的出席率、对评价样品的态度等方面内容。

（2）感官评价人员的筛选　经过对感官评价候选人进行问卷初选后，招聘管理者可与候选评价员进行面谈，从而获得更多的信息，并经过筛选检验进行进一步筛选。筛选检验可在以下三方面进行：①确定候选人是否有感觉缺陷。②确定候选人的感官灵敏度。③评估候选人描述和表达感官知觉的潜在能力。

3. 感官评价人员培训

培训的目的是向候选评价员提供感官分析基本技术、基本方法及产品相关的基本知识，提高他们观察、识别和描述感官刺激的能力，使最终产生的感官评价员小组能作为特殊的"分析仪器"产生可靠的评价结果。

需要注意的是，在感官分析评价中，由于检验内容和方法的不同，对于感官评价人员的具体要求也不相同。

第二节　感官评价的标度与检验方法

在化妆品的感官评价工作中，在组织和开始一个测试之前，首先需要完成的一项工作就是针对具体的测试需求选定一个适宜的标度，标度方法是感官评价工作的量化方式。

一、感官评价的标度

（一）标度的定义与分类

1. 标度的定义

标度是报告评价结果所使用的尺度，它是由顺序相连的一些值组成的系统。这些值可以是图形的、描述的或数字的形式。

2. 标度的分类

1951 年，Steven 提出将标度分为四种，分别为名义标度、序级（顺序）标度、等距标度及比率标度。

（1）名义标度　是用数字对某些事件进行标记的一种方法。利用数字来标记、编码来对项目或答案进行分类，以保证已分类的答案或项目不会错放到其他类别当中。名义标度不能反映其顺序特征和定量关系，仅仅作为便于记忆或处理的标记。例如，在统计中我们可以将产品的类别用数值进行编码处理：1 代表洁面类化妆品，2 代表保湿类化妆品，3 代表美白祛斑类化妆品等。名义标度也可以以字母或其他符号来代替数字的使用。

（2）序级（顺序）标度　以预先确立的单位或以连续级数排列点作为标度。顺序标度既无绝对零点又无相等单位，因此这种标度只能提供对象强度的顺序，而不能提供对象之间差异的大小。例如，"极好-很好-好-一般-差"。赋予产品的数值增加，表示感官体验的数量或强度的增加，但各位次之间并非等距。

（3）等距标度　有相等单位但无绝对零点的标度。是以相同的数字间隔代表相同感官知觉差别的一种标度。如温度计上的刻度。等距标度的数据间不仅有顺序关系，而且相邻数字间是等距的。例如，1 与 2 间的距离、101 与 102 间的距离相等，但 200 表示的意义并不是 100 的两倍。

等距标度被认为是真正的定量标度，大部分的统计技术都适用于它的结果分析。

（4）比率标度　既有绝对零点，又有相等单位的标度。比率标度不但可以度量对象强度之间的绝对差异，又可度量对象强度之间的比率，这是一种最精确的标度。比率标度数据所呈现的特性与等距标度数据一样，但是它的点与点之间保持的是恒定的比率，并且具有绝对零点，其数值反映的是相对比例。例如，1 与 2 间的距离、101 与 102 间的距离相等，且 200 表示的意义是 100 的两倍。

（二） 标度方法

感官评价的标度有类项标度、线性标度和量值估计三种方法。

1. 类项标度（category scale）

类项标度法是提供一组不连续的反应选项（系列文字或数字），表示感官强度的升高或偏爱程度的增加，评价员根据感觉到的样品某种属性的强度或偏爱程度，在给定的数值或等级中为其选定一个合适的位置。在实际应用中，典型的类项标度一般可提供 7 ~15 个选项，选项的数量取决于感官评价试验的需要和评价员的训练程度和经验，随着评价经验的增加或训练程度的提高，选项的数量也可适当增加，有利于提高试验的准确性。

2. 线性标度（line scale）

线性标度法是指采用一条长为 15cm 的直线，评价人员根据识别情况在直线上做出标记进行量化的一种方法。线性标度同类项标度一样也很普遍，与类项标度相比，线性标度的优点是强度能更准确地分级，但是由于点在线上的位置不像数字那样容易记住，导致评价人员对样品的分析很难达到一致。

3. 量值估计（magnitude estimation scaling）

量值估计是以自主赋予第一个样品数值为基础，随后的样品都以第一个数值为基础按一定的比例来估值的一种定量方法。这种方法主要用于感官强度可能在很大范围变化的单一属性的研究。

二、常用的感官评价检验方法

感官评价检验方法按作用的不同可分为分析型感官检验和偏好型感官检验。

根据感官检验目的和要求，常用的试验方法主要有以下几种。

（一） 差别检验法

差别试验是对两个或多个样品之间进行比较的试验方法，包括总体差别试验和属性差别试验。其中总体差别试验是评定样品间是否存在感官差别，而属性差别试验是评价样品间某一属性有多大差别。

1. 总体差别试验

总体差别试验主要包括以下几种试验方法：①三点试验：同时提供三个编码样品，其中有两个是相同的，要求评价员挑选出其中不同的单个样品的检验方法。适用于鉴别两个样品间的细微差别。②二-三试验：先提供给评价员一个对照样品，然后提供两个被检样品，其中一个与对照样品相同，要求评价员挑选出与对照样品相同的那个被检样品的方法，用于确定被检样品与对照样品之间是否存在感官差别。③五中取二试验：同时提供给评价员五个以随机顺序排列的样品，其中两个是一种类型，另外三个是一种类型，要求评价员将这些样品按类型分成两组的检验方法，用于识别两类样品间的细微感官差别。④"A"-非"A"试验：在评价员学会识别样品"A"后，再将一系列样品提供给评价员，这些样品中有"A"和非"A"，要求评价员指出哪些是"A"，哪些是非"A"的检验方法。主要用于评价那些具有各种不同外观或留有持久后味的样品。

此外，总体差别试验还包括相同/差别试验（即简单差别试验）、与对照样差别试验及连续性试验。

2. 属性差别检验

属性差别检验包括两种试验方法：①成对样品比较试验。②多样品差别检验。

（二）　排序检验法

排序检验法是将一系列样品按其某种特性或整体印象的强度或程度进行排序的分类方法。该方法只将样品排定次序而不估计样品之间差别的大小，可用于确定不同原料、加工、处理、包装和储藏等条件对产品一个或多个感官指标强度水平的影响，也可用于对样品进行进一步的精细感官分析。

（三）　分类检验法

分类检验法是在确定产品类别标准的情况下，要求评价员将样品划分为相应的类别的感官检验方法。分类检验一般使用类项标度，试验中，评价员首先对样品做出评价，最终确定每一种样品应属的级别，如一级、二级、三级等。在评定样品的质量时，有时对样品进行评分会比较困难，这时可选择分类检验法评价出样品的差异，得出样品的级别、好坏，也可鉴定出样品是否存在缺陷。

（四）　描述分析试验技术

描述分析试验技术是一种可以为产品提供量化描述的感官评价方法，是利用描述词（术语）评价样品的感官特性以及某种属性的强度。本章第三节将较为详细地介绍描述分析试验技术的相关内容。

（五）　偏好型试验法

偏好型试验法是由消费者或公司内部评价人员根据喜欢或不喜欢程度对产品进行评价的一种检验方法。这是一种产品接受度的试验，它是感官评价分析程序中重要的组成部分。偏好型试验法具体还可分为两类：①定性偏好试验法：这种试验法要求评价员最终对样品只做出"接受（或喜爱）或拒绝"的决定，不做"接受（或喜爱）或拒绝"程度的评估。②定量偏好试验法：这种试验法要求评价员对样品偏爱度、接受度等做出选择，如"极端喜欢、非常喜欢、一般喜欢"，或"极端讨厌、讨厌、既不喜欢也不讨厌、喜欢、极端喜欢"。

第三节　化妆品感官评价的描述型分析技术

在化妆品感官评价中，通常要经过看外观、闻气味、比较质地、评价使用感觉这四个过程对产品进行评价。在评价过程中，根据感官检验的目的和要求，选择适宜的感官评价检验方法至关重要，描述（型）分析技术是化妆品感官评价中非常常用的一类感官评价检验方法。

描述（型）分析技术是利用受过训练的 5~100 位评价人员对产品的感官属性进行定性和定量的检测（鉴别）和描述的评价方法。作为一种描述性分析感官评定方法，描述（型）分析技术不仅能对样品进行定性分析，还可以为产品的感官评价提供量化资料，涵盖了使用产品时近乎所有可感知的感觉，包括视觉、嗅觉及动觉等，这是一种全面的感官描述。

一、描述（型）分析技术的主要应用与组成

（一）描述（型）分析技术的主要应用

描述（型）分析技术在产品研发及生产方面主要有如下几方面的应用：①为新产品研发及产品品质改良确定产品的感官特性。②为质量控制和研发新产品确定对照样品或标准样品的特性规划。③为判定产品差异性提供感官数据资料。④可跟踪产品感官特性随时间的变化，了解产品的货架寿命。⑤为仪器检验结果提供可对比的感官数据，使产品特征较稳定地保留下来。

（二）描述（型）分析的组成

描述（型）分析的内容主要包括样品特征、强度、表现顺序及总体印象几方面。

1. 样品特征

样品特征的描述属于定性分析范畴，是对化妆品的感官特性（感官指标）进行定性的描述，主要包括对样品外观、气味、质地及肤感特征进行描述分析。

2. 强度

强度是对样品特征的定量性描述。描述分析的强度表达了样品某种特性显示的程度，是按一种测量标度赋予样品一定的评分值来进行表达的。

标度的选择对于描述分析的强度至关重要，在描述分析中最常使用的标度法有类项标度、线性标度和量值估计。其中对于类项标度来说，0~9 的分类标度是最常用的。通常情况下，评价专家会根据经验确定选择标度的等级，也可根据实际需要采用双倍长度的标度。例如，在视觉和听觉研究中，有时使用 100 个点的标度也是合理的。

3. 表现顺序

除了考虑样品的属性（定性）和属性的强度（定量）外，评价人员通常能够按样品某些参数表现出来的顺序检验出产品中的差别，是与时间因素有关的对样品感官属性的描述。控制操作过程（如一次手动挤压），评价人员就可以在某时刻促使有限数量的感官属性（如坚硬度、稠度等）表现出来。

样品的化学组成和某些物理属性（如温度、体积、浓度等）可能会改变样品某些感官属性被检测出来的顺序。在某些样品中，感官属性出现的顺序也是样品感官轮廓的

象征，如特殊的芳香、风味及其各自的强度。

对于一个产品而言，对其进行完整的感官描述，应包括产品在使用后被识别出来的所有特征及其强度。例如，对于牙膏或漱口水使用后的清凉感，这种产品余味则是必要和期望的感官属性。

4. 总体印象

总体印象是评价人员对样品的一些属性结合起来进行综合评估的描述。常用的评估方式主要包括以下几种：①芳香或风味的总强度：这是对样品中所有芳香和风味成分总体感觉的评价。②平衡/混合（幅度）：这是关于样品中各种风味或芳香特性调和在一起时所占比例是否协调的评价，此评估关系到样品中各种属性结合后是否合适，在复配物中相对强度是否协调。这种评估难度高，使用这类数据时应多加谨慎。③总体差异：在某些产品的感官评价中，关键决策中包括确定样品与标样（或对照样）之间的相对差异。项目管理层可根据样品与标样（或对照样）之间总体差异的测定做出处理该样品的决定。④快感评价：这是对样品总体接受程度的一种评价。

二、化妆品常用的描述分析方法

至今为止，已经出现了许多种描述分析方法，其中有一些已经普及，以下介绍的几种描述分析方法是试验中经常使用的。但需要注意的是，每种方法都有其各自的优缺点，因此应根据产品类型、评价目的以及评价人员的素质和数量等因素进行选择。

（一）　风味剖面方法

风味剖面方法（the flavor method）是 20 世纪 40 年代由 Arthur D. Little 公司发展建立起来的。此法是对样品的芳香和风味特征方面的描述评价。首先由 5~8 名测试人员组成的评价小组对样品的芳香和风味特征、强度、感知顺序和后味进行描述分析，然后对样品进行公开讨论，一旦对样品的描述达成一致，评价小组负责人就会以书面报告的形式对评价样品加以总结。

风味剖面方法应用范围主要包括以下几方面：①新产品的研制和开发。②鉴别产品之间的差别。③质量控制。④为仪器检测提供感官数据。⑤监测产品在贮存期间的变化。⑥提供产品特征的永久记录。

在化妆品工业中，风味剖面方法主要用于牙膏和漱口水的风味评价。

（二）　质地剖面方法

继风味剖面方法出现以后，通用食品公司创立了质地剖面法（the texture profile method），定义食品质地参数。随后，Civille 和 Szczesniak 等将此法进一步拓展，定义了包括半固体食品、饮料、纺织品等和肤感产品在内的特殊产品的特殊属性描述词语，这些术语对于每种类型的产品都是特定的。

Schwartz 于 1975 年将质地剖面法用于护肤品的感官评价，建议了所用术语，并对术语做出定义和说明，具体内容见下表（表 9-1）。

表9-1 质地剖面法用于护肤品评价时使用的术语和定义

评价阶段	护肤品属性和定义
取出	
从容器取出产品，从瓶中将产品倒出或挤出在手指上，或用食指从瓶中将产品挑出	黏度：感觉到产品的致密度；评估拇指和食指之间挤出产品时所需的力 标度：稀-中等-稠 稠度：感觉产品的结构，评估形变的阻力和容器挑出障碍 标度：轻-中等-重
涂抹	
根据产品情况，在指定时间间隔以每秒2次的速度，用指尖作缓慢圆周运动将产品分散和进入皮肤	可分散性：容易由涂抹点将产品移至面部其余部分；评估对涂抹的阻力 标度或描述如下：润滑（十分容易分散）-滑（适度容易分散）-滞动（难分散） 吸收性：感觉产品被皮肤吸收的速度；关注特性或产品变化和残留产品的量，以及皮肤表面变化 标度：慢-中等-快
用后肤感和外观	用后肤感：留在皮肤上残留物的类型和密度；肤感的变化
在产品涂抹后即时和以后不同时间间隔用手指尖、视觉、动觉评估皮肤表面	描述残留物类型：膜（油或油腻），覆盖（蜡状或干的），平的或粉粒 描述残留物的量：微量-中等-大量 肤感描述：干燥（绷紧，拉紧，紧）；润湿（柔韧，柔软）；油性（肮脏，油腻）；涂抹处的其他感觉（如清洁、刺激等）

Schwartz对润肤乳液和洁面乳的质地评价实例见下表（表9-2、表9-3）。

表9-2 润肤乳液质地剖面分析实例

评估步骤	评估特性	品牌样品	试制样品1	试制样品2
取出	黏度	稀-中等	中等-稠	稀-中等
涂抹	可铺展性	润滑	滑	润滑-滑
	吸收性	非常快（8秒）	慢（40秒）	中等（16秒）
	其他属性	近乎融化，润湿，不油腻	稍有一点泛白	稍有一点泛白，稍油腻
用后肤感	覆盖，或成膜	肤感柔软	肤感十分润湿和柔软	肤感柔软
	其他属性	再涂抹彩妆容易	再涂抹彩妆十分容易	再涂抹彩妆容易

表9-3 洁肤乳液质地剖面分析实例

评估步骤	评估特性	试制样品1	试制样品2
取出	黏度（当由瓶倒出时）	稀-中等	十分稀
涂抹	可铺展性	滑	润滑
	清洗容易程度	容易（需用湿面巾擦2~5次）	容易
	其他属性	当涂抹时稍有泛白	十分轻微泛白，在皮肤上近乎融化
用后肤感	覆盖，或成膜	肤感柔软	肤感十分润湿和柔软
	其他属性	再涂抹彩妆容易	再涂抹彩妆十分容易
	清洁能力（清洁面部彩妆）	十分好	十分好

质地剖面法要求评价员根据样品特征的各个属性，使用特定产品术语尽量完整地描述出样品质地特征。

质地剖面方法可用于识别或描述某一特殊样品或许多样品的特殊指标，或将感觉到的特性指标建立一个序列，应用范围主要包括：①产品的质量控制。②产品在贮存期间的变化或描述已经确定的差别检测。③培训评价员。

（三） 定量描述分析法

定量描述分析法（the quantitative descriptive analysis method，QDA）是由美国 Tragon 公司于 20 世纪 70 年代创立的，是对形成样品感官特征的各个指标强度进行定量描述的评价（描述）检验方法。此方法利用统计学方法对感官测得的数据进行分析，是一种定性和定量相结合的描述分析检验方法。整个检验过程需要正式筛选和培训评价人员。这种方法的独特之处是在对评价人员的培训时期，评价人员将使用自己定义的语言（以消费者描述为根据的语言，被称为消费者语言）描述所使用产品的全部感觉；当对产品评分时，评价人员不使用参比产品，排序比评分绝对值更重要。因此，每种产品至少必须测量 3 次，并且很大程度上依靠统计分析。

定量描述分析法使用的语言是从一些消费者描述属性的词汇中选取，描述样品整个感官印象的各个指标强度并形成样品的感官剖面。这种方法可被单独或结合地用于评价样品的气味、风味、外观和质地。其应用范围主要包括：①产品的质量控制。②新产品研制。③产品品质改良。

1. 描述词的建立

针对所评估产品建立起来的感官语言，决定描述测试是不是成功的关键因素之一，因为它是评价人员区分产品的依据。使用描述词评价样品的感官特性及每一特性的强度，构成综合感官剖面。描述词应具备可产生一个强度等级的评定的性质。感官语言要真正发挥作用，就必须是易学的、能用于产品开发、质量控制及消费者偏爱度的测量等方面的词语。

感官语言的测定是一个不断反复的过程，鉴定和选择用于建立感官剖面的描述词可按如下步骤进行：①培训评价小组成员：在培训过程中，鼓励测试人员（参加培训的评价小组成员）使用他们自己能理解的、能向评价小组其他成员解释清楚的任意词语来描述所测试的产品。②准备描述词表：指导测试人员写出对测试样品所能感觉到的所有属性的描述词语，然后小组负责人会以每次只问一位测试人员的方式来询问每位测试者所写下的描述词语，并把这些内容都写在黑板上以确保所有人都能看见。③确定描述词表：在培训的前两个阶段列出的描述词会有 80~100 个，在此基础上，让测试人员以一定的格式组合这些词语，并要鉴别出那些重复的感官体验的词语，如此经过组合及删减后，确定出描述词表，也可使用统计学方法进行描述词数目的删减。

2. 试验手续

确定描述词表后，评价员对照描述词表对样品进行检验，在强度标度上给感官感知到的样品每一属性指标打分，必要时应注意所感觉到的各属性顺序，包括后味出现的顺序。

3. 剖面的建立

当评价小组成员完成对样品的感官属性的定量描述评价后，建立感官剖面。感官剖面的图示法可形象地表示产品的特性，可使用直方图、条线图或其他形式的图示法。通过感官剖面图可对不同的产品进行比较。

（四） 描述谱™分析法

描述谱™分析法（spectrum descriptive analysis method，SDA）是根据风味剖面法和质地剖面法演变而来，使用完全、详细和准确的术语描述产品的感官属性，提供感知到的感官属性，以及与绝对或通用标度相关的每个属性强度的水平。此法实效性较强，为设计某类描述方法提供了一些工具，包括各类产品特性描述参考术语清单（术语谱）和相关的标度、评价人员的培训方法及结果的统计分析。

描述谱™分析法与定量描述分析法看似十分相似，但两者完全不同，主要体现在以下几方面：①使用语言类型不同：定量描述分析法使用消费者语言，描述谱™分析法使用技术语言。②评价员培训时间不同：定量描述分析法培训时间相对较短，通常为几星期；描述谱™分析法培训时间较长，一般为几个月。③评价员数目不同：定量描述分析法需要 12~15 人，描述谱™分析法需要 10 人。④需要重复试验次数不同：定量描述分析法需要重复 3 次试验，描述谱™分析法只需 1 次试验。⑤每次评价样品数不同：定量描述分析法需要 6 个样品，描述谱™分析法需要 8 个样品。⑥向市场概念转移及产品类别之间转移方面：定量描述分析法向市场概念转移相对较为容易，产品类别之间转移则表现为困难；而描述谱™分析法向市场概念转移困难，产品类别之间转移则表现为容易。

（五） 肤感描述谱分析法

继 Schwartz 将食品复杂的感官描述分析方法首先应用于个人护理品后，随着不断发展，由感官谱公司（Sensory Spectrum，Inc.）Civill 等人发展了肤感描述谱（skinfeel spectrum descriptive analysis protocol）分析法。该法主要是利用描述谱分析技术，评估护肤品（如乳液、膏霜等）的触感特性，将感触的护肤品感官特性分别做出明确的定义，准确定义鉴别产品属性之间差别的术语，描述每个产品定性的性质及其相对强度。下表列出了描述乳液和膏霜肤感使用的术语（表 9-4）。

表 9-4 描述乳液和膏霜肤感使用的术语

术语	定义	标度
外观		
形状整体性	产品保持其形状的程度	0［扁平→保持形状］10
形状整体性（10s 后）	产品保持其形状的程度	0［扁平→保持形状］10
光泽	产品反射光的量	0［暗淡/平淡→光泽/光亮］10

术语	定义	标度
取出		
软硬程度	在拇指和食指之间完全压平产品所需的力	0 [不用力→强力] 10
黏附性	将手指分开所需的力	0 [不用力→强力] 10
黏结性（拉丝性）	将手指分开时拉成丝，而不是断裂，拉丝的程度	0 [不拉成丝→高拉丝性] 10
呈尖峰状程度	在手指尖上造成硬挺尖峰程度	0 [无尖峰→硬挺尖峰] 10
涂抹		
涂抹 3 次后评估		
润湿性	当涂抹时感觉到的水量	0 [无→大量] 10
可铺展性	产品在皮肤铺展容易程度	0 [困难/黏滞→容易/润滑] 10
涂抹 12 次后评估		
稠度	在手指和皮肤之间感觉到产品的量	0 [稀/几乎无产品→稠/大量] 10
涂抹 15~20 次后评估		
油脂	当涂抹时感觉到产品的油脂量	0 [无→很多] 10
蜡质	当涂抹时感觉到产品的蜡质量	0 [无→很多] 10
继续涂抹和评估		
吸收性	产品失去水分或润滑感觉，并且继续涂抹感到有阻力时，涂抹的次数（上限为120次）	
用后感觉（即时）		
光泽	皮肤反射光的量或程度	0 [暗淡→光亮] 10
黏附性	手指黏附产品的程度	0 [不黏→很黏] 10
润滑性	手指在皮肤上移动容易程度	0 [困难/阻碍→容易/滑溜] 10
残留物量	在皮肤上产品的量	0 [无→大量] 10
残留物类型	油脂、蜡质、硅油、粉质、白垩质	

在表 9-4 中，关于产品的外观、取出及涂抹的操作规范如下：①外观：在检验产品外观时，产品的取样应按如下操作进行：在皮氏培养皿内，将产品分配成螺旋形。利用一个硬币大小圆圈，由边缘至中心充填产品。②取出：产品的取出应按如下操作进行：使用自动滴管，将 1mL 产品滴在拇指或食指上，在拇指和食指之间慢慢地压产品一次。③涂抹：应按如下要求进行涂抹：使用自动滴管，将 0.5mL 产品滴在前臂内侧直径为 2in（5.08cm）的圆圈中心，用食指和中指以每秒 2 圈的速度轻轻地将产品铺展在圆圈内。

感官评价是一项很复杂的工作，无论是对于评价环境的控制、样品的制备、评价人员的筛选与培训，还是不同检验方法的选择与实施，都有其严格的要求，本章只是有所侧重地对这部分内容进行了简要的介绍，在具体实践工作中还需进一步学习和了解，完备这方面的相关知识。

复习思考题

1. 在感官评价中，感官评价人员有哪几种类型？
2. 如何进行感官评价人员的招募与筛选？
3. 简要叙述常用的几种感官评价试验方法。
4. 简要叙述描述型分析技术的主要组成与常用方法。
5. 试述描述谱™分析法与定量描述分析法的主要区别。

扫一扫，见答案

第十章　化妆品安全性检测与评价

第一节　化妆品的安全风险与风险管控

一、化妆品存在的安全风险

（一）化妆品可能引起的皮肤不良反应

消费者使用化妆品后可能产生的不良反应是多样的，最为常见的是皮肤不良反应、化妆品毛发损害及指（趾）甲损害等。其中皮肤不良反应主要包括化妆品接触性皮炎、化妆品光感性皮炎、化妆品皮肤色素异常、化妆品痤疮等化妆品皮肤病及由于使用化妆品所引起的一些皮肤不适反应。

（二）化妆品存在的安全隐患

化妆品不良反应的发生主要与化妆品产品及消费者两方面因素密切相关。

1. 化妆品方面

在化妆品的众多性能中，安全性是化妆品的首要特性。影响化妆品安全性的因素有很多，主要有化妆品原料质量低劣、微生物污染、有毒物质含量超标、违规添加具有毒副作用的药物、化妆品基质原料的刺激、产品说明书未按要求书写使用注意事项及警示语等。

2. 消费者方面

消费者自身的一些问题也是引起化妆品不良反应的因素之一。主要表现为：①消费者自身属于过敏体质。②选用的化妆品不适合自身肤质需求。③对于需做皮肤过敏试验的化妆品，消费者在使用化妆品前没有按照产品说明书要求做相应的皮肤过敏试验。④化妆品使用方法不当：如化妆品涂抹过多、过厚，使用化妆品后不按时卸妆，以及卸妆方法不当、卸妆不彻底等均可能导致皮肤不良反应的发生。

二、化妆品安全通用要求与安全使用

（一）化妆品安全通用要求

1. 一般要求

（1）化妆品应经安全性风险评估，确保在正常、合理及可预见的使用条件下，不

得对人体健康产生危害。

（2）化妆品生产应符合化妆品生产规范的要求。化妆品的生产过程应科学合理，保证产品安全。

（3）化妆品上市前应进行必要的检验，检验方法包括相关理化检验方法、微生物检验方法、毒理学试验方法和人体安全试验方法等。

（4）化妆品应符合产品质量安全有关要求，经检验合格后方可出厂。

2. 配方要求

（1）禁止使用我国《化妆品安全技术规范》（2015年版）中禁用的物质为化妆品的组分。若技术上无法避免禁用物质作为杂质带入化妆品时，国家有限量规定的应符合其规定；未规定限量的，应进行安全性风险评估，确保在正常、合理及可预见的使用条件下，不得对人体健康产生危害。

（2）对于《化妆品安全技术规范》（2015年版）中限制使用的原料，使用时必须遵循《化妆品安全技术规范》（2015年版）中所作规定。

（3）化妆品配方中所用的防腐剂、防晒剂、着色剂、染发剂，必须是《化妆品安全技术规范》（2015年版）中准许使用的上述物质，使用要求应符合《化妆品安全技术规范》（2015年版）中所作规定。

3. 有害物质限值要求

化妆品中有害物质不得超过下表中规定的限值（表10-1）。化妆品中微生物的指标要求见后续章节。

4. 包装材料要求

直接接触化妆品的包装材料应当安全，不得与化妆品发生化学反应，不得迁移或释放对人体产生危害的有毒有害物质。

5. 儿童用化妆品要求

（1）儿童用化妆品在原料、配方、生产过程、标签、使用方式和质量安全控制等方面除满足正常的化妆品安全性要求外，还应满足相关特定的要求，以保证产品的安全性。

（2）儿童用化妆品应在标签中明确适用对象。

6. 原料要求

（1）化妆品原料应经安全性风险评估，确保在正常、合理及可预见的使用条件下，不得对人体健康产生危害。

（2）化妆品原料质量安全要求应符合国家相应规定，并与生产工艺和检测技术所达到的水平相适应。

（3）原料技术要求内容包括化妆品原料名称、登记号（CAS号和/或EINECS号、INCI名称、拉丁学名等）、使用目的、适用范围、规格、检测方法、可能存在的安全性风险物质及其控制措施等内容。

（4）化妆品原料的包装、储运、使用等过程，均不得对化妆品原料造成污染。直接接触化妆品原料的包装材料应当安全，不得与原料发生化学反应，不得迁移或释放对人体产生危害的有毒有害物质。对有温度、相对湿度或其他特殊要求的化妆品原料应按规定条件储存。

（5）化妆品原料应能通过标签追溯到原料的基本信息（包括但不限于原料标准中文名称、INCI 名称、CAS 号和/或 EINECS 号）、生产商名称、纯度或含量、生产批号或生产日期、保质期等中文标识。属于危险化学品的化妆品原料，其标识应符合国家有关部门的规定。

（6）动植物来源的化妆品原料应明确其来源、使用部位等信息。动物脏器组织及血液制品或提取物的化妆品原料，应明确其来源、质量规格，不得使用未在原产国获准使用的此类原料。

（7）使用化妆品新原料应符合国家有关规定。

（二）化妆品的安全使用

化妆品的安全使用，首先要从选择化妆品入手，只有科学合理地选择化妆品，安全使用化妆品才能够得到保障。

1. 科学合理选择化妆品

在选择化妆品时，应注意以下几点：①一定要通过正规渠道购买有质量保证的化妆品，并保存好发票。②选择化妆品时，先审阅商标标识，关注产品标签标识的内容是否全面，尤其应注意有无化妆品生产许可证号。特殊用途化妆品标签中必须标有特殊用途化妆品卫生批准文号；进口化妆品应标明进口化妆品卫生许可证批准文号或备案文号、经销商代理商名称及地址，并且须有中文标签。③根据自身皮肤类型、年龄状况以及所处的季节、环境等因素进行合理选择化妆品，选择时以化妆品不影响皮肤正常生理功能为最基本原则，避免因过度油腻或过度干燥引起的皮肤损害。④孕妇作为特殊的消费者群体，为确保安全，应选择无香料、低乙醇、无刺激性的霜剂或奶液为宜，口红、染发剂、冷烫精之类的化妆品应禁止使用。

2. 安全使用化妆品

要安全使用化妆品，避免引发皮肤不良反应，须做到以下几点：①使用前应认真阅读说明书，对化妆品做全面了解，尤其注意使用方法及使用注意事项。②使用化妆品前应注意清洁双手，使用完毕后及时盖好容器，以免引起化妆品的二次污染。③在身体状况不佳时不宜化妆，包括身患全身性疾病、面部及唇部皮肤病、眼病未愈时均不宜化妆。④不能带妆入睡。⑤不宜频繁更换化妆品，以免增加皮肤的过敏率，尤其是对于敏感性皮肤而言，在使用一种新的产品之前，应先做皮肤试敏试验。⑥注意化妆品的使用期限，并应合理保存化妆品，做到防热防冻、防晒防潮、防污染、防过期。

第二节　化妆品安全性检测与评价

化妆品安全性检测与评价是化妆品质量检测与评价中最为关键的一项，是确保化妆品安全性的重要手段，本节主要针对化妆品卫生化学、毒理学以及人体安全性检测与评价技术的相关内容进行简要介绍，主要依据为《化妆品安全技术规范》（2015 年版）。

一、化妆品卫生化学的检测技术

我国《化妆品安全技术规范》（2015 年版）对于化妆品中有害物质含量的限值做出如下规定，如下表所示（表 10-1）。

表 10-1　化妆品中有害物质限值

有害物质	限值（mg/kg）	备注
汞	1	含有机汞防腐剂的眼部化妆品除外
铅	10	
砷	2	
镉	5	
甲醇	2000	
二噁烷	30	
石棉	不得检出	

（一）冷原子吸收法测定汞的含量

《化妆品安全技术规范》（2015 年版）中规定了三种测定化妆品中总汞含量的方法，分别是冷原子吸收法、氢化物原子荧光光度法和汞分析仪法。本节只介绍冷原子吸收法测定汞的相关内容。

1. 原理

汞蒸气对波长 253.7nm 的紫外光具特征吸收，在一定的浓度范围内，吸收值与汞蒸气浓度成正比。样品经消解、还原处理，将化合态的汞转化为原子态汞，再以载气带入测汞仪测定吸收值，与标准系列溶液比较定量。

2. 试剂和仪器

（1）试剂　主要包括：①硝酸（$\rho_{20} = 1.42\text{g/mL}$）、硫酸（$\rho_{20} = 1.84\text{g/mL}$）、盐酸（$\rho_{20} = 1.19\text{g/mL}$）均为优级纯。②过氧化氢 $[\omega(H_2O_2) = 30\%]$、五氧化二钒、辛醇。③硫酸 $[\phi(H_2SO_4) = 10\%]$、盐酸羟胺溶液、氯化亚锡溶液、重铬酸钾溶液、重铬酸钾-硝酸溶液、氢氧化钾溶液、盐酸 $[\phi(HCl) = 10\%]$。以上各种试剂的配制均参照《化妆品安全技术规范》（2015 年版）中相关内容的要求。

（2）仪器设备　主要有冷原子吸收测汞仪、具塞比色管（50mL、10mL）、250mL 玻璃回流装置（磨口球形冷凝管）、水浴锅（或敞开式电加热恒温炉）、压力自控微波消解系统、天平、汞蒸气发生瓶、高压密闭消解罐。

（3）汞标准溶液制备　①汞单元素溶液标准物质 $[\rho(Hg) = 1000\text{mg/L}]$：国家标准单元素储备溶液应在有效期范围内。②汞标准溶液 I：取汞单元素溶液标准物质 1.0mL 置于 100mL 容量瓶中，用重铬酸钾-硝酸溶液稀释至刻度，可保存一个月。③汞标准溶液 II：取汞标准溶液 I 1.0mL 置于 100mL 容量瓶中，用重铬酸钾-硝酸溶液稀释至刻度，临用现配。④汞标准溶液 III：取汞标准溶液 II 10.0mL 置于 100mL 容量瓶中，用重铬酸钾-硝酸溶液稀释至刻度。

3. 检测步骤

（1）标准系列溶液的制备 取汞标准溶液Ⅲ 0mL、0.10mL、0.30mL、0.50mL、0.70mL、1.00mL、2.00mL，分别置于100mL锥形瓶或汞蒸气发生瓶中，用硫酸定容至一定体积。

（2）样品处理 可选用《化妆品安全技术规范》（2015年版）中汞测定第一法中微波消解法、湿式回流消解法、湿式催化消解法、浸提法（只适用于不含蜡质的化妆品）的任一种。

（3）测定 步骤如下：①调整好测汞仪，将标准系列溶液加至汞蒸气发生瓶中，加入氯化亚锡溶液2mL迅速塞紧瓶塞，开启仪器气阀，待指示达最高读数时，记录读数，绘制标准曲线。②吸取定量的空白和样品溶液于汞蒸气发生瓶中，加入硫酸至一定体积，进行测定，记录读数，在标准曲线上找到对应点，查出空白溶液和测试溶液中汞的浓度。

4. 分析结果

$$\omega = \frac{(m_1 - m_0) \times V}{m \times V_1}$$

式中：ω—样品中汞的质量分数，$\mu g/g$；m_1—测试溶液中汞的质量，μg；m_0—空白溶液中汞的质量，μg；V—样品消化液的总体积，mL；V_1—分取样品消化液体积，mL；m—样品取样量，g。

（二）氢化物原子荧光光度法测定砷的含量

《化妆品安全技术规范》（2015年版）中规定了两种测定化妆品中总砷含量的方法，分别是氢化物发生原子吸收法和氢化物原子荧光光度法。本节只介绍氢化物原子荧光光度法测定砷含量的相关内容。

1. 原理

在酸性条件下，五价砷被硫脲-抗坏血酸还原为三价砷，然后与由硼氢化钠与酸作用产生的大量新生态氢反应，生成气态的砷化氢，被载气输入石英管炉中，受热后分解为原子态砷，在砷空心阴极灯发射光谱激发下，产生原子荧光，在一定浓度范围内，其荧光强度与砷含量成正比，与标准系列比较定量。

2. 试剂和仪器

（1）试剂 主要包括：①硝酸（$\rho_{20} = 1.42g/mL$），硫酸（$\rho_{20} = 1.84g/mL$），均为优级纯。②过氧化氢［ω（H_2O_2）$= 30\%$］。③氧化镁。④六水硝酸镁溶液（500g/L）。⑤盐酸（1+1），硫酸（1+9）。⑥硫脲-抗坏血酸混合溶液。⑦氢氧化钠溶液。⑧硼氢化钠溶液。⑨氢氧化钠溶液；⑩酚酞指示剂（1g/L乙醇溶液）。以上各种试剂的配制均参照《化妆品安全技术规范》（2015年版）中相关内容的要求。

（2）仪器设备 主要有原子荧光光度计、天平、具塞比色管（10mL、25mL）、压力自控微波消解系统、水浴锅（或敞开式电加热恒温炉）、坩埚（50mL）。

（3）砷标准溶液制备　①砷单元素溶液标准物质［ρ（As）= 1000mg/L］：国家标准单元素储备溶液应在有效期范围内。②砷标准溶液Ⅰ：移取砷单元素溶液标准物质1.00mL 置于 100mL 容量瓶中，加水至刻度，混匀。③砷标准溶液Ⅱ：临用时移取砷标准溶液Ⅰ 10.0mL 于 100mL 容量瓶中，加水至刻度，混匀。

3. 检测步骤

（1）标准系列溶液的制备　取砷标准溶液Ⅱ 0mL、0.10mL、0.30mL、0.50mL、1.00mL、1.50mL、2.00mL 于 25mL 具塞比色管中，加水至 5mL，加入盐酸（1+1）溶液 5.0mL，再加入硫脲-抗坏血酸溶液 2.0mL，混匀，得相应浓度为 0μg/L、4μg/L、12μg/L、20μg/L、40μg/L、60μg/L、80μg/L 的砷标准系列溶液。

（2）样品处理　《化妆品安全技术规范》（2015 年版）中规定了三种处理方法，分别是 HNO_3-H_2SO_4 湿式消解法、干灰化法和微波消解法，可任选其中的一种方法对样品进行处理。本节只介绍 HNO_3-H_2SO_4 湿式消解法。

称取样品 1g（精确至 0.001g）于 150mL 锥形瓶中。同时作试剂空白。样品如含乙醇等溶剂，称取样品后应预先将溶剂挥发（不得干涸）。加数粒玻璃珠，加入硝酸 10~20mL，放置片刻后，缓缓加热，反应开始后移去热源，稍冷后加入硫酸 2mL。继续加热消解，若消解过程中溶液出现棕色，可加少许硝酸消解，如此反复直至溶液澄清或微黄。放置冷却后加水 20mL 继续加热煮沸至产生白烟，将消解液定量转移至 25mL 具塞比色管中，加水定容至刻度，备用。

（3）测定　步骤如下：①吸取砷标准系列溶液 2.0mL，注入氢化物发生器中，加入一定量硼氢化钠溶液，测定其荧光强度，以标准系列溶液浓度为横坐标、荧光强度为纵坐标，绘制标准曲线。②取预处理样品溶液及试剂空白溶液 10.0mL 于 25mL 具塞比色管中，加入硫脲-抗坏血酸溶液 2.0mL，混匀，吸取 2.0mL，按绘制标准曲线的操作步骤测定样品荧光强度，由标准曲线查出测试溶液中砷的浓度。

4. 分析结果

$$\omega = \frac{(\rho_1 - \rho_0) \times V}{m \times 1000}$$

式中：ω—样品中砷的质量分数，μg/g；ρ_1—测试溶液中砷的质量浓度，μg/L；ρ_0—空白溶液中砷的质量浓度，μg/L；V—样品消化液总体积，mL；m—样品取样量，g。

（三）　火焰原子吸收分光光度法测定铅的含量

《化妆品安全技术规范》（2015 年版）中规定了两种测定化妆品中铅含量的测定方法，分别为火焰原子吸收分光光度法和石墨炉原子吸收分光光度法。本节只介绍火焰原子吸收分光光度法测定铅含量的相关内容。

1. 原理

样品经预处理使铅以离子状态存在于样品溶液中，样品溶液中铅离子被原子化后，基态铅原子吸收来自铅空心阴极灯发出的共振线，其吸光度与样品中铅含量成正比。在其他条件不变的情况下，根据测量被吸收后的谱线强度，与标准系列比较进行定量。

2. 试剂和仪器

（1）试剂　主要包括：①硝酸（ρ_{20} = 1.42g/mL），优级纯。②高氯酸［ω（HClO₄）= 70%~72%］，优级纯。③过氧化氢［ω（H₂O₂）= 30%］。④硝酸（1+1）。⑤混合酸。⑥辛醇。⑦盐酸羟铵溶液（120g/L）。⑧甲基异丁基酮（MIBK）。⑨盐酸溶液（7mol/L）。以上各种试剂的配制均参照《化妆品安全技术规范》（2015年版）中相关内容的要求。

（2）仪器设备　主要有原子吸收分光光度计及其配件、天平、具塞比色管（10mL、25mL、50mL）、压力自控微波消解系统、水浴锅（或敞开式电加热恒温炉）、离心机。

（3）铅标准溶液的制备　①铅单元素溶液标准物质［ρ（Pb）= 1000mg/L］：国家标准单元素储备溶液，应在有效期内。②铅标准溶液Ⅰ：取铅标准储备溶液10.0mL置于100mL容量瓶中，加硝酸溶液2mL，用水稀释至刻度。③铅标准溶液Ⅱ：取铅标准溶液Ⅰ10.0mL置于100mL容量瓶中，加硝酸溶液2mL，用水稀释至刻度。

3. 检测步骤

（1）标准系列溶液的制备　取铅标准溶液Ⅱ 0mL、0.50mL、1.00mL、2.00mL、4.00mL、6.00mL，分别置于10mL具塞比色管中，加水至刻度，得相应浓度为0mg/L、0.50mg/L、1.00mg/L、2.00mg/L、4.00mg/L、6.00mg/L的铅标准系列溶液。

（2）样品预处理　有三种处理方法，分别是湿式消解法、微波消解法、浸提法（只适用于不含蜡质的化妆品），可任选其中一种方法对样品进行预处理。

湿式消解法：称取样品1~2g（精确至0.001g）于消解管中，同时做试剂空白。样品如含有乙醇等有机溶剂，先在水浴或电热板上低温挥发。若为膏霜型样品，可预先在水浴中加热使瓶壁上样品融化流入瓶的底部。加入数粒玻璃珠，然后加入硝酸10mL，由低温至高温加热消解，当消解液体积减少到2~3mL，移去热源，冷却。加入高氯酸2~5mL，继续加热消解，不时缓缓摇动使其均匀，消解至冒白烟，消解液呈淡黄色或无色。浓缩消解液至1mL左右。冷至室温后定量转移至10mL（如为粉类样品，则至25mL）具塞比色管中，以水定容至刻度，备用。如样液浑浊，离心沉淀后可取上清液进行测定。

（3）测定　主要步骤如下：①按仪器操作程序，将仪器的分析条件调至最佳状态。在扣除背景吸收下，分别测定铅标准系列、空白和样品溶液。如样品溶液中铁含量超过铅含量100倍，不宜采用氘灯扣除背景法，应采用塞曼效应扣除背景法，或按下面②项方法预先除去铁，绘制浓度-吸光度标准曲线，计算样品含量。②将标准、空白和样品溶液转移至蒸发皿中，在水浴上蒸发至干。加入盐酸10mL溶解残渣，转移至分液漏斗，用等量的MIBK萃取二次，保留盐酸溶液。再用盐酸5mL洗MIBK层，合并盐酸溶液，必要时赶酸，定容。按仪器操作程序，进行测定。

4. 分析结果

$$\omega = \frac{(\rho_1 - \rho_0) \times V}{m}$$

式中：ω—样品中铅的质量分数，$\mu g/g$；ρ_1—测试溶液中铅的质量浓度，mg/L；ρ_0—空白溶液中铅的质量浓度，mg/L；V—样品消化液总体积，mL；m—样品取样量，g。

（四）　高效液相色谱法测定性激素的含量

《化妆品安全技术规范》（2015 年版）中规定了七种性激素含量的检测方法，分别为雌三醇、雌酮、己烯雌酚、雌二醇、睾酮、甲基睾酮和黄体酮。检测方法有高效液相色谱-二极管阵列检测器法、高效液相色谱-紫外检测器/荧光检测器法和气相色谱-质谱法三种。本节只介绍高效液相色谱-紫外检测器/荧光检测器法相关内容。

1. 原理

样品提取后，经高效液相色谱仪分离，紫外检测器/荧光检测器检测，以保留时间定性，峰面积定量。

2. 试剂和仪器

（1）试剂　主要有甲醇、饱和氯化钠溶液、环己烷以及硫酸［ϕ（H_2SO_4）= 2%］等。

（2）仪器设备　主要有高效液相色谱仪、紫外检测器或荧光检测器、天平、离心机。

（3）激素标准溶液的制备　①雌激素标准溶液：分别称取雌酮、雌二醇、雌三醇、己烯雌酚各 0.2g（精确至 0.0001g），用少量甲醇溶解，转移至 100mL 容量瓶中，用甲醇稀释到刻度。②雄激素标准溶液：分别称取睾酮、甲基睾酮各 0.6g（精确至 0.0001g），用少量甲醇溶解，转移至 100mL 容量瓶中，用甲醇稀释到刻度，配制成含睾酮、甲基睾酮为 6.00mg/mL 的溶液。取此溶液 10.0mL 置 100mL 容量瓶中，用甲醇稀释到刻度。③孕激素标准溶液：称取黄体酮 0.6g（精确至 0.0001g），用少量甲醇溶解，转移至 100mL 容量瓶中，用甲醇稀释到刻度，配制成含孕激素 6.00mg/mL 的溶液。取此溶液 10.0mL 置于 100mL 容量瓶中，用甲醇稀释到刻度。④混合标准储备溶液：分别取雌激素标准溶液 50.00mL，雄激素标准溶液 5.00mL 和孕激素标准溶液 5.00mL 置于 100mL 容量瓶中，用甲醇稀释到刻度，配制成 1mL 分别含 4 种雌激素各 1.0mg、2 种雄激素各 30.0 μg 和 1 种孕激素 30.0 μg 的混合标准储备溶液。

3. 检测步骤

（1）混合标准系列溶液的制备　取混合标准储备溶液 0.00mL、1.00mL、2.00mL、5.00mL 于 10mL 具塞比色管中，用甲醇稀释至 10mL 刻度，制得混合标准系列溶液。

（2）样品处理　包括溶液状样品、膏状及乳状样品的制备：①溶液状样品：称取样品 1~2g（精确至 0.001g）于 10mL 具塞比色管中，在水浴上蒸除乙醇等挥发性有机溶剂，用甲醇稀释到 10mL，作为样品待测溶液。②膏状、乳状样品：称取样品 1~2g（精确至 0.001g）于 100mL 锥形瓶中，加入饱和氯化钠溶液 50mL，硫酸 2mL，振荡溶解，转移至 100mL 分液漏斗中，以环己烷 30mL 分 3 次萃取，必要时离心分离。合并环己烷层并在水浴上蒸除。用甲醇溶解残留物，转移到 10mL 具塞比色管中，用甲醇稀释到刻度。混匀后，经 0.45 μm 滤膜过滤，滤液作为样品待测溶液。

（3）测定 仪器条件及测试步骤如下：①色谱柱条件：色谱柱：C_{18} 柱（250mm×4.6mm×10 μm），或等效色谱柱；流动相：甲醇+水（80+20）；流速：0.6mL/分钟；检测波长：254nm（紫外检测器）或激发波长 280nm 和发射波长 310nm（荧光检测器）；柱温：45℃；进样量：5 μL。②在规定色谱柱条件下，取混合标准系列溶液分别进样，记录色谱图，以混合标准系列溶液浓度为横坐标，峰面积为纵坐标，绘制标准曲线。③取样品待测溶液进样，记录色谱图，以保留时间和紫外光谱图定性，量取峰面积，根据标准曲线得到样品待测溶液中激素的质量浓度。

4. 分析结果

$$\omega = \frac{\rho \times V}{m}$$

式中：ω—样品中雌三醇等 7 种组分的质量分数，μg/g；ρ—从标准曲线得到待测组分的质量浓度，mg/L；V—样品定容体积，mL；m—样品取样量，g。

（五）高效液相色谱法测定氢醌、苯酚的含量

《化妆品安全技术卫生规范》（2015 年版）中规定了三种化妆品中氢醌、苯酚含量的检测方法，分别为高效液相色谱–二极管阵列检测器法、气相色谱法和高效液相色谱–紫外检测器法。本节只介绍高效液相色谱–紫外检测器法相关内容。本方法适用于祛斑类化妆品和香波中氢醌、苯酚含量的测定。

1. 原理

样品中氢醌、苯酚经甲醇提取，用高效液相色谱仪分离，紫外检测器检测，根据保留时间定性，峰面积定量。

2. 试剂与仪器

（1）试剂 采用优级纯甲醇。

（2）仪器设备 主要有高效液相色谱仪、紫外检测器、天平、超声波清洗器。

（3）标准溶液的制备 ①氢醌标准溶液：称取色谱纯或经蒸馏精制的氢醌 0.1g（精确至 0.0001g）于烧杯中，用少量甲醇溶解后，转移至 100mL 容量瓶中，用甲醇稀释至刻度。本溶液于 4℃暗处保存，在一个月内稳定。②苯酚标准溶液：称取色谱纯苯酚 0.1g（精确至 0.0001g）于烧杯中，用少量甲醇溶解后，转移至 100mL 容量瓶中，用甲醇稀释至刻度。本溶液于 4℃暗处保存，在一个月内稳定。

3. 检测步骤

（1）混合标准系列溶液的制备 取氢醌标准溶液和苯酚标准溶液，分别配制成含氢醌和苯酚为 10.0mg/L、50.0mg/L、100mg/L、200mg/L 的混合标准系列溶液。

（2）样品处理 称取样品 1g（精确至 0.001g）于具塞比色管中，必要时在水浴上蒸馏除乙醇等挥发性有机溶剂，用甲醇定容至 10mL，常温超声提取 15 分钟，取上清液滤液经 0.45 μm 滤膜过滤，作为样品待测溶液。

（3）测定 测定条件及步骤如下：①色谱柱条件：色谱柱：C_{18} 柱（150mm ×

3.9mm ×5 μm），或等效色谱柱；流动相：甲醇+水（60+40）；流速：1.0mL/分钟；检测波长：280nm；柱温：室温；进样量：5 μL；检测器：紫外检测器，检测波长 280nm。②在规定色谱条件下，取混合标准系列溶液分别进样，记录色谱图，以混合标准系列溶液浓度为横坐标，峰面积为纵坐标，绘制氢醌、苯酚标准曲线。③取样品待测溶液进样，记录色谱图，测得峰面积，根据标准曲线得到样品待测溶液中氢醌、苯酚的浓度。

4. 分析结果

$$\omega = \frac{\rho \times V}{m}$$

式中：ω—样品中氢醌或苯酚的质量分数，μg/g；ρ—从标准曲线得到待测组分的质量浓度，mg/L；V—样品定容体积，mL；m—样品取样量，g。

如果检测为阳性结果，应采用气相色谱-质谱法进行确证。具体方法可参照《化妆品安全技术规范》（2015 年版）中相关规定。

（六）　防晒剂检验方法

《化妆品安全技术卫生规范》（2015 年版）中规定了苯基苯并咪唑磺酸等 15 种组分、二苯酮-2、二氧化钛、二乙氨羟苯甲酰基苯甲酸己酯、二乙基己基丁酰胺基三嗪酮、亚苄基樟脑磺酸以及氧化锌的检测方法。本节只重点介绍苯基苯并咪唑磺酸等 15 种组分的检测方法。

1. 高效液相色谱法测定苯基苯并咪唑磺酸等 15 种组分

本方法所指的 15 种组分为防晒剂，包括苯基苯并咪唑磺酸、二苯酮-4 和二苯酮-5、对氨基苯甲酸、二苯酮-3、对甲氧基肉桂酸异戊酯、4-甲基苄亚基樟脑、PABA 乙基己酯、丁基甲氧基二苯甲酰基甲烷、奥克立林、甲氧基肉桂酸乙基己酯、水杨酸乙基己酯、胡莫柳酯、乙基己基三嗪酮、亚甲基双-苯并三唑基四甲基丁基酚和双-乙基己氧苯酚甲氧苯基三嗪。

（1）原理　根据苯基苯并咪唑磺酸等 15 种组分的结构差异，经高效液相色谱分离，二极管阵列或紫外检测器检测。以保留时间和紫外光谱图定性，峰面积定量。

（2）检测步骤　主要步骤如下：①混合标准系列溶液的制备：参照《化妆品安全技术规范》（2015 年版）。②样品处理：参照《化妆品安全技术规范》（2015 年版）。③色谱柱条件：参照《化妆品安全技术规范》（2015 年版）。④测定：A. 色谱条件下，取混合标准系列溶液分别进样，记录色谱图，以混合标准系列溶液浓度为横坐标，峰面积为纵坐标，绘制标准曲线。B. 取样品待测溶液进样，记录色谱图，以保留时间定性，测得峰面积，根据标准曲线得到样品待测溶液中各组分的质量浓度。

（3）分析结果　参照《化妆品安全技术规范》（2015 年版）。

2. 高效液相色谱法测定二苯酮-2

（1）原理　样品提取后，经高效液相色谱仪分离，紫外检测器检测，根据保留时间定性，峰面积定量，以标准曲线法计算含量。

（2）检测步骤　参照《化妆品安全技术规范》（2015 年版）。

（3）分析结果　参照《化妆品安全技术规范》（2015 年版）。

3. 分光光度法测定二氧化钛

（1）适用范围　适用于膏霜、乳、液等化妆品中总钛（以二氧化钛计）含量的测定。本方法不适用于配方中同时含有除二氧化钛外其他钛及钛化合物的化妆品测定。

（2）原理　样品预处理后，使钛以离子状态存在于样品溶液中，加入抗坏血酸溶液掩蔽干扰，在酸性环境下样品溶液中的钛与二安替比林甲烷溶液生成黄色，用分光光度法在 388nm 处检测，以标准曲线法计算含量。

（3）检测步骤　参照《化妆品安全技术规范》（2015 年版）。

（4）分析结果　参照《化妆品安全技术规范》（2015 年版）。

4. 高效液相色谱法测定二乙氨羟苯甲酰基苯甲酸己酯、二乙基己基丁酰胺基三嗪酮、亚苄基樟脑磺酸

（1）适用范围　适用于液态水基类、膏霜乳液类化妆品中二乙氨羟苯甲酰基苯甲酸己酯、二乙基己基丁酰胺基三嗪酮、亚苄基樟脑磺酸含量的测定。

（2）原理　样品提取后，经高效液相色谱仪分离，紫外检测器检测，根据保留时间定性，峰面积定量，以标准曲线法计算含量。

（3）检测步骤　参照《化妆品安全技术规范》（2015 年版）。

（4）分析结果　参照《化妆品安全技术规范》（2015 年版）。

5. 火焰原子吸收法测定氧化锌

（1）适用范围　适用于膏霜、乳、液等化妆品中总锌含量（以氧化锌计）的测定。本方法不适于配方中同时含有除氧化锌外其他锌及锌化合物的化妆品测定。

（2）原理　样品经预处理后，使锌以离子状态存在于样品溶液中，样品溶液中的锌离子被原子化后，基态锌原子吸收来自锌空心阴极灯的共振线，其吸收量与样品中锌的含量成正比。根据测量的吸收值，以标准曲线法计算含量。

（3）检测步骤　参照《化妆品安全技术规范》（2015 年版）。

（4）分析结果　参照《化妆品安全技术规范》（2015 年版）。

二、化妆品的毒理学检测与评价

《化妆品安全技术规范》（2015 年版）中总共规范了 16 个毒理学试验，其中化妆品原料与化妆品产品所需进行的毒理学检测项目不完全相同，不同类别的化妆品产品所需检测的毒理学试验项目也有所差别。

（一）急性经皮毒性试验

1. 适用范围

适用于化妆品原料安全性毒理学检测。

2. 试验目的

急性皮肤毒性试验可确定受试物能否经皮肤吸收和短期作用所产生的毒性反应，可为化妆品原料毒性分级和标签标识以及确定亚慢性毒性试验和其他毒理学试验剂量提供依据。

3. 相关定义

（1）急性皮肤毒性（acute dermal toxicity）　经皮一次涂敷受试物后，动物在短期内出现的健康损害效应。

（2）经皮 LD_{50} 半数致死量（medium lethal dose）　经皮一次涂敷受试物后，引起实验动物总体中半数死亡的毒物的统计学剂量。以单位体重涂敷受试物的重量（mg/kg 或 g/kg）来表示。

4. 试验方法

（1）试验材料　包括大鼠（200~300g）、家兔（2~3kg）、豚鼠（350~450g）以及受试物。

（2）试验步骤　主要步骤如下：①试验开始前 24 小时，剃除动物躯干背部拟染毒区域的被毛，不要损伤皮肤。涂皮面积约占动物体表面积的 10%。②将受试物均匀涂敷于动物背部皮肤染毒区，用一层薄胶片覆盖，无刺激胶布固定，防止动物舔食，一般封闭接触 24 小时。③24 小时后，应使用适宜的溶液清除残留受试物。④观察期限一般不超过 14 天，每天对动物的外观、精神状况、生理状况进行观察并记录。⑤对每只动物（中毒死亡的和处死的）进行解剖。

5. 试验结果评价

评价试验结果时，应将经皮 LD_{50} 与观察到的毒性效应和尸检所见相结合考虑。LD_{50} 值是受试物毒性分级和标签标识以及判定受试物经皮肤吸收后引起动物死亡可能性大小的依据。毒性分级见下表（表 10-2）。

表 10-2　皮肤毒性分级

LD_{50}（mg/kg）	毒性分级
<5	剧毒
5~44	高毒
44~350	中等毒
350~2180	低毒
≥2180	微毒

需要注意的是，虽然急性经皮毒性试验研究和经皮 LD_{50} 的确定提供了受试物经皮染毒的毒性，但其结果外推到人类的有效性很有限。所以，急性经皮毒性试验的结果应与经其他途径染毒的急性毒性试验结果相结合进行综合评价。

（二）急性眼刺激性/腐蚀性试验

1. 适用范围

急性眼刺激性/腐蚀性试验适用于化妆品原料及其产品安全性毒理学检测。

2. 试验目的

确定和评价化妆品原料及其产品对哺乳动物的眼睛是否有刺激作用或腐蚀作用及其

程度。

3. 相关定义

（1）眼睛刺激性（eye irritation）　　眼球表面接触受试物后所产生的可逆性炎性变化。

（2）眼睛腐蚀性（eye corrosion）　　眼球表面接触受试物后引起的不可逆性组织损伤。

4. 试验方法

（1）试验材料　白色家兔、受试物。

（2）试验步骤　主要步骤如下：①轻轻拉开家兔一侧眼睛的下眼睑，将受试物0.1mL（100mg）滴入（或涂入）结膜囊中，使上、下眼睑被动闭合1秒，以防止受试物丢失。另一侧眼睛不处理作自身对照。滴入受试物后24小时内不冲洗眼睛。②若上述试验结果显示受试物有刺激性，需另选用3只兔进行冲洗效果试验，即给家兔眼滴入受试物后30秒，用足量、流速较快但又不会引起动物眼损伤的水流冲洗至少30秒。③对用后冲洗的产品（如洗面奶、发用品、育发冲洗类）只做30秒冲洗试验，即滴入受试物后，眼闭合1秒，至第30秒时用足量、流速较快但又不会引起动物眼损伤的水流冲洗30秒。④对染发剂类产品，只做4秒冲洗试验，即滴入受试物后，眼闭合1秒，至第4秒时用足量、流速较快但又不会引起动物眼损伤的水流冲洗30秒。

（3）临床检查和评分　在滴入受试物后1小时、24小时、48小时、72小时及第4天和第7天对动物眼睛进行检查。如果72小时内未出现刺激反应，即可终止试验。如果发现累及角膜或有其他眼刺激作用，7天内不恢复者，为确定该损害的可逆性或不可逆性，需延长观察时间，一般不超过21天，并提供7天、14天和21天的观察报告。除了对角膜、虹膜、结膜进行观察外，其他损害效应均应当记录并报告。在每次检查中均应按下表的评分标准记录眼刺激反应的积分（表10-3）。

可使用放大镜、手持裂隙灯、生物显微镜或其他适用的仪器设备进行眼刺激反应检查。在24小时观察和记录结束之后，对所有动物的眼睛应用荧光素钠做进一步检查。

表 10-3　眼损害的评分标准

眼损害	积分	眼损害	积分
角膜		结膜	
混浊（以最致密部位为准）		是否充血	
无溃疡形成或混浊	0	血管正常	0
散在或弥漫性混浊，虹膜清晰可见	1	血管充血呈鲜红色	1
半透明区易分辨，虹膜模糊不清	2	血管充血呈深红色，血管不易分辨	2
		弥漫性充血呈紫红色	3
出现灰白色半透明区，虹膜细节不清，瞳孔大小勉强可见	3	是否水肿	
角膜浑浊，虹膜无法辨认	4	无	0

续表

眼损害	积分	眼损害	积分
虹膜		轻微水肿	1
正常	0	明显水肿，伴有部分眼睑外翻	2
皱褶明显加深，充血，肿胀，角膜周围有中度肿胀，瞳孔对光仍有反应	1	水肿至眼睑近半闭合	3
出血，肉眼可见破坏，对光无反应（或出现其中之一反应）	2	水肿至眼睑大半闭合	4

5. 结果评价

以给受试物后动物角膜、虹膜或结膜各自在 24、48 和 72 小时观察时点的刺激反应积分的均值和恢复时间评价，化妆品原料和化妆品产品分别按下表的眼刺激反应分级判定受试物对眼的刺激强度（表 10-4、表 10-5）。

表 10-4 原料眼刺激性反应分级

可逆眼损伤	**2A 级（轻刺激性）**
	2/3 动物的刺激反应积分均值：角膜浑浊≥1；虹膜≥1；结膜充血≥2；结膜水肿≥2 和上述刺激反应积分在≤7 天完全恢复
	2B 级（刺激性）
	2/3 动物的刺激反应积分均值：角膜浑浊≥1；虹膜≥1；结膜充血≥2；结膜水肿≥2 和上述刺激反应积分在<21 天完全恢复
不可逆眼损伤	①任 1 只动物的角膜、虹膜和/或结膜刺激反应积分在 21 天的观察期间没有完全恢复
	②2/3 动物的刺激反应积分均值：角膜浑浊≥3 和/或虹膜>1.5

注：当角膜、虹膜、结膜积分为 0 时，可判为无刺激性，界于无刺激性和轻刺激性之间的为微刺激性。

表 10-5 产品眼刺激性反应分级

可逆眼损伤	微刺激性	动物的角膜、虹膜积分＝0；结膜充血和/或结膜水肿积分≤2，且积分在<7 天内降至 0
	轻刺激性	动物的角膜、虹膜、结膜积分在≤7 天内降至 0
	刺激性	动物的角膜、虹膜、结膜积分在 8~21 天内降至 0
不可逆眼损伤	腐蚀性	①动物的角膜、虹膜、结膜积分在第 21 天时>0
		②2/3 动物的眼睛刺激反应积分：角膜浑浊≥3 和/或虹膜＝2

注：当角膜、虹膜、结膜积分为 0 时，可判为无刺激性。

需要注意的是，急性眼刺激性试验结果从动物外推到人的可靠性很有限。白色家兔在大多数情况下对有刺激性或腐蚀性的物质较人类敏感。若用其他品系动物进行试验时也得到类似结果，会增加从动物外推到人的可靠性。

（三）皮肤变态反应试验

1. 适用范围

皮肤变态反应试验适用于化妆品原料及其产品安全性毒理学检测。

2. 试验目的

确定重复接触化妆品及其原料对哺乳动物是否可引起变态反应及其程度。

3. 相关定义

（1）皮肤变态反应（过敏性接触性皮炎）（skin sensitization, allergic contact dermatitis）是皮肤对一种物质产生的免疫源性皮肤反应。在人类这种反应可能以瘙痒、红斑、丘疹、水疱、融合水疱为特征。动物的反应不同，可能只见到皮肤红斑和水肿。

（2）诱导接触（induction exposure）是指机体通过接触受试物而诱导出过敏状态的试验性暴露。

（3）诱导阶段（induction period）是指机体通过接触受试物而诱导出过敏状态所需的时间，一般至少一周。

（4）激发接触（challenge exposure）机体接受诱导暴露后，再次接触受试物的试验性暴露，以确定皮肤是否会出现过敏反应。

4. 试验方法

（1）试验材料 豚鼠、受试物。

（2）试验原理 实验动物通过多次皮肤涂抹（诱导接触）或皮内注射受试物 10~14 天（诱导阶段）后，给予激发剂量的受试物，观察实验动物对激发接触受试物的皮肤反应强度，并与对照动物比较。

（3）试验步骤 主要步骤如下：①试验前约 24 小时，将豚鼠背部左侧去毛，去毛范围为 4~6cm^2。②诱导接触：将受试物约 0.2mL（g）涂在实验动物去毛区皮肤上，以二层纱布和一层玻璃纸覆盖，再以无刺激胶布封闭固定 6 小时。第 7 天和第 14 天以同样方法重复一次。③激发接触：末次诱导后 14~28 天，将约 0.2mL 的受试物涂于豚鼠背部右侧 2×2cm^2 去毛区（接触前 24 小时脱毛），然后用二层纱布和一层玻璃纸覆盖，再以无刺激胶布固定 6 小时。④激发接触后 24 小时和 48 小时观察皮肤反应，按下表评分（表 10-6）。⑤试验中需设阴性对照组，使用②和③的方法，在诱导接触时仅涂以溶剂作为对照，在激发接触时涂以受试物。对照组动物必须和受试物组动物为同一批。

表 10-6 变态反应试验皮肤反应评分

皮肤反应	积分
红斑和焦痂形成	
无红斑	0
轻微红斑	1
明显红斑	2
中度-重度红斑	3
严重红斑（紫红色）至轻微焦痂形成	4

续表

皮肤反应	积分
水肿形成	
无水肿	0
轻微水肿（勉强可见）	1
中度水肿（皮肤隆起轮廓清楚）	2
重度水肿（皮肤隆起≥1mm）	3
最高积分	7

（4）结果评价　当受试物组动物出现皮肤反应积分≥2时，判为该动物出现皮肤变态反应阳性，按下表判定受试物的致敏强度（表10-7）。

表 10-7　致敏强度

致敏率（%）	致敏强度	致敏率（%）	致敏强度
0~8	弱	65~80	强
9~28	轻	81~100	极强
29~64	中		

注：当致敏率为0时，可判为未见皮肤变态反应。

需要说明的是，试验结果应能得出受试物的致敏能力和强度。这些结果只能在很有限的范围内推导到人类。引起豚鼠强烈反应的物质在人群中也可能引起一定程度的变态反应，而引起豚鼠较弱反应的物质在人群中也许不能引起变态反应。

（四）皮肤光毒性试验

1. 适用范围

皮肤光毒性试验适用于化妆品原料及其产品安全性毒理学检测。

2. 试验目的

评价化妆品原料及其产品引起皮肤光毒性的可能性。

3. 相关定义

光毒性（phototoxicity）是指皮肤一次接触化学物质后，继而暴露于紫外线照射下所引发的一种皮肤毒性反应，或者全身应用化学物质后，暴露于紫外线照射下发生的类似反应。

4. 试验方法

（1）试验材料　主要包括：①白色家兔或者白化豚鼠、受试物。②UV光源：波长为320~400nm的UVA，如含有UVB，其剂量不得超过0.1J/cm^2。

（2）原理　化妆品原料及其产品可能会引起皮肤光毒性。将一定量受试物涂抹在动物背部去毛的皮肤上，经一定时间间隔后暴露于UVA光线下，观察受试动物皮肤反应并确定该受试物是否有光毒性。

（3）试验步骤　主要步骤如下：①试验前18~24小时，将动物脊柱两侧皮肤去毛，试验部位皮肤需完好，无损伤及异常。以大鼠头部为前方分为四块去毛区：左前区为 1 区，右前区为 2 区，左后区为 3 区，右后区为 4 区，每块去毛面积约为 $2×2cm^2$。②将动物固定，在动物去毛区 1 和 2 涂敷 0.2mL（g）受试物。所用受试物浓度不能引起皮肤刺激反应（可通过预试验确定），30 分钟后，左侧（去毛区 1 和 3）用铝箔覆盖，胶带固定，右侧用 UVA 进行照射。③结束后分别于 1、24、48 和 72 小时观察皮肤反应，根据下表判定每只动物皮肤反应评分（表 10-8）。

表 10-8　皮肤刺激反应评分

皮肤反应	积分
红斑和焦痂形成	
无红斑	0
轻微红斑（勉强可见）	1
明显红斑	2
中度-重度红斑	3
严重红斑（紫红色）至轻微焦痂形成 4	4
水肿形成	
无水肿	0
轻微水肿（勉强可见）	1
轻度水肿（皮肤隆起轮廓清楚）	2
中度水肿（皮肤隆起约 1mm）	3
重度水肿（皮肤隆起超过 1mm，范围扩大）	4
最高积分	8

5. 结果评价

单纯涂受试物而未经照射区域未出现皮肤反应，而涂受试物后经照射的区域出现皮肤反应分值之和为 2 或 2 以上的动物数为 1 只或 1 只以上时，判为受试物具有光毒性。

为保证试验方法的可靠性，至少每半年用阳性对照物检查一次，即在去毛区 1 和 2 涂阳性对照物。

三、化妆品的人体安全性评价与检测技术

化妆品人体检验应符合国际赫尔辛基宣言的基本原则，要求受试者签署知情同意书并采取必要的医学防护措施，最大限度地保护受试者的利益。化妆品人体检验之前应先完成必要的毒理学检验并出具书面证明，毒理学试验不合格的样品不再进行人体检验。

（一）　人体皮肤斑贴试验

1. 适用范围

人体皮肤斑贴试验适用于检验防晒类、祛斑类、除臭类及其他需要类似检验的化

妆品。

2. 试验目的

检测受试物引起人体皮肤不良反应的潜在可能性。

3. 试验分类

人体皮肤斑贴试验包括皮肤封闭型斑贴试验及皮肤重复性开放型涂抹试验两类，一般情况下采用皮肤封闭型斑贴试验。祛斑类化妆品和粉状（如粉饼、粉底等）防晒类化妆品进行人体皮肤斑贴试验出现刺激性结果或结果难以判断时，应当增加皮肤重复性开放型涂抹试验。

4. 受试者的选择

（1）选择 18~60 岁符合试验要求的志愿者作为受试对象。

（2）不能选择有下列情况者作为受试者。满足以下各条目中的任何一项者均不能作为人体皮肤斑贴试验的受试对象：①近一周使用抗组胺药或近一个月内使用免疫抑制剂者，在近 6 个月内接受抗癌化疗者，正在接受治疗的哮喘或其他慢性呼吸系统疾病患者。②近两个月内受试部位应用任何抗炎药物者，受试者患有炎症性皮肤病临床未愈者。③在皮肤待试部位由于瘢痕、色素、萎缩、鲜红斑痣或其他瑕疵而影响试验结果的判定者。④胰岛素依赖性糖尿病患者，免疫缺陷或自身免疫性疾病患者。⑤双侧乳房切除及双侧腋下淋巴结切除者。⑥哺乳期或妊娠妇女，体质高度敏感者。⑦参加其他的临床试验研究者。⑧非志愿参加者或不能按试验要求完成规定内容者。

5. 试验方法

（1）皮肤封闭型斑贴试验　主要步骤如下：①按受试者入选标准选择参加试验的人员，至少 30 名。②选用面积不超过 $50mm^2$、深度约 1mm 的合格斑试器材。将受试物放入斑试器小室内，用量约为 0.020~0.025g（固体或半固体）或 0.020~0.025mL（液体）。受试物为化妆品产品原物时，对照孔为空白对照（不置任何物质），受试物为稀释后的化妆品时，对照孔内使用该化妆品的稀释剂。将加有受试物的斑试器用低致敏胶带贴敷于受试者的背部或前臂曲侧，用手掌轻压使之均匀地贴敷于皮肤上，持续 24 小时。③分别于去除受试物斑试器后 30 分钟（待压痕消失后）、24 小时和 48 小时按下表标准观察皮肤反应，并记录观察结果（表 10-9）。

表 10-9　皮肤封闭型斑贴试验皮肤反应分级标准

反应程度	评分等级	皮肤反应
−	0	阴性反应
±	1	可疑反应，仅有微弱红斑
+	2	弱阳性反应（红斑反应）：红斑、浸润、水肿、可有丘疹
++	3	强阳性反应（疱疹反应）：红斑、浸润、水肿、丘疹、疱疹；反应可能超出受试区
+++	4	超强阳性反应（融合性疱疹反应）：明显红斑、严重浸润、水肿、融合性疱疹；反应超出受试区

结果评价：30 例受试者中出现 1 级皮肤不良反应的人数多于 5 例，或 2 级皮肤不良反应的人数多于 2 例（除臭产品斑贴试验 2 级反应的人数多于 5 例），或出现任何 1 例 3 级或 3 级以上皮肤不良反应时，判定受试物对人体有皮肤不良反应。

（2）重复性开放型涂抹试验　主要步骤如下：①按受试者入选标准选择参加试验的人员，至少 30 名。②以前臂屈侧作为受试部位，面积 3×3cm^2，受试部位应保持干燥，避免接触其他外用制剂。③将试验物约 0.050±0.005g（mL）/次、每天 2 次均匀地涂于受试部位，连续 7 天，同时观察皮肤反应，在此过程中如出现 3 分或以上的皮肤反应时，应根据具体情况决定是否继续试验。④皮肤反应按下表重复性开放型涂抹试验皮肤反应评判标准进行观察，并记录结果（表 10-10）。

表 10-10　皮肤重复性开放型涂抹试验皮肤反应评判标准表

反应程度	评分等级	皮肤反应
−	0	阴性反应
±	1	微弱红斑
+	2	红斑、水肿、丘疹、风团、脱屑、裂隙
++	3	明显红斑、水肿、水疱
+++	4	重度红斑、水肿、大疱、糜烂、色素沉着或色素减退、痤疮样改变

结果评价：在 30 例受试者中若有 1 级皮肤不良反应 5 例（含 5 例）以上，2 级皮肤不良反应 2 例（含 2 例）以上，或出现任何 1 例 3 级或 3 级以上皮肤不良反应，判定受试物对人体有明显不良反应。

（二）人体试用试验安全性评价

1. 适用范围

人体试用试验安全性评价适用于《化妆品卫生监督条例》中定义的特殊用途化妆品，包括健美类、美乳类、育发类、脱毛类、驻留类产品卫生安全性检验结果 pH≤3.5 或企业标准中设定 pH≤3.5 的产品及其他需要类似检验的化妆品。

2. 试验目的

通过一段时间的试用产品来检测受试物引起人体皮肤不良反应的潜在可能性。

3. 受试者的选择

选择标准与人体皮肤斑贴试验相同。

4. 试验方法

（1）选择 18~60 岁符合试验要求的志愿者作为受试对象。

（2）按入选标准选择 30 例以上受试者，按照化妆品使用方法让受试者直接使用受试产品。每周 1 次观察或电话随访受试者皮肤反应或全身性不良反应（健美类、美乳类、脱毛类、驻留类），按下表记录结果，试用时间不得少于 4 周（表 10-11）。

表 10-11　人体试用试验皮肤反应分级标准

皮肤反应	评分等级
无反应	0
微弱红斑	1
红斑、浸润、丘疹	2
红斑、水肿、丘疹、水疱	3
红斑、水肿、大疱	4

（3）结果评价：育发类、健美类、美乳类、脱毛类、驻留类产品 30 例受试者中出现 1 级皮肤不良反应的人数≥3 例，或 2 级皮肤不良反应的人数≥2 例，或出现任何 1 例 3 级或 3 级以上皮肤不良反应时，判定受试物对人体有皮肤不良反应。

对于脱毛类化妆品，试用后需由负责医生观察局部皮肤反应。30 例受试者中出现 1 级皮肤不良反应的人数≥4 例，或 2 级皮肤不良反应的人数≥3 例，或出现任何 1 例 3 级或 3 级以上皮肤不良反应时，判定受试物对人体有皮肤明显不良反应。

复习思考题

1. 简述化妆品存在哪些安全隐患。
2. 氢化物原子荧光光度法测定砷的原理是什么？
3. 简述哪些人群不能作为人体皮肤斑贴试验的受试对象。

扫一扫，见答案

第十一章　化妆品理化性质的评价与检测

第一节　通用物理参数的检测技术

化妆品质量检测过程中，涉及对原料和产品各种物理常数如相对密度、熔点、黏度、浊度和 pH 值的检测。本节主要介绍相对密度、黏度系数和 pH 值的检测方法。

一、相对密度的测定

1. 相关定义

（1）密度　又称绝对密度，是指物质的质量与体积之比，用 ρ 表示，单位为 g/cm^3 或 g/mL。

（2）相对密度　是指一定体积的物质在温度 t 时的密度与同体积的蒸馏水在温度 t_0 时的密度之比，记为 $D_{t_0}^t$。根据绝对密度的定义进行推导，可知物质的相对密度为该物质与蒸馏水分别在 $t℃$ 和 $t_0℃$ 时，等体积质量之比，即

$$D_{t_0}^t = m_t / m_{t_0}。$$

国际标准相对密度的测定是：被测物质和蒸馏水的测定温度均为 20℃，即 $t = t_0 = 20℃$。

2. 仪器

相对密度的测定使用仪器主要有密度瓶、恒温水浴、密度计、温度计、分析天平、数字密度计（有自动黏度修正及温度热平衡功能）。

3. 检测方法

本节将介绍三种化妆品相对密度的检测方法，其中密度瓶法、密度计法适用于液态化妆品，仪器法适用于液态、半固态化妆品。

（1）密度瓶法

1）原理：分别测定一定温度下相同体积的试样和蒸馏水的质量，试样的质量与蒸馏水的质量之比即为相对密度。

2）检测步骤：用密度瓶法检测相对密度可按如下步骤进行：①水值的测定：取洁净密度瓶置于 100~105℃ 的干燥箱中干燥至恒重，称其质量（精确至 0.0001g）。加入刚经煮沸并冷却至比规定温度低约 2℃ 的蒸馏水，装满密度瓶，插入温度计，然后将密度瓶置于规定温度的恒温水浴中，保持 20 分钟，待蒸馏水达到规定温度后，用滤纸擦去毛细管溢出的水，盖上小帽，然后将密度瓶从水浴中取出擦干其外部的水，称其重量

（精确至 0.0001g）。②试样的测定：将试样小心的加入洁净干燥的同一密度瓶中，插入温度计，按照称取蒸馏水质量的方法进行恒温称重。③按下列公式计算试样的相对密度。

$$D^t_{t_0} = \frac{G_2 - G_0}{G_1 - G_0}$$

式中：$D^t_{t_0}$—试样在 t℃时相对于 t_0℃时同体积水的相对密度；G_0—空密度瓶的质量，g；G_1—水和密度瓶质量之和，g；G_2—试样和密度瓶的质量之和，g。

（2）密度计法

1）原理：用密度计分别测定在一定的温度下试样和蒸馏水的密度值，试样的密度值与蒸馏水的密度值之比即为相对密度。

2）检测步骤：用密度计法检测相对密度可按如下步骤进行：①水值的测定：将蒸馏水置于洁净干燥的量筒中，插入温度计，再将量筒置于规定温度的恒温水浴中，保持 20 分钟，待蒸馏水达到规定温度后，用密度计测其密度。②试样的测定：将试样加入洁净干燥的量筒中，按照测定蒸馏水密度的方法恒温测量其密度。③按下列公式计算试样的相对密度。

$$D^t_{t_0} = \frac{\rho_1}{\rho_0}$$

式中：ρ_1—试样在 t℃时的密度，g/mL；ρ_0—水在 t_0℃时的密度，g/mL。

（3）仪器法

1）原理：采用 U 形管振动法，将试样导入于一端固定的 U 形振动管（测量池），利用激发装置使 U 形振荡管以一定的特征频率振荡。该振荡频率二次方的大小与测量池中样品的密度呈线性关系。

2）检测步骤：用仪器法检测相对密度可按如下步骤进行：①仪器校正：按数字密度计说明书的要求对仪器进行校正。②试样的测定：设定仪器温度至待测温度，用注射器将试样注入并充满清洁干燥的测量池中，通过气泡检测功能或通过观察窗口确认测量池无气泡，当仪器稳定地显示出密度值或相对密度值时，记录数值。③以两次测定的平均值作为最后结果，两次平行试验结果的绝对误差不大于 0.001。

二、黏度的测定

黏度是指液体流动时的内部摩擦阻力，黏度可分为动力黏度和运动黏度。化妆品的可挤出性、黏起感、铺展性等均与黏度有关。化妆品可以分为黏性流体和黏弹性流体两类，发油、香水、花露水、化妆水等属于黏性流体；膏、凝胶、乳液等属于黏弹性流体。不同种类的化妆品黏度不同，所采用的黏度测定方法也不同。

1. 相关定义

（1）动力黏度（dynamic viscosity）　又称绝对黏度，是指应力与应变速率之比。其数值上等于面积为 $1cm^2$、相距 $1cm$ 的两层液体，以 $1cm/s$ 的速度做相对运动时，因之间存在的流体互相作用所产生的内摩擦力。动力黏度用 η 表示，单位为 N·s/cm²，即 Pa·s。

（2）运动黏度（kinematic viscosity） 是指流体的动力黏度与同温度下该流体密度之比。运动黏度用 γ 表示，单位为 m^2/s。

（3）黏性流体 又称牛顿流体，是指在所有剪切速率下，都显示恒定黏度的液体。

（4）黏弹性流体 又称非牛顿流体，是指随剪切速率的变化乃至剪切时间不同，其黏度会发生变化的液体。

2. 黏性流体黏度检测

（1）原理 当被测液体从黏度计中流过时，黏度越大历时越长。该方法检测的是黏性流体的运动黏度。

（2）仪器 使用的仪器主要有毛细管黏度计、恒温水浴锅。而根据试样的黏度不同所使用的毛细管黏度计有所区别，奥式黏度计用于低黏度样品，乌氏黏度计用于高黏度样品。

（3）检测步骤 用毛细管黏度计测定黏性流体的黏度可按如下步骤进行：①黏度计的选择：根据试样黏度选择适当内径的黏度计，使得流动时间在 300 秒以上，并确保黏度计洁净干燥。②装液：按照黏度计的使用说明进行装液，然后将黏度计固定在恒温水浴中，并调节黏度计使毛细管垂直。③测量：黏度计在恒温水浴中、在测量温度下保持至少 15 分钟，待试样温度恒定，按照使用说明测量试样的流动时间。不重装试样，重复测量两次流动时间，取平均值。④按下列公式计算试样的黏度。

$$\gamma = Ct$$

式中：γ—试样的运动黏度，mm^2/s；C—黏度计常数，mm^2/s^2；t—试样的流动时间，s。

3. 黏弹性流体黏度检测

（1）原理 通过一个经校验过的铍-铜合金的弹簧带动一个转子在流体中持续旋转，旋转扭矩传感器测得弹簧的扭变程度即扭矩，它与浸入样品中的转子被黏性拖拉形成的阻力成比例，扭矩因而与液体的黏度也成正比。该方法检测的是黏弹性流体的动力黏度。

（2）仪器 使用仪器主要有旋转黏度计、恒温水浴锅。

（3）检测步骤 用旋转黏度计测定黏弹性流体的黏度可按如下步骤进行：①恒温：将盛有样品的容器放入恒温水浴中，通过恒温水浴调节试样温度至选定的试验温度。②测量：将所选的转子放入测量容器内接到转轴上，转子浸在试样中心，试样液面在转子液位标线，并防止转子产生气泡，然后开启仪器，按仪器说明书操作，记录仪表读数。③按下列公式计算试样的黏度。

$$\eta = K\alpha$$

式中：η—试样的动力黏度，$mPa·s$；K—根据所选转子及转速由仪器给定的系数；α—旋转黏度计读数值。

三、pH 值的测定

1. 试剂与材料

本章中各检测方法所用试剂除另有说明外，均为优级纯试剂，所用水指不含 CO_2 的去离子水。pH 值测定所需试剂的配制方法如下。

（1）苯二甲酸氢钾标准缓冲溶液　称取在 105℃ 烘干 2 小时的苯二甲酸氢钾（$KHC_8H_4O_4$）10.12g 溶于水中，并稀释至 1L，储存于塑料瓶中。此溶液 20℃ 时，pH 值为 4.00。

（2）磷酸盐标准缓冲溶液　称取在 105℃ 烘干 2 小时的磷酸二氢钾（KH_2PO_4）3.40g 和磷酸氢二钠（Na_2HPO_4）3.55g，溶于水中，并稀释至 1L，储存于塑料瓶中。此溶液 20℃ 时，pH 值为 6.88。

（3）硼酸钠标准缓冲溶液　称取四硼酸钠（$NaB_4O_7 \cdot 10H_2O$）3.81g，溶于水中，稀释至 1L，储存于塑料瓶中。此溶液 20℃ 时，pH 值为 9.22。

以上三种标准缓冲溶液的 pH 值随温度变化而稍有差异，见下表（表 11-1）。

表 11-1　不同温度时标准缓冲溶液的 pH 值

温度℃	标准缓冲溶液的 pH 值		
	苯二甲酸盐	磷酸盐	硼酸盐
0	4.01	6.98	9.46
5	4.01	6.95	9.39
15	4.00	6.90	9.27
20	4.00	6.88	9.22
25	4.01	6.86	9.18
30	4.01	6.85	9.14
35	4.02	6.84	9.10
40	4.02	6.84	9.07
45	4.03	6.83	9.04
50	4.03	6.83	9.01

2. 仪器

使用仪器主要有精密酸度计（精度0.02）、复合电极或玻璃电极和甘汞电极、磁力搅拌器（附有加温控制功能）、分析天平。

3. 检测步骤

（1）样品处理　在检测样品的 pH 值之前，需根据样品的性状选择适宜的方法进行处理。①稀释法：称取样品 1 份（精确到 0.1g），加不含 CO_2 的去离子水 9 份，加热至40℃，并不断搅拌至均匀，冷却至室温，作为待测溶液。如为含油量较高的产品，可加热至 70℃~80℃，冷却后去油块待用；粉状产品可沉淀过滤后待用。②直测法（不适用于粉类、油基类及油包水型乳化体化妆品）：将适量包装容器中的样品放入烧杯中待用或将小包装去盖后直接将电极插入其中。

（2）测定　在使用复合电极或玻璃电极前先放入水中浸泡 24 小时以上进行电极活化。按精密酸度计出厂说明书，选用与样品 pH 值相接近的两种标准缓冲溶液在所规定的温度下进行校准，或在温度补偿条件下进行仪器校准。用水洗涤电极，用滤纸吸干后，将电极插入被测样品中，启动搅拌器，待酸度计读数稳定 1 分钟后，停搅拌器，直接从仪器上读出 pH 值。测试两次，误差范围±0.1，取其平均读数值。测定完毕后，将电极用水冲洗干净，其中玻璃电极浸在水中备用。

第二节　通用化学参数的检测技术

化妆品质量检测过程中，涉及原料和产品各种化学常数如酸值、酸度、皂化、碘值、氧化脂肪酸等。本节主要介绍酸值、皂化值和碘值的检测方法。

一、酸值的测定

酸值是指中和 1g 样品所需氢氧化钾的质量。酸值是评定油脂品质的重要指标之一，是油脂中游离脂肪酸多少的度量。游离脂肪酸含量越高，说明油脂原料酸败越严重。水分杂质含量高，储存和提炼温度高、时间长，都会导致油脂中游离脂肪酸的含量增高。

（一）原理

酸值的检测依据酸碱中和原理：$RCOOH + KOH \rightarrow RCOOK + H_2O$

（二）试剂与材料

酸值测定所需试剂的配制方法如下：①乙醚-异丙醇混合液：按乙醚-异丙醇（1+1）混合，用氢氧化钾溶液（3g/L）中和至酚酞指示液呈中性。②氢氧化钾标准溶液：0.1mol/L 或 0.5mol/L。③酚酞指示液：10g/L 溶于 95%乙醇（体积分数）。④碱性蓝 6B 溶液：20g/L 溶于 95%乙醇（体积分数）。

（三）仪器

使用仪器主要有锥形瓶、碱式滴定管、恒温水浴锅、分析天平。

（四）检测方法

本节将介绍两种化妆品原料酸值的检测方法。冷溶剂指示剂滴定法适用于常温下能够被冷溶剂完全溶解成澄清溶液的油脂原料；热乙醇指示剂滴定法适用于常温下不能被冷溶剂完全溶解成澄清溶液的油脂原料。

1. 冷溶剂指示剂滴定法

用冷溶剂指示剂滴定法检测酸值可按如下步骤进行：①称样：根据样品的颜色和估

计酸值，按照下表（表 11-2）称样，装入锥形瓶中。②样品处理：向试样中加入 50~100mL 乙醚-异丙醇混合液和 3~4 滴酚酞指示剂，充分振摇溶解试样。③滴定：以氢氧化钾标准溶液滴定，至初现微红色，且 15 秒内无明显褪色为终点。对于深色泽油脂样品，可用碱性蓝 6B 指示剂滴定。④按下列公式计算试样的酸值。

$$AV = cVM（KOH）/m$$

式中：AV—试样的酸值，mg/g；c—氢氧化钾标准溶液的实际浓度，mol/L；V—试样消耗氢氧化钾标准溶液的体积，mL；m—试样的质量，g；M（KOH）—氢氧化钾的摩尔质量，56g/mol。

酸价≤1mg/g，计算结果保留 2 位小数；1mg/g<酸价≤100mg/g，计算结果保留 1 位小数；酸价>100mg/g，计算结果保留至整数位。

参照估计酸值见下表（表 11-2）。

表 11-2　估计酸值参照表

估计的酸值（mg/g）	试样量（g）	滴定液浓度（mol/L）	试样称重的精确度（g）
<1	20	0.1	0.05
1~4	10	0.1	0.02
4~15	2.5	0.1	0.01
15~75	0.5	0.1 或 0.5	0.001
>75	0.1	0.5	0.001

2. 热乙醇指示剂滴定法

用热乙醇指示剂滴定法检测酸值可按如下步骤进行：①称样：根据样品的颜色和估计酸值，按照表 11-2 称样，装入锥形瓶中。②热乙醇溶液制备：另取一个锥形烧瓶，加入 50~100mL 的 95% 乙醇和 0.5~1mL 的酚酞指示剂。然后将锥形瓶放入 90~100℃ 的水浴中加热直到乙醇微沸。取出后立即用氢氧化钾标准溶液滴定至初现微红色，且 15s 内无明显褪色时停止滴定。③样品处理：将上述中和乙醇溶液立即倒入装有试样的锥形瓶中，然后放入 90~100℃ 的水浴中加热直到乙醇微沸，其间剧烈振摇锥形烧瓶形成悬浊液。④滴定：取出锥形烧瓶，立即用氢氧化钾标准溶液对试样的热乙醇悬浊液进行滴定，当试样溶液初现微红色，且 15 秒内无明显褪色时，为滴定的终点。对于深色泽的油脂样品，可适当加大乙醇和指示剂（可用碱性蓝 6B 指示剂）用量。⑤酸值的计算方法同冷溶剂指示剂滴定法。

二、皂化值的测定

皂化值是指皂化 1g 油脂或蜡所需氢氧化钾的质量。皂化值的大小与油脂或蜡的主要化学组成有关，与其平均相对分子质量成反比，并与所含有的游离脂肪酸含量成正比。各种纯油脂或蜡都有一定的皂化值范围，若测出的皂化值不在此范围内，表明油脂或蜡不纯。

（一） 原理

在回流条件下将样品和氢氧化钾-乙醇溶液一起煮沸，发生皂化反应，然后用盐酸标准溶液滴定过量的氢氧化钾。

（二） 试剂与材料

皂化值测定所需试剂的配制方法如下：①氢氧化钾-乙醇溶液：0.5mol/L 氢氧化钾溶于 95% 乙醇（体积分数）。②盐酸标准溶液：0.5mol/L。③酚酞溶液：1g/L 溶于 95% 乙醇（体积分数）。④碱性蓝 6B 溶液：25g/L 溶于 95% 乙醇（体积分数）。⑤助沸物：玻璃珠或瓷粒。

（三） 仪器

使用仪器主要有锥形瓶、回流冷凝管、加热装置（水浴锅、电热板等）、酸式滴定管、移液管、分析天平。

（四） 检测步骤

化妆品原料及产品的皂化值检测可按如下步骤进行：①称样：根据下表估计皂化值，称量约被一半氢氧化钾-乙醇溶液中和的样品量，置于锥形瓶中（表 11-3）。②样品处理：将 25mL 氢氧化钾-乙醇溶液加到试样中，并加入一些助沸物，连接回流冷凝管与锥形瓶，将锥形瓶放在加热装置上慢慢煮沸，不时摇动，油脂维持沸腾状态 1 小时，对于难以皂化的样品要煮沸 2 小时。③滴定：加 0.5~1mL 酚酞指示剂于热溶液中，并用盐酸标准溶液滴定到指示剂的粉色刚消失。若是深色皂化液，则用 0.5~1mL 的碱性蓝 6B 溶液作为指示剂。④空白试验：同样条件下，做不加试样的空白试验。⑤按下列公式计算试样的皂化值。

$$SV = c (V_0 - V_1) M (KOH) / m$$

式中：SV—试样的皂化值，mg/g；c—盐酸标准溶液的实际浓度，mol/L；V_0—空白试验消耗盐酸标准溶液的体积，mL；V_1—试样消耗盐酸标准溶液的体积，mL；m—试样的质量，g；M（KOH）—氢氧化钾的摩尔质量，56g/mol。

取两次测定的算术平均值作为测定结果。

表 11-3　估计皂化值参照表

估计的皂化值（以 KOH 计）（mg/g）	试样量（g）
150~200	1.8~2.2
200~250	1.4~1.7
250~300	1.2~1.3
>300	1.0~1.1

三、碘值的测定

碘值是指 100g 油脂所能吸收碘的克数。碘值的测定能够反映油脂的不饱和程度，油脂不饱和程度越高，越易发生氧化而腐败。

（一） 原理

用氯化碘与油脂中不饱和脂肪酸起加成反应，然后加入碘化钾，碘化钾与多余的氯化碘反应释放 I_2，再用硫代硫酸钠滴定碘。

（二） 试剂与材料

碘值测定所需试剂的配制方法如下：①碘化钾溶液：100g/L，不含碘酸盐或游离碘。②淀粉指示剂：将 5g 可溶性淀粉在 30mL 水中混合，加入 1000mL 沸水，并煮沸 3 分钟，然后冷却。③硫代硫酸钠标准溶液：0.1mol/L，标定后 7 天内使用。④溶剂：将环己烷和冰乙酸等体积混合。⑤韦氏试剂：取 25g 一氯化碘溶于 1500mL 冰乙酸中。韦氏试剂中 I/Cl 之比应控制在 1.10±0.1 的范围内。

（三） 仪器

使用仪器主要有玻璃称量皿、具塞锥形瓶、分析天平。

（四） 检测步骤

化妆品原料及产品的碘值检测可按如下步骤进行：①称样：根据下表估计碘值，称量样品，精确到 0.001g（表 11-4）。②样品处理：将盛有试样的称量皿放入 500mL 锥形瓶，并加入相应体积的溶剂溶解试样，用移液管准确加入 25mL 韦氏试剂，盖好塞子，摇匀后放置于黑暗处 1 小时（碘值低于 150）或者 2 小时（碘值高于 150）。③滴定：反应结束后，加入 20mL 碘化钾溶液和 150mL 水。用硫代硫酸钠标准溶液滴定至碘的黄色接近消失。加几滴淀粉指示剂继续滴定，一边滴定一边摇动锥形瓶，直到蓝色刚好消失。④相同条件下做空白试验。⑤按下列公式计算试样的碘值。

$$IV = c \ (V_0 - V_1) \ M\left(\frac{1}{2}I_2\right)/m \times 10^{-1}$$

式中：IV—试样的碘值，g/100g；c—硫代硫酸钠标准溶液的浓度，mol/L；V_0—空白试验消耗硫代硫酸钠标准溶液的体积，mL；V_1—试样消耗硫代硫酸钠标准溶液的体积，mL；m—试样的质量，g；M（I_2）—碘的摩尔质量，253.8g/mol。

碘值<20g/100g，结果取值到 0.1；20g/100g ≤ 碘值 ≤ 60g/100g，结果取值到 0.5；碘值>60g/100g，结果取值到 1。

表 11-4　估计碘值参照表

估计碘值（g/100g）	试样质量（g）	溶剂体积（mL）
<1.5	15.00	25
1.5~2.5	10.00	25
2.5~5.0	3.00	20
5~20	1.00	20
20~50	0.40	20
50~100	0.20	20
100~150	0.13	20
150~200	0.10	20

注：试样的质量必须能保证所加入的韦氏试剂过量 50%~60%，即吸收量的 100%~150%。

第三节　化妆品稳定性检测与评价技术

化妆品的稳定性要求产品在较长的时间内（通常是 3 年）性质稳定，不发生分层、絮凝、变色、变质等现象。

一、耐热试验

各类化妆品的外观形式不同，对耐热的要求和试验操作各不相同。

（一）护肤乳液、护发素的耐热试验

1. 耐热指标

要求试样在（40±1）℃条件下保持 24 小时，恢复室温后无分层现象。

2. 检测方法

分别向两支试管内倒入 2/3 高度的试样，塞上干净的塞子，把其中一支放入预先调至 40±1℃的恒温培养箱内，保持 24 小时后取出，恢复至室温后，与另一支常温放置的试管中的试样进行目测比较。

（二）唇膏的耐热试验

1. 耐热指标

要求试样在（45±1）℃条件下保持 24 小时，恢复至室温后外观无明显变化，能正常使用。

2. 检测方法

将试样脱去盖套并全部旋出，放入预先调至（45±1）℃的恒温培养箱内，保持 24 小时后取出，恢复至室温目测观察，并将少许涂擦手背，观察其使用性能。

（三）　染发剂的耐热试验

1. 耐热指标

要求试样在（40±1）℃条件下保持 6 小时，恢复至室温后与试验前相比无明显变化。

2. 检测方法

把包装完整的试样放入预先调至 40℃ 的恒温培养箱内，保持 6 小时后取出，恢复至室温后目测观察。

二、耐寒试验

各类化妆品的外观形式不同，对耐寒的要求和试验操作各不相同。

（一）　护肤乳液的耐寒试验

1. 耐寒指标

要求试样在（-8±2）℃条件下保持 24 小时，恢复室温后无分层现象。

2. 检测方法

分别向两支试管内倒入 2/3 高度的试样，塞上干净的塞子，把一支放入预先调至 -8℃ 的冰箱内，保持 24 小时后取出，恢复至室温与另一支室温放置的试管中试样进行目测比较。

（二）　发乳的耐寒试验

1. 耐寒指标

要求试样在 -15～-5℃ 条件下保持 24 小时，恢复至室温后无油水分离现象。

2. 检测方法

将包装完整的试样放入预先调节至 -15～-5℃ 的冰箱内，保持 24 小时后取出，恢复至室温后观察膏体。

（三）　唇膏的耐寒试验

1. 耐寒指标

要求试样在 -10～-5℃ 条件下保持 24 小时，恢复至室温后能正常使用。

2. 检测方法

将包装完整的试样放入预先调节至 -10～-5℃ 的冰箱内，保持 24 小时后取出，恢复至室温后将试样少许擦于手背上，目测观察其使用性能。

（四）　洗面奶的耐寒试验

1. 耐寒指标

要求试样在（-8±2）℃条件下保持 24 小时，恢复室温后无分层、泛粗、变色现象。

2. 检测方法

将包装完整的试样放入预先调节到-8℃的冰箱内，保持 24 小时后取出，恢复至室温后目测观察。

（五） 洗发液、洗发膏的耐寒试验

1. 耐寒指标

要求试样在（-8±2)℃条件下保持 24 小时，恢复室温后洗发液无分层现象，洗发膏无分离析水现象。

2. 检测方法

将包装完整的试样放入预先调节至-8℃的冰箱内，保持 24 小时后取出，恢复至室温后目测观察。

三、离心试验

测定化妆品货架寿命的必要试验，可以评价其油水分离情况，本方法适用于护肤乳液和洗面奶。

（一） 护肤乳液的离心试验

1. 离心试验指标

要求 2000r/min 旋转 30 分钟，不分层（添加不溶颗粒或不溶粉末的除外）。

2. 检测方法

向离心管中注入 2/3 高度的试样，用软木塞塞好，然后放入预先调节至38℃的恒温箱中保持 1 小时后，立即移入离心机，设置 2000r/min 离心速度，旋转 30 分钟后取出观察。

（二） 洗面奶的离心试验

1. 离心试验指标

要求 2000r/min 旋转 30 分钟，无油水分离现象（颗粒沉淀除外）。

2. 检测方法

检测方法同护肤乳液。

复习思考题

1. 如何使用密度计法测定化妆品的相对密度？
2. 动力黏度与运动黏度的区别是什么？
3. 检测化妆品皂化值的意义是什么？
4. 化妆品碘值的检测原理？
5. 唇膏的耐热指标和耐寒指标分别是什么？

扫一扫，见答案

第十二章　化妆品的微生物检测与评价

第一节　化妆品染菌

一、化妆品中常见的微生物

化妆品的主要成分是水和油，其中常添加一定量的蛋白质、氨基酸衍生物、维生素和山糖醇等糖类化合物，这样形成的体系往往为霉菌、酵母菌和细菌等微生物的生长繁殖提供了良好环境，使化妆品易发霉、变质。

化妆品中常见的微生物有：①霉菌：青霉菌（绿色）、曲霉菌（有绿、黄、棕、黑等色）、根霉菌（常见的黑根霉）、毛霉菌（常见的狗粪毛霉为银灰色）、互隔交链孢霉菌（绿黑色）等。②酵母菌：啤酒酵母菌（金黄色或淡黄色）、麦酒酵母菌（金黄色或淡黄色）等。③细菌：大肠杆菌（墨绿色或红色）、铜绿假单胞菌（绿脓杆菌）、金黄色葡萄球菌（金黄色）、梭菌、沙门氏菌等。

二、影响微生物生长的因素

微生物的生长繁殖不但需要有一定的营养物质、水分、矿物质等，还要具有适宜的环境条件，如 pH 值、温度、氧等。

（一）营养物质

化妆品的原料在一定程度上构成了微生物的培养基，为微生物提供了必需的碳源，氮源和矿物质。在化妆品中，微生物生长繁殖所能利用的物质有：①碳水化合物与糖苷，如淀粉、多糖。②醇类，如甘油、鲸蜡醇等。③脂肪酸及其酯类，如动植物油脂和蜡。④蛋白质与氨基酸及其衍生物。⑤甾体，如胆甾醇、羊毛脂等。⑥维生素。

（二）矿物质

除了上述营养物外，微生物的生长还需要铁、锰、锌、钙、镁、钾、硫、磷等元素。自来水中的矿物质足够供给大多数微生物所需要的微量元素，因而可以用蒸馏水或去离子水可有效降低微生物的生长繁殖。微生物对有些金属盐如铜盐需要量极低，当大量存在时，对微生物有毒性。

（三）水分

水是微生物细胞的主要组成部分，是决定微生物能否生长和生长速度的决定因素，其含量达 70%~95%。水除了参加细胞物质的组成之外，还可作为细胞吸收营养物质的排泄代谢产物的介质。如微生物所需的营养物质须先溶于水，才能被吸收利用，细胞内各种生化反应也都要在水溶液中进行。霉菌一般能在水分含量低至 12% 的较干物质中生长，有些霉菌如互隔交链孢霉菌在水分低于 50% 的膏霜或化妆液中即不能生长。细菌比霉菌需要更高的水分含量，酵母菌则处于上述两者之间。

（四）温度

20~30℃是大多数霉菌、酵母菌和细菌最适宜的生长温度，这与化妆品的使用和储存条件基本相同，当温度高于 40℃ 时，只有少数细菌生长，而温度低于 10℃ 时，只有霉菌和少数细菌生长，但繁殖速度较慢。所以，化妆品一般贮存于阴凉地方。但温度过低，如低于 0℃ 以下，则影响化妆品的剂型等变化。

（五）pH 值

霉菌能够在较宽的 pH 范围内生长，最适宜的 pH 值是 4~6 之间；酵母菌适合在微酸性的条件下生长，最适宜的 pH 值是 4~4.5；细菌适合在中性的环境中生长，当 pH 值为 6~8 时生长最好。由此可知，大多数的微生物在酸性或中性环境中生长比较适宜，而在碱性介质中（pH 值 9 以上）微生物生长速度很慢，甚至停止。

（六）氧

多数化妆品当中的微生物都是需氧的，酵母菌尽管在无氧时也能生长，但有氧时生长更好。因此，化妆品中多数微生物是需氧性的。所以化妆品的包装严密性越好，就越有利于抑制微生物的生长。

三、化妆品染菌的途径

化妆品微生物的污染通常有两种情况，其一是生产状态不卫生引入的，另一种是使用化妆品过程中造成的。前者称"一次污染"，后者称"二次污染"。对制造和包装过程中所产生的"一次污染"（又称原发污染）的主要对策是使化妆品能在清洁状态下生产，并注意原料、器皿、包装材料的清洗与灭菌。"二次污染"（又称继发污染）的发生大部分是由以下几种情况引发的：①包装设计不科学。②使用方法不当，如用不洁净的手涂抹。③容器敞开时空气中微生物进入。④海绵、粉扑、刷子等用具反复使用可将皮肤上的各种微生物带到商品上。

第二节 化妆品中微生物的检测

一、化妆品中微生物指标

目前，世界各国对化妆品中微生物控制指标并无统一标准，我国化妆品企业对于产品中微生物指标的控制遵循《化妆品安全技术规范》（2015年版）中相关要求，如下表所示（表12-1）。

表 12-1　化妆品中微生物指标限值

微生物指标	限值（CFU/g 或 CFU/ml）	备注
细菌菌落总数	≤500	眼部化妆品、口唇化妆品和儿童化妆品
	≤1000	其他化妆品
霉菌和酵母菌菌落总数	≤100	
耐热大肠菌群	不得检出	
金黄色葡萄球菌	不得检出	
铜绿假单胞菌	不得检出	

注意：化妆品申报时的检测报告需经国家药品监督管理局认定的许可检验机构出具。不同用途的产品检测项目是不同的，比如香水类化妆品就无须检测微生物指标。

二、微生物检验方法总则

（一）培养基和试剂

1. 生理盐水

称取氯化钠8.5g，加蒸馏水至1000mL溶解后，分装到加玻璃珠的三角瓶内，每瓶90mL，121℃高压灭菌20分钟。

2. SCDLP（soya casein digest lecithin polysorbate）液体培养基

所含成分及制法如下：①成分：酪蛋白胨17g，大豆蛋白胨3g，氯化钠5g，磷酸氢二钾2.5g，葡萄糖2.5g，卵磷脂1g，吐温-80 7g，蒸馏水1000mL。②制法：先将卵磷脂在少量蒸馏水中加温溶解后，再与其他成分混合，加热溶解，调节pH值为7.2~7.3后分装，每瓶90mL，121℃高压灭菌20分钟。注意振荡，使沉淀于底层的吐温-80充分混合，冷却至25℃左右使用。

3. 灭菌液体石蜡

取液体石蜡50mL，121℃高压灭菌20分钟。

4. 灭菌吐温-80

取吐温-80 50mL，121℃高压灭菌20分钟。

（二）样品的采集及注意事项

1. 所采集的样品应具有代表性，一般视每批化妆品数量大小，随机抽取相应数量的包装单位。检验时，应从不少于 2 个包装单位的取样中共取 10g 或 10mL。包装量小于 20g 的样品，采样时可适当增加样品包装数量。

2. 供检样品应严格保持原有的包装状态。容器不应有破裂，在检验前不得打开，防止样品被污染。

3. 接到样品后，应立即登记，编写检验序号，并按检验要求尽快检验。如不能及时检验，样品应置于室温阴凉干燥处，不要冷藏或冷冻。

4. 若只有一个样品而同时需做多种分析，如微生物、毒理、化学等，宜先取出部分样品做微生物检验，再将剩余样品做其他分析。

5. 在检验过程中，从打开包装到全部检验操作结束，均须防止微生物的再污染和扩散，所用器皿及材料均应事先灭菌，全部操作应在符合生物安全要求的实验室中进行。

（三）供检样品的制备

供检样品根据外观性状的不同分为液态、半固态和固态三类，不同类型的供检样品，制备方法也各不相同。

1. 液体样品

液体样品包括以下两类：①水溶性的液体样品：用灭菌吸管吸取 10mL 样品加到 90mL 灭菌生理盐水中，混匀后，制成 1∶10 检液。②油性液体样品：取样品 10g，先加 5mL 灭菌液体石蜡混匀，再加 10mL 灭菌的吐温-80，在 40~44℃水浴中振荡混合 10 分钟，加入灭菌的生理盐水 75mL（在 40~44℃水浴中预温），在 40~44℃水浴中乳化，制成 1∶10 的悬液。

2. 膏霜乳剂类半固体状样品

膏霜乳剂类半固体状样品包括以下两类：①亲水性的样品：称取 10g，加到装有玻璃珠及 90mL 灭菌生理盐水的三角瓶中，充分振荡混匀，静置 15 分钟。用其上清液作为 1∶10 的检液。②疏水性样品：称取 10g，置于灭菌的研钵中，加 10mL 灭菌液体石蜡，研磨成黏稠状，再加入 10mL 灭菌吐温-80，研磨待溶解后，加 70mL 灭菌生理盐水，在 40~44℃水浴中充分混合，制成 1∶10 检液。

3. 固体样品

一般情况称取 10g 样品，加到 90mL 灭菌生理盐水中，充分振荡混匀，使其分散混悬，静置后，取上清液作为 1∶10 的检液。

此外，对于半固体状样品以及固体样品的制备，若使用均质器时，则采用灭菌均质袋，方法如下：①对于水溶性膏霜、粉剂等：称 10g 样品加入 90mL 灭菌生理盐水，均质 1~2 分钟。②对于疏水性膏霜及眉笔、口红等：称 10g 样品，加 10mL 灭菌液体石蜡，10mL 吐温-80，70mL 灭菌生理盐水，均质 3~5 分钟。

三、检测方法

（一）菌落总数的检测

1. 相关定义

菌落总数（aerobic bacterial count）是指化妆品检样经过处理，在一定条件下培养后（如培养基成分、培养温度、培养时间、pH 值、需氧性质等），1g（1mL）检样中所含菌落的总数。所得结果只包括一群本方法规定条件下生长的嗜中温的需氧性和兼性厌氧菌落总数。

测定菌落总数便于判明样品被细菌污染的程度，是对样品进行卫生学总评价的综合依据。

2. 检测步骤

（1）培养基（卵磷脂、吐温-80——营养琼脂培养基）的制备　所含成分及制法如下：①成分：蛋白胨20g，牛肉膏3g，氯化钠5g，琼脂5g，卵磷脂1g，吐温-80 7g，蒸馏水 1000mL。②制法：先将卵磷脂加到少量蒸馏水中，加热溶解，加入吐温-80，将其他成分（除琼脂）加到其余的蒸馏水中，溶解。加入已溶解的卵磷脂、吐温-80，混匀调 pH 值 7.1~7.4，加入琼脂，121℃高压 20 灭菌分钟，冷藏备用。

（2）试样液的制备　将化妆品检测液稀释配成 1∶10、1∶100、1∶1000 三种规格，水溶性化妆品用生理盐水稀释，脂溶性化妆品用液体石蜡稀释，稀释过程要在无菌的环境中进行。每个稀释浓度吸取 1mL，注入灭菌平皿内，每个浓度两个平皿。

（3）实验组及对照组培养基的制备　将融化并冷至 45~50℃的营养琼脂培养基倾注到平皿内，每皿约 15mL，随即转动平皿，使试样液与培养基充分混合均匀，待琼脂凝固后，置 36±1℃培养箱内培养 48±2 小时。另取一个不加样品的灭菌空平皿，加入约 15mL 营养琼脂培养基，为空白对照。

3. 菌落计数方法

菌落的生长形态常呈现两种状态，计数方法也有不同。①先用肉眼观察，点数菌落数，然后再用放大 5~10 倍的放大镜检查，以防遗漏。计算出同一稀释度各平皿生长的平均菌落数。②若平皿中有连成片状的菌落时，该平皿不宜计数。若片状菌落不到平皿中的一半，而另一半中菌落分布又很均匀，将此半个平皿菌落计数后乘以 2，以代表全皿菌落数。

4. 菌落计数及报告方法

（1）首先选取平均菌落数在 30~300 之间的平皿，作为菌落总数测定的范围。当只有一个稀释度的平均菌落数符合此范围时，即以该平皿菌落数乘其稀释倍数报告之（表12-2）。

（2）若有两个稀释度，其平均菌落数均在 30~300 之间，则应求出两菌落总数之比值来决定，若其比值小于或等于 2，应报告其平均数，若大于 2 则以其中稀释度较低的平皿的菌落数报告之（表 12-2）。

（3）若所有稀释度的平均菌落数均大于300，则应按稀释度最高的平均菌落数乘以稀释倍数报告之（表12-2）。

（4）若所有稀释度的平均菌落数均小于30，则应按稀释度最低的平均菌落数乘以稀释倍数报告之（表12-2）。

（5）若所有稀释度的平均菌落数均不在30~300之间，其中一个稀释度大于300，而相邻的另一稀释度小于30时，则以接近30或300的平均菌落数乘以稀释倍数报告之（表12-2）。

（6）若所有的稀释度均无菌生长，报告数为每克或每毫升小于10CFU。

（7）菌落计数的报告，菌落数在10以内时，按实有数值报告之，大于100时，采用二位有效数字，在二位有效数字后面的数值，应以四舍五入法计算。为了缩短数字后面零的个数，可用10的指数来表示（见表12-2中报告方式栏）。在报告菌落数为"不可计"时，应注明样品的稀释度。

（8）按重量取样的样品以CFU/g为单位报告；按体积取样的样品以CFU/mL为单位报告。

表12-2　细菌计数结果及报告方式

例次	不同稀释度平均菌落数			两稀释度菌数之比	菌落总数（CFU/mL或CFU/g）	报告方式（CFU/mL或CFU/g）
	10^{-1}	10^{-2}	10^{-3}			
1	1365	164	20	—	16400	16000 或 1.6×10^4
2	2760	295	46	1.6	38000	38000 或 3.8×10^4
3	2890	271	60	2.2	27100	27000 或 2.7×10^4
4	不可计	4650	513	—	513000	510000 或 5.1×10^5
5	27	11	5	—	270	270 或 2.7×10^2
6	不可计	305	12	—	30500	31000 或 3.1×10^4
7	0	0	0	—	$<1\times10$	<10

注：CFU-菌落形成单位。

（二）霉菌和酵母菌的检测

1. 相关定义

霉菌和酵母菌数测定：是指化妆品检样在一定条件下培养后，1g或1mL化妆品中所污染的活的霉菌和酵母菌数量，以判明化妆品被霉菌和酵母菌污染程度及其一般卫生状况。

2. 检测步骤

（1）培养基［虎红（孟加拉红）培养基］的制备　所含成分及制法如下：①成分：蛋白胨5g，葡萄糖10g，磷酸二氢钾1g，硫酸镁（含$7H_2O$）0.5g，琼脂20g，1/3000虎红（四氯四碘荧光素）溶液100mL，氯霉素100mg，蒸馏水加至1000mL。②制法：将上述各成分（除虎红外）加入蒸馏水中溶解后，再加入虎红溶液。分装后，121℃高压灭菌20分钟，另用少量乙醇溶解氯霉素，溶解过滤后加入培养基中，若无氯霉素，使用时每 1000mL 加链霉素 30mg。

（2）试样液的制备　将化妆品检测液稀释配成 1∶10、1∶100、1∶1000 三种规格，水溶性化妆品用生理盐水稀释，脂溶性化妆品用液体石蜡稀释，稀释过程要在无菌的环境中进行。

（3）实验组及对照组培养基的制备　取各浓度的试样液各 1mL 分别注入灭菌平皿内，每个稀释度各用 2 个平皿，注入融化并冷至 45±1℃的虎红培养基，充分摇匀。凝固后，翻转平板，置 28±2℃培养箱 5 天，观察并记录。另取一个不加样品的灭菌空平皿，加入约 15mL 虎红培养基，待琼脂凝固后，翻转平皿，置 28±2℃培养箱内培养 5 天，为空白对照。

（4）计算方法　先点数每个平板上生长的霉菌和酵母菌菌落数，求出每个稀释度的平均菌落数。判定结果时，应选取菌落数在 5~50 个范围之内的平皿计数，乘以稀释倍数后，即为每克（或每毫升）检样中所含的霉菌和酵母菌数。其他范围内的菌落数报告应参照菌落总数的报告方法报告之。

每克（或每毫升）化妆品含霉菌和酵母菌数以 CFU/g（mL）表示。

（三）耐热大肠菌群的检测

1. 相关定义

耐热大肠菌群（thermotolerant coliform bacteria）是指一群需氧及兼性厌氧革兰氏阴性无芽孢杆菌，在 44.5℃培养箱 24~48 小时能发酵乳糖产酸并产气。该菌主要来自人和温血动物粪便，可作为粪便污染指标来评价化妆品的卫生质量，推断化妆品中有否污染肠道致病菌的可能。

2. 检测步骤

（1）培养基和试剂的制备　所需的培养基和试剂主要有双倍乳糖胆盐（含中和剂）培养基、伊红美蓝（EMB）琼脂、蛋白胨水（作靛基质试验用）、靛基质试剂、革兰氏染色液。以上培养基和试剂的制备方法均参照《化妆品安全技术规范》（2015 年版）。

（2）增菌培养　取 1∶10 样品稀释液 10mL 加到 10mL 双倍乳糖胆盐（含中和剂）培养基中，置 44.5±0.5℃培养箱 24 小时，如既不产酸也不产气，继续培养至 48 小时，如既不产酸也不产气，则报告为耐热大肠菌群阴性。

（3）分离培养　在增菌培养后，如产酸产气，划线接种到伊红美蓝琼脂平板上，置 36±1℃培养箱 18~24 小时。同时取该培养液 1~2 滴接种到蛋白胨水中，置 44.5±0.5℃培养箱 24±2 小时。

经培养后，在上述平板上观察有无典型菌落生长。耐热大肠菌群在伊红美蓝琼脂培养基上的典型菌落呈深紫黑色，圆形，边缘整齐，表面光滑湿润，常具有金属光泽。也有的呈紫黑色，不带或略带金属光泽，或粉紫色，中心较深的菌落，亦常为耐热大肠菌群，应注意挑选。

（4）染色镜检　挑取上述可疑菌落，涂片做革兰氏染色镜检。

（5）靛基质试验　在蛋白胨水培养液中，加入靛基质试剂约 0.5mL，观察靛基质反应。阳性者液面呈玫瑰红色；阴性反应液面呈试剂本色。

3. 检验结果报告

根据发酵乳糖产酸产气，平板上有典型菌落，并经证实为革兰氏阴性短杆菌，靛基质试验阳性，则可报告被检样品中检出耐热大肠菌群。

（四） 铜绿假单胞菌的检测

1. 相关定义

铜绿假单胞菌（Pseudomonas aeruginosa）属于假单胞菌属，为革兰氏阴性杆菌，氧化酶阳性，能产生绿脓菌素。此外还能液化明胶，还原硝酸盐为亚硝酸盐，在 42 ± 1℃条件下能生长。该菌对人有致病力，可使伤处化脓，引起败血症等。

2. 检测步骤

（1）培养基的制备　需要制备的培养基有 SCDLP 液体培养基、十六烷基三甲基溴化铵培养基、乙酰胺培养基、绿脓菌素测定用培养基、明胶培养基、硝酸盐蛋白胨水培养基、普通琼脂斜面培养基。以上培养基的制备方法均参照《化妆品安全技术规范》（2015 年版）。

（2）增菌培养　取 1∶10 样品稀释液 10mL 加到 90mL SCDLP 液体培养基中，置 36 ± 1℃培养箱 18~24 小时。如有铜绿假单胞菌生长，培养液表面多有一层薄菌膜，培养液常呈黄绿色或蓝绿色。

（3）分离培养　从培养液的薄膜处挑取培养物，划线接种在十六烷三甲基溴化铵琼脂平板上，置 36 ± 1℃培养箱 18~24 小时。凡铜绿假单胞菌在此培养基上，其菌落扁平无定型，向周边扩散或略有蔓延，表面湿润，菌落呈灰白色，菌落周围培养基常扩散有水溶性色素。

（4）染色镜检　挑取可疑的菌落，涂片，革兰氏染色，镜检为革兰氏阴性者应进行氧化酶试验。

（5）氧化酶试验　取一小块洁净的白色滤纸片置于灭菌平皿内，用无菌玻璃棒挑取铜绿假单胞菌可疑菌落涂在滤纸片上，然后在其上滴加一滴新配制的 1% 二甲基对苯二胺试液，在 15~30 秒之内，出现粉红色或紫红色时，为氧化酶试验阳性；若培养物不变色，为氧化酶试验阴性。

（6）绿脓菌素试验　取可疑菌落 2~3 个，分别接种在绿脓菌素测定培养基上，置 36 ± 1℃培养箱 24± 2 小时，加入氯仿 3~5mL，充分振荡使培养物中的绿脓菌素溶解于氯仿液内，待氯仿提取液呈蓝色时，用吸管将氯仿移到另一试管中并加入 1mol/L 的盐酸 1mL 左右，振荡后，静置片刻。如上层盐酸液内出现粉红色到紫红色时为阳性，表示被检物中有绿脓菌素存在。

（7）硝酸盐还原产气试验　挑取可疑的铜绿假单胞菌纯培养物，接种在硝酸盐胨水培养基中，置 36 ± 1℃培养箱 24± 2 小时，观察结果。凡在硝酸盐胨水培养基内的小倒管中有气体者，即为阳性，表明该菌能还原硝酸盐，并将亚硝酸盐分解产生氮气。

（8）明胶液化试验　取铜绿假单胞菌可疑菌落的纯培养物，穿刺接种在明胶培养基内，置 36±1℃ 培养箱 24±2 小时，取出放置于 4±2℃ 冰箱 10~30 分钟，如仍呈溶解状或表面溶解时即为明胶液化试验阳性；如凝固不溶者为阴性。

（9）42℃生长试验 挑取可疑的铜绿假单胞菌纯培养物，接种在普通琼脂斜面培养基上，置于 42±1℃ 培养箱 24~48 小时，铜绿假单胞菌能生长，为阳性，而近似的荧光假单胞菌则不能生长。

3. 检验结果报告

被检样品经增菌分离培养后，经证实为革兰氏阴性杆菌，氧化酶及绿脓菌素试验皆为阳性者，即可报告被检样品中检出铜绿假单胞菌；如绿脓菌素试验阴性而液化明胶、硝酸盐还原产气和 42℃生长试验三者皆为阳性时，仍可报告被检样品中检出铜绿假单胞菌。

（五）金黄色葡萄球菌的检测

1. 相关定义

金黄色葡萄球菌（Staphylococcus aureus）为革兰氏阳性球菌，呈葡萄状排列，无芽孢，无荚膜，能分解甘露醇，血浆凝固酶阳性。

2. 检测步骤

（1）培养基和试剂的制备 所需培养基和试剂主要有 SCDLP 液体培养基、营养肉汤、7.5% 的氯化钠肉汤、Baird Parker 平板、血琼脂培养基、甘露醇发酵培养基、液体石蜡、兔（人）血浆制备。以上培养基和试剂的制备方法均参照《化妆品安全技术规范》（2015 年版）。

（2）增菌培养 取 1:10 稀释的样品 10mL 接种到 90mL SCDLP 液体培养基中，置 36±1℃ 培养箱 24±2 小时（注：如无此培养基也可用 7.5% 氯化钠肉汤）。

（3）分离培养 自上述增菌培养液中，取 1~2 接种环，划线接种在 Baird Parker 平板培养基，如无此培养基也可划线接种到血琼脂平板，置 36±1℃ 培养箱 48 小时。在血琼脂平板上菌落呈金黄色，圆形，不透明，表面光滑，周围有溶血圈。在 Baird Parker 平板培养基上为圆形，光滑，凸起，湿润，颜色呈灰色到黑色，边缘为淡色，周围为一混浊带，在其外层有一透明带。用接种针接触菌落似有奶油树胶的软度。偶然会遇到非脂肪溶解的类似菌落，但无混浊带及透明带。挑取单个菌落分纯在血琼脂平板上，置 36±1℃ 培养箱 24±2 小时。

（4）染色镜检 挑取分纯菌落，涂片，进行革兰氏染色，镜检。金黄色葡萄球菌为革兰氏阳性菌，排列成葡萄状，无芽孢，无荚膜，致病性葡萄球菌，菌体较小，直径为 0.5~1 μm。

（5）甘露醇发酵试验 取上述分纯菌落接种到甘露醇发酵培养基中，在培养基液面上加入高度为 2~3mm 的灭菌液体石蜡，置 36±1℃ 培养箱 24±2 小时，金黄色葡萄球菌应能发酵甘露醇产酸。

（6）血浆凝固酶试验 吸取 1:4 新鲜血浆 0.5mL，置于灭菌小试管中，加入待检菌 24±2 小时肉汤培养物 0.5mL。混匀，置 36±1℃ 恒温箱或恒温水浴中，每半小时观察一次，6 小时之内如呈现凝块即为阳性。同时以已知血浆凝固酶阳性和阴性菌株肉汤培养物及肉汤培养基各 0.5mL，分别加入无菌 1∶4 血浆 0.5mL，混匀，作为对照。

3. 检验结果报告

凡在上述选择平板上有可疑菌落生长，经染色镜检，证明为革兰氏阳性葡萄球菌，并能发酵甘露醇产酸，血浆凝固酶试验阳性者，可报告被检样品检出金黄色葡萄球菌。

复习思考题

1. 影响微生物生长的因素有哪些？
2. 化妆品中常见的微生物有哪些？
3. 如何进行菌落计数？

扫一扫，见答案

第十三章　化妆品功效性检测与评价

化妆品功效性检测与评价就是通过一定的技能方法对化妆品应具有的功效进行评价。功效性评价是化妆品生产企业在产品上市之前所进行的必要工作之一。本章主要介绍防晒、保湿、美白祛斑等肤用化妆品的功效性检测与评价。

第一节　防晒化妆品功效性检测与评价

防晒化妆品的功效主要是通过产品标签上的 *SPF* 值和 *PA* 等级来体现的。*SPF* 值和 *PA* 等级分别反映的是产品对中波紫外线（UVB）和长波紫外线（UVA）的防护效果。其中 *PA* 等级是通过测定产品的 *PFA* 值确定的，不同的 *PFA* 值范围对应不同的 *PA* 等级。

一、*SPF* 值人体测定

（一）*SPF* 值人体测定原理

UVB 是引起皮肤红斑、导致皮肤急性晒伤的主要波段。防晒化妆品对紫外线具有吸收或隔离作用，若将其涂抹于人体皮肤，会减少直接作用于皮肤的紫外线剂量，从而降低皮肤的损伤程度，即引起皮肤的最小红斑剂量会增加。涂抹与未涂抹防晒化妆品的皮肤最小红斑剂量之比，即为该防晒化妆品的 *SPF* 值。

（二）*SPF* 值人体测定方法

1. 选择光源

光源必须是配有恰当的光学过滤系统的氙弧灯日光模拟器，能够发射连续光谱。光源输出在整个光束截面上应稳定、均一，光谱符合规范要求。试验前光源输出应由紫外辐照计检查，每年对光源光谱进行一次系统校验，每次更换主要的光学元件时也应进行类似校验。光源的总输出（包括紫外线、可见光和红外线等）应<1600W/m^2。

2. 受试者选择

受试者选择标准如下：①18~60 岁健康志愿者，男女均可。②无光感性疾病史，近期内未服用影响光感性的药物。③受试者皮肤对日光或紫外线照射反应敏感，照射后易出现晒伤但不易出现色素沉着。④测试部位的皮肤应无色素沉着、瘢痕、色素痣、多毛、炎症等现象。⑤妊娠、哺乳，或近一个月内曾口服或外用类固醇皮质激素者应排除。⑥同一受试者参加 SPF 测定的间隔时间不应短于两个月。⑦按本方法规定每种防晒化妆品的测试有效人数至少为 10，最大有效例数为 20；每组数据的淘汰人数最多不能超过 5 例，因此，每组参加测试的人数最多不能超过 25 人。

3. SPF 标准品的制备

在测定防晒化妆品的 *SPF* 值时，为保证结果的有效性和一致性，需要同时测定防晒标准品作为对照。参照《化妆品安全技术规范》（2015 年版）标准，制备以下三种 SPF 标准品。

（1）低 SPF 值标准品的制备　对于 *SPF*<20 的产品，需选择低 SPF 标准品作为参照。低 SPF 值标准品是 8% 胡莫柳酯制品，其 *SPF* 均值为 4.4，标准差为 0.2，所测定的标准品 *SPF* 必须是 4.4±0.4。低 SPF 值标准品的配方见下表（表 13-1）。

表 13-1　低 SPF 值标准品的配方

	成分	重量比（%）
A 相	胡莫柳酯	8.00
	羊毛脂	5.00
	硬脂酸	4.00
	白凡士林	2.50
	羟苯丙酯	0.05
B 相	水	74.30
	丙二醇	5.00
	三乙醇胺	1.00
	羟苯甲酯	0.10
	EDTA 二钠	0.05

制备方法：将 A 相和 B 相分别加热至 72~82℃，分别搅拌至全部溶解，在搅拌下将 A 相加入至 B 相中，保温乳化 20 分钟后降温，至室温时（15~30℃）停止搅拌，出料灌装。

（2）高 SPF 值标准品 I 的制备　对于 *SPF*≥20 的产品，推荐选择高 SPF 值标准品。高 SPF 值标准品 I 的 SPF 均值为 16.1，标准差为 1.2，所测定的标准品 *SPF* 必须是 16.1±2.4。高 SPF 值标准品 I 的配方见下表（表 13-2）。

表 13-2　高 SPF 值标准品 I 的配方

	成分	重量比（%）
A 相	羊毛脂	4.50
	可可脂	2.00
	甘油硬脂酸酯	3.00
	硬脂酸	2.00
	二甲基 PABA 乙基己酯	7.00
	二苯酮-3	3.00

成分		重量比（%）
B 相	水	71.60
	山梨（糖）醇	5.00
	三乙醇胺	1.00
	羟苯甲酯	6.30
	羟苯丙酯	0.10
C 相	苯甲醇	0.05

制备方法：将 A 相和 B 相分别加热至 77~82℃，使用螺旋振荡器充分混匀，在搅拌下将 A 相加入至 B 相中，充分混匀、均质化，保温乳化 20 分钟后降温，至 49~54℃时，加入 C 相并搅拌均匀，充分混匀、均质化，缓慢降温到 35~41℃，避免水分蒸发，冷却到 27~32℃，出料灌装。

（3）高 SPF 值标准品Ⅱ的制备　对于 SPF≥20 的产品，可以选用高 SPF 值标准品Ⅰ作为标准品，也可以选用高 SPF 值标准品Ⅱ。高 SPF 值标准品Ⅱ的 SPF 均值为 15.7，标准差为 1.0，所测定的标准品 SPF 必须是 15.7±2.0。高 SPF 值标准品Ⅱ的配方见下表（表 13-3）。

表 13-3　高 SPF 值标准品Ⅱ的配方

成分		重量比（%）
A 相	硬脂酸	2.205
	PEG-40 蓖麻油	0.63
	鲸蜡硬脂醇硫酸酯钠	0.315
	癸基油酸酯	15.00
	甲氧基肉桂酸乙基己酯	3.00
	丁基甲氧基二苯甲酰基甲烷	0.50
	羟苯丙酯	0.1
B 相	水	53.57
	2-苯基苯并咪唑-5-磺酸	2.78
	45%氢氧化钠溶液	0.90
	羟苯甲酯	0.30
	EDTA 二钠	0.10
C 相	水	20.00
	卡波姆	0.3
	45%氢氧化钠溶液	0.3

制备方法：将 A 相和 B 相分别加热至 75~80℃，连续搅拌直至各种成分全部溶解（必要时可增加温度直至液体变清，然后缓慢降温至 75~80℃），C 相是将卡波姆加入水中用高剪切分散乳化机（匀浆机）均质搅拌，然后加入氢氧化钠中和。在搅拌下将 A 相加入至 B 相中，仍在搅拌过程中再将 C 相加入 A 相和 B 相的混合物中，均质化。用

氢氧化钠或乳酸调节 pH 值（7.8~8.0），降至室温时停止搅拌，出料灌装。

4. 最小红斑剂量（MED）测定方法

（1）受试者体位　照射后背，可采取俯卧位或前倾位。

（2）样品涂布　涂布面积不小于 $30cm^2$，按（2.00 ± 0.05）mg/cm^2 的用量称取样品，使用乳胶指套将样品均匀涂抹于受试区（对于使用乳胶指套涂抹均匀难度大的黏性较强产品、粉状产品等可直接用手指涂抹，注意每次涂抹前洗净手指），等待 15~30 分钟。

（3）预测受试者 MED　应在测试产品 24 小时以前完成，在受试者背部皮肤选择照射区域，取 5 个点用不同剂量的紫外线照射，16~24 小时后观察结果，以皮肤出现红斑的最小照射剂量或最短照射时间为该受试者正常皮肤的 MED。

（4）测定受试样品 MED　采用预测受试者正常皮肤 MED 的方法，在测试当日同时测定下列三种情况的 MED：①测定受试者的 MED：根据预测受试者的 MED 值调整紫外线照射剂量，在试验当日再次测定受试者未防护皮肤的 MED。②测定样品防护情况下皮肤的 MED：将受试样品涂抹于受试者皮肤，根据预测受试者的 MED 值和预估的 SPF 值确定照射剂量后进行测定。在选择 5 点试验部位的照射剂量增幅时，可参考防晒样品配方设计的 SPF 值范围，若 SPF 值≤25，五个照射点的剂量递增为 25%，若 SPF 值>25，五个照射点的剂量递增不超过 12%。③测定标准品防护情况下皮肤的 MED：将 SPF 标准品涂抹于受试部位，根据预测受试者的 MED 值和标准品的 SPF 值确定照射剂量后进行测定。若 SPF 值<20，可选择低 SPF 值标准品或高 SPF 值标准品，若 SPF 值≥20，推荐选择高 SPF 值标准品。同一受试者试验中如果选择了高 SPF 值标准品，则不需要同时选择低 SPF 值标准品，即便本次试验中包括了低 SPF 值样品。

（5）光源　照射的光斑面积不小于 $0.5cm^2$，光斑之间距离不小于 0.8cm，光斑距涂样区边缘不小于 1cm。

5. 排除标准

进行上述测定时如 5 个试验点均未出现红斑，或 5 个试验点均出现红斑，或试验点红斑随机出现时，应判定结果无效，需调整照射剂量或校准仪器设备后重新测定。

6. SPF 值的计算

样品对单个受试者的 SPF 值用以下公式计算。

$$个体\ SPF\ 值=样品防护皮肤的\ MED/未防护皮肤的\ MED$$

个体 SPF 值要求精确到小数点后一位数字，计算待测样品防护全部受试者 SPF 值的算术平均数，取其整数部分即为该待测样品的 SPF 值。估计均数的抽样误差可计算该组数据的标准差和标准误。要求均数的 95% 可信区间（95%CI）不超过均数的 17%（如：如果均数为 10，95%CI 应在 8.3~11.7 之间），否则应增加测定者人数（不超过 25）直至符合上述要求。

（三）检验报告

报告应包括待测样品通用信息包括编号、名称、生产批号、生产及送检单位，受试者姓名、性别、年龄、皮肤类型，检验起止时间、项目、材料和方法、检验结果及结论等。检验报告应有检验人、校核人、检验部门技术负责人和授权签字人分别签字，并加盖检验单位公章。

二、PFA 值人体测定

（一）PFA 值人体测定原理

UVA 是导致皮肤晒黑的主要波段。防晒化妆品对 UVA 的吸收或隔离作用，使直接作用于皮肤的 UVA 剂量减少，从而降低皮肤的损伤程度，即引起皮肤最小持续黑化剂量增加。涂抹与未涂抹防晒化妆品的皮肤最小持续黑化剂量（MPPD）之比，即为该防晒化妆品的 PFA 值。

（二）PFA 值人体测定方法

1. 选择光源

光源可发射接近日光的 UVA 区连续光谱，光源输出稳定，在光束辐照平面上应保持相对均匀。为避免紫外线灼伤，使用适当的滤光片将波长短于 320nm 的紫外线滤掉。为避免大于 400nm 光线产生黑化效应和致热效应，也应将其过滤掉。应用紫外辐照计测定光源的辐照度、记录定期监测结果、每次更换主要光学部件时应及时测定辐照度以及由生产商至少每年一次校验辐照计等。

2. 受试者选择

受试者选择标准与 SPF 值人体测定方法中的选择标准相同。

3. PFA 值标准品的制备

在测定防晒化妆品的 PFA 时，为保证试验结果的有效性和一致性，需要同时测定防晒标准品作为对照。参照《化妆品安全技术规范》（2015 年版）标准制备，标准品 PFA 均值为 4.4，标准差为 0.3，所测定的标准品 PFA 值必须是 4.4±0.6。标准品的配方见下表（表 13-4）。

表 13-4　PFA 测定标准品的配方

成分		重量比（%）
A 相	水	57.13
	双丙甘醇	5.00
	氢氧化钾	0.12
	EDTA 三钠	0.05
	苯氧乙醇	0.30

	成分	重量比（%）
B 相	硬脂酸	3.00
	甘油硬脂酸酯	3.00
	鲸蜡硬脂酸酯	5.00
	矿脂	3.00
	甘油三（乙基己基酸）酯	15.00
	甲氧基肉桂酸乙基己酯	3.00
	丁基甲氧基二苯甲酰基甲烷	5.00
	羟苯乙酯	0.20
	羟苯甲酯	0.20

制备方法：将 A 相和 B 相分别加热至 70℃，搅拌至完全溶解，在搅拌下将 B 相加入 A 相中，均匀搅拌，保温乳化 20 分钟后降温，降至室温后停止搅拌，出料灌装。

4. 测定方法

（1）受试者体位　照射后背，可采取俯卧位或前倾位。

（2）涂抹样品　按（2.00±0.05）mg/cm^2 的用量称取样品，使用乳胶指套以实际使用的方式将样品准确、均匀地涂抹在受试部位皮肤上，涂抹面积不小于 30cm^2，涂抹样品后等待 15~30 分钟。

（3）受试区　选 5 个点进行不同剂量的紫外线照射，照射后 2~4 小时内观察，在此期间持续保持黑化的最小剂量为皮肤的 *MPPD*。

（4）最小辐照面积　单个光斑的最小辐照面积不小于 0.5cm^2。未防护皮肤和样品防护皮肤的辐照面积要一致。

（5）紫外辐照剂量递增　进行多点递增紫外辐照时，增幅最大不超过 25%。增幅越小，所测 *PFA* 值越准确。

5. 排除标准

进行上述测定时如 5 个试验点均未出现持续黑化，或 5 个试验点均出现持续黑化，或试验点持续黑化随机出现时，应判定结果无效，需调整照射剂量或校准仪器设备后重新进行测定。

6. *PFA* 值的计算

样品对单个受试者的 *PFA* 值用以下公式计算。

个体 *PFA* = 样品防护皮肤的 *MPPD*/未防护皮肤的 *MPPD*

个体 *PFA* 值计算要求精确到小数点后一位数字。计算防晒化妆品防护全部受试者 *PFA* 值的算术均数，取其整数部分即为待测样品的 *PFA* 值。估计均数的抽样误差可计算该组数据的标准差和标准误。要求均数的 95% 可信区间（95%CI）不超过均数的 17%，否则应增加受试者人数（不超过 25）直至符合上述要求。

（三）　检验报告

与 SPF 值人体测定方法中的检验报告内容和形式相同。

（四）　PA 等级的确定

测定和计算 PFA 均值后，若 PFA 均值为 2~3，PA 等级是 $PA+$；若 PFA 均值为 4~7，PA 等级是 $PA++$；若 PFA 均值为 8~15，PA 等级是 $PA+++$；若 PFA 均值≥16，PA 等级是 $PA++++$；若 PFA 均值<2，说明待测样品无 UVA 防护效果。

第二节　保湿化妆品功效性检测与评价

保湿化妆品属于基础护肤品，能够增加或保持皮肤外层含水量，减少皮肤因缺乏水分而带来的皮肤问题，对于维持皮肤正常生理机能、延缓皮肤衰老等具有非常重要的作用。保湿化妆品功效的评价方法主要有体外称重法、电容测试法和经表皮失水率（TEWL）测定法等。

一、体外称重法

（一）　原理

不同的保湿剂对水分子的作用力不同，吸收和保持水分的能力也不同。在仿角质层或者仿表皮材料上模拟人涂抹化妆品的过程，根据保湿化妆品保湿或吸湿能力的差异，在体外称量仿生材料失重或吸湿的量，即可评价其保湿效果。

（二）　方法

1. 材料

材料主要有调温调湿箱、干燥器、分析天平、仿角质层或者仿表皮材料、待测样品等。

2. 吸湿率的测定

测定步骤如下：①确定测定环境：将调温调湿箱设恒定温度为 20℃，分别设恒定湿度为 80%、65%、44%。②测定待测样品放置于调温调湿箱前的质量：将待测样品涂抹于仿生材料上，分析天平称重。③测定待测样品放置于调温调湿箱后的质量：涂抹样品的仿生材料分别置于不同湿度的调温调湿箱中，各湿度下均放置 4 小时、8 小时、24 小时，分析天平称重。④每个条件下，平行测三个样品。⑤按以下公式计算每个湿度下放置不同时间的吸湿率：

$$吸湿率（\%）= \left[(m_2 - m_1) / m_1 \right] \times 100$$

式中：m_1—待测样品放置于调温调湿箱前的质量；m_2—待测样品放置于调温调湿箱后的质量。

3. 失水率的测定

测定步骤如下：①确定测定环境：将调温调湿箱设恒定温度为 20℃、设恒定湿度为 30%~40%。②测定待测样品放置于调温调湿箱前的质量：将待测样品涂抹于仿生材料上，分析天平称重。③测定待测样品放置于调温调湿箱后的质量：涂抹样品的仿生材料置于恒温恒湿的调温调湿箱中，分别放置 4 小时、8 小时、24 小时，分析天平称重。④每个条件下，平行测三个样品。⑤按以下公式计算放置不同时间后的失水率。

$$失水率（\%）= [(m_1-m_2)/m_1] \times 100$$

式中：m_1—待测样品放置于调温调湿箱前的质量；m_2—待测样品放置于调温调湿箱后的质量

4. 保湿率的测定

测定步骤如下：①称取一定量的待测样品，放置于干燥器中干燥 1 小时、2 小时、4 小时后，分析天平称重。②每个条件下，平行测三个样品。③按以下公式计算放置不同时间后的保湿率：

$$保湿率（\%）=（m_2/m_1）\times 100$$

式中：m_1—待测样品放置于干燥器前的质量；m_2—待测样品放置于干燥器后的质量

二、电容测试法

电容测试法是对使用化妆品前及使用化妆品后的皮肤角质层的水分含量进行测试，通过指标变化反映其保湿功效。该方法灵敏度高、重现性好、操作简便，是目前常用的保湿化妆品功效评价方法之一。

（一）原理

水具有远远高于其他物质的介电常数，皮肤水分测试仪的探头与皮肤接触后，电容值可以反映角质层含水量，电容值越大，含水量越高。通过测量使用保湿化妆品前后皮肤角质层电容值的变化，衡量其含水量的变化，从而评价保湿化妆品的功效。

（二）方法

1. 材料

材料主要有皮肤水分测试仪、待测样品等。

2. 受试者选择

选择标准如下：①18~60 岁健康志愿者，男女均可。②近一个月未使用抗组胺药或免疫抑制剂。③近两个月内受试部位未应用任何抗炎药物。④无炎症性皮肤病、免疫缺陷、自身免疫性疾病、胰岛素依赖性糖尿病。⑤未患有正在接受治疗的哮喘或其他慢性呼吸系统疾病。⑥近 6 个月内未接受抗癌化疗。⑦无双侧乳房切除及双侧腋下淋巴结切除。⑧在皮肤待试部位无瘢痕、色素、萎缩、鲜红斑痣或其他瑕疵。⑨非哺乳期或妊娠期；⑩未参加其他的临床试验研究以及体质高度敏感者。

3. 测试过程

测试过程包括：①调整测试环境，温度为 21±1℃，相对湿度为 50±5%。②有效测试受试者至少 30 人，受测部位洁净且近期无污染。③受试者测试前在测试环境中静坐 30 分钟，不喝水，暴露受测部位。④将测试探头垂直压在被测皮肤表面，1 秒内读取数据，每个区域测定 3~5 次，得到未涂抹样品时皮肤角质层的水分含量。⑤在受测部位涂抹样品，暴露受测部位，不喝水，静坐 1 小时、2 小时、4 小时后测量皮肤角质层的水分含量。⑥根据数值变化评价样品的保湿效果。

三、经表皮失水率测定

角质层作为人体的天然屏障，对皮肤水分的保持起着至关重要的作用，保湿化妆品可通过修复角质层屏障功能达到保湿效果。经皮失水率是反映角质层屏障功能的重要参数，通过检测经皮失水率，可预测保湿化妆品对角质层屏障功能的维护、修复作用，进而评价该化妆品的功效。测定的经表皮失水率与电容法测出的表皮中水分含量相结合，能够更好地评价保湿化妆品的功效。

（一） 原理

检测经皮失水率所用的仪器是经皮失水率检测仪，该仪器使用特殊设计的两端开放的圆柱形腔体测量探头在皮肤表面形成相对稳定的测试小环境，通过两组温度、湿度传感器测定近表皮（约 1cm 以内）由角质层水分散失形成的在不同两点的水蒸气压梯度，直接测出经表皮蒸发的水分量。

（二） 测定方法

1. 材料

材料主要有经皮失水率测定仪、待测样品等。

2. 受试者选择

受试者选择标准与电容测试法的相同。

3. 测定过程

测定过程包括：①调整测定环境：温度为 21±1℃，相对湿度为 50±5%。②有效测定受试者至少 30 人，受测部位洁净且近期无污染。③受试者测试前在测试环境中静坐 30 分钟，不喝水，暴露受测部位。④按照仪器说明书要求进行操作。⑤先测量各测试区的空白值，然后分别在涂抹样品 1 小时、2 小时、4 小时后再测量。⑥根据数值变化评价样品的保湿效果。

第三节　美白祛斑化妆品功效性检测与评价

美白祛斑化妆品主要是通过抑制黑素的合成以及干扰、影响黑素的代谢途径而达到美白效果的，因而针对美白祛斑化妆品的功效性评价应该围绕美白活性成分对黑素的影响来进行。目前主要是通过检测黑素、黑素合成的关键酶以及皮肤的黑素指数，来评价此类化妆品的美白功效。

一、体外酪氨酸酶活性检测

酪氨酸酶是黑素合成的主要调控酶，通过检测美白祛斑化妆品中活性成分对酪氨酸酶活性的抑制效果，可间接评价该化妆品的功效。生化酶学法是常用的体外酪氨酸酶活性检测的方法，该方法操作简单、重复性好，是初步筛选美白祛斑化妆品活性成分的方法之一。

（一） 原理

黑素是以酪氨酸为底物经过多步酶促反应而合成的。在合成过程中，酪氨酸首先转化为多巴，多巴进一步被氧化为多巴醌，这两个反应均需要酪氨酸酶的催化。多巴醌作为黑素形成的重要中间体，在 475nm 处有明显的吸收峰。测定 475nm 处的吸光度，可得出反应液中多巴醌的含量，表明酪氨酸酶的催化活性，进一步计算美白祛斑活性成分对酪氨酸酶的抑制率。

（二） 方法

1. 材料

材料主要有酪氨酸酶溶液、酪氨酸、待测样品、pH 值为 6.8 的磷酸缓冲液以及分光光度计等。

2. 检测步骤

具体步骤如下：①以磷酸缓冲液作为溶剂配制 2.0mmol/L 的酪氨酸溶液。②空白组：在配制好的酪氨酸溶液中加入一定量酪氨酸酶溶液，于 37℃反应 10 分钟。③检测组：在配制好的酪氨酸溶液中加入一定量酪氨酸酶溶液及待测样品，于 37℃反应 10 分钟。④分光光度计分别测定空白组和检测组反应液在 475nm 的光吸收度。⑤利用公式计算待测样品对酪氨酸酶活性的抑制率

$$酶活抑制率（\%）= [(O_1—O_2)/O_1] \times 100$$

式中：O_1—空白组的吸光值；O_2—检测组的吸光值。

二、细胞内黑素形成率的检测

皮肤中黑素的合成是在黑素细胞内进行的，体外酪氨酸酶活性检测的方法只能表明美白祛斑活性成分与酶直接接触时能否抑制酶的活性，而不能表明该成分能否穿过黑素细胞膜，细胞内黑素含量检测是美白祛斑活性成分功效评价的直接手段。常用生物化学–分光光度法对细胞中黑素含量进行测定。

（一） 原理

利用体外细胞培养技术，在适合的条件下培养人体黑素细胞（可用黑素瘤细胞或小

鼠 B16 黑素瘤细胞代替），在 490nm 波长下检测细胞内黑素的吸光度，计算黑素形成率，评价待测样品对细胞内黑素生成的影响。

（二）方法

1. 材料

材料主要有酶标仪、黑素细胞、细胞培养液、氢氧化钠、二甲基亚砜、待测样品等。

2. 检测步骤

主要步骤如下：①在 37℃、5%CO$_2$、饱和湿度环境下，用黑素细胞培养液体外培养黑素细胞，至达到要求。②在培养液中加入待测样品继续培养一定时间，作为检测组；不加待测样品其余操作同检测组，作为空白组。③收集细胞悬液，以含 10%二甲基亚砜的氢氧化钠溶液，65℃水浴溶解黑色颗粒。④酶标仪检测溶液在 490nm 处的吸光度。⑤按以下公式计算黑素的形成率。

$$黑素形成率（\%）=（O_2/O_1）×100$$

式中：O_1—空白组的吸光值；O_2—检测组的吸光值。

三、人体皮肤色度检测

美白祛斑化妆品可以作用于皮肤黑素合成、转运等代谢过程的各个阶段，降低皮肤色度或减少色素沉着。可通过色素系统和皮肤色度测量仪检测皮肤亮度和色度的变化，用以评价皮肤中黑素的含量。人体皮肤 Lab 色度检测法可用于人体皮肤色度的检测，该方法能够直接评价美白祛斑化妆品的美白功效。

（一）原理

Lab 色度系统中 L、a、b 表示色空间的三维坐标值，三个值可以确定颜色在色空间的位置，使颜色变化以数值的形式表达出来。L 代表皮肤黑白度，数值越大表示皮肤越亮；a 代表红绿度，数值越大表示皮肤颜色越偏向于红色；b 代表蓝黄度，数值越大表示皮肤颜色越偏向于黄色。三者能够反映美白祛斑化妆品使用前后皮肤色度的变化。

（二）方法

1. 材料

材料主要有三刺激比色计、待测样品等。

2. 受试者选择

受试者选择标准与 SPF 值人体测定方法中的选择标准相同。

3. 检测步骤

主要步骤如下：①调整测试环境，温度为 21±1℃，相对湿度为 50±5%。②选取健康受试者的两前臂内侧 2cm×2cm 区域为受试部位，一侧为检测区，另一侧为对照区。

③检测区每日早晚涂抹待测样品各一次，对照区每日早晚涂抹对照化妆品各一次，分别于第1、2、4、6、8周用三刺激比色计分别检测两受试部位皮肤的色度。④根据色度变化评价待测样品的美白祛斑功效。

第四节　其他化妆品功效性检测与评价

一、延缓皮肤衰老化妆品功效性检测与评价

延缓皮肤衰老化妆品可以通过深层保湿、高效防晒、补充营养、增强细胞增殖和代谢能力、重建皮肤细胞外基质等多条途径发挥作用，其保湿、防晒、美白作用以及皮肤弹性和皱纹的检测均可从不同角度评价其功效。本部分只介绍前文未涉及的皮肤弹性和皱纹的检测。

（一）皮肤弹性的检测

皮肤弹性能够反映皮肤老化的程度，也是延缓皮肤衰老化妆品功效评价的直观指标之一。目前多采用皮肤弹性测试仪直接测定人体皮肤的弹性。

1. 原理

皮肤弹性测试仪测试原理：基于吸力和拉伸原理，在被测试的皮肤表面产生负压，将皮肤吸进测试探头内，通过探头内的非接触式光学测试系统检测吸进皮肤的深度及时间，然后通过仪器的弹性分析系统的分析来确定皮肤的弹性性能。

2. 方法

清洁受试者的检测部位，按照仪器说明书操作，打开软件，将探头轻轻按压在皮肤上，点击"测量"，仪器开始产生负压，至特定数值，皮肤开始被吸入探头，直至结束，此过程中探头不能脱离皮肤。

（二）皮肤皱纹的检测

皱纹是皮肤老化的典型最初征兆，适当的化妆品能够延缓皱纹发展的进程。皮肤皱纹检测仪可以测定人体皮肤的皱纹状态。

1. 原理

皮肤皱纹检测仪有一个特殊探头，探头内有紫外光源的皮肤图像CCD测试系统，能够获得皮肤表面的图像，并输入电脑，通过专用的活性皮肤表面评价软件分析得到皮肤皱纹相关的参数。

2. 方法

清洁受试者的检测部位，按照仪器说明书操作，检测时将探头置于皮肤上，注意不要紧压皮肤，以免皮肤表面形态发生变化，当得到最清楚的皮肤图像后，轻轻按一下测试探头上的按钮，皮肤图像被定格在监视器上，通过专用的活性皮肤表面评价软件处理分析，得到皮肤皱纹相关的参数。

二、抗痤疮化妆品功效性检测与评价

痤疮的发生与皮脂分泌过多、毛囊皮脂腺导管堵塞、细菌感染等因素密切相关。抗痤疮化妆品具有抑制皮脂分泌、抑菌抗炎等作用，所以可通过皮肤表面脂质检测和抑菌试验来评价抗痤疮化妆品的功效。

（一）皮肤表面脂质检测

可采用消光胶带法检测皮肤表面脂质。

1. 原理

采用皮肤油脂检测仪进行皮肤表面脂质的检测。它是基于光度计原理，在仪器的测试探头处覆盖有一层0.1mm厚的特殊消光胶带，此消光胶带可以吸收人体皮肤上的油脂，吸收油脂后变成半透明状，吸收的油脂越多，透光量越大，通过检测消光胶带前后透光量发生的变化，即可测出皮肤油脂含量的变化。

2. 方法

调整检测环境温度为21±1℃、相对湿度为50±5%，清洁受试者检测部位，适应检测环境30分钟。按照皮肤油脂检测仪说明书，将油脂测试探头插入主机上相应的油脂测试孔，轻轻按压，记录吸收油脂之前透光量；然后将探头按压在皮肤上30秒，再将探头插入主机油脂测试孔，轻轻按压，测透光量，获得皮肤表面脂质数值。

（二）抑菌试验

痤疮主要由痤疮丙酸杆菌、表皮葡萄球菌、糠秕马拉色菌等微生物感染引起，抗痤疮化妆品具有抑菌作用，抑菌率能够评价其功效。

1. 材料

材料主要有痤疮丙酸杆菌、表皮葡萄球菌、糠秕马拉色菌、每种细菌培养用物品、待测样品等。

2. 试验步骤

试验主要步骤如下：①将各细菌分别用磷酸缓冲盐溶液（PBS）制备成10^6 CFU/mL菌悬液。②将1g待测样品加入0.1mL菌悬液中，静置20分钟后，将混合液稀释成10倍、100倍和1000倍。③将各稀释液分别取1mL与培养基混合，每个浓度三个平行培养皿，培养后计数菌落，取平均数，同时设置空白组。④按照以下公式计算抑菌率，并根据抑菌率评价待测样品的功效，评价方法见下表（表13-5）。

$$抑菌率（\%）= [(A-B)/A] \times 100$$

式中：A—空白组菌落总数平均值；B—待测样品组菌落总数平均值。

表 13-5　抗痤疮化妆品抑菌功效评价表

菌种	抑菌率（%）		
痤疮丙酸杆菌	≥90	50~90	<50
表皮葡萄球菌	≥90	50~90	<50
糠秕马拉色菌	≥90	50~90	<50
抗痤疮化妆品功效性	显效	有效	无效

复习思考题

1. SPF 值人体测定的原理是什么？

2. 简述电容法测定保湿化妆品功效的检测过程。

3. 简述人体皮肤 Lab 色度法评价美白祛斑化妆品功效性的基本原理。

4. 如何根据抑菌试验结果评价抗痤疮化妆品的功效？

扫一扫，见答案

参考文献

［1］刘刚勇．化妆品原料［M］．北京：化学工业出版社，2017

［2］裘炳毅，高志红．现代化妆品科学与技术［M］．北京：中国轻工业出版社，2015

［3］唐冬雁，董银卯．化妆品——原料类型·配方组成·制备工艺［M］．北京：化学工业出版社，2018

［4］杨梅，李忠军，傅中．化妆品安全性与有效性评价［M］．北京：化学工业出版社，2016

［5］高虹，孙婧．美容化妆品技术［M］．北京：化学工业出版社，2018

［6］谷建梅．化妆品与调配技术［M］．3版．北京：人民卫生出版社，2019

［7］冯年平，朱全刚．中药经皮给药与功效性化妆品［M］．北京：中国医药科技出版社，2019

［8］彭冠杰，郭清泉．美白化妆品科学与技术［M］．北京：中国轻工业出版社，2019

［9］王培义．化妆品——原理·配方·生产工艺［M］．北京：化学工业出版社，2008

［10］刘玮，张怀亮．皮肤科学与化妆品功效评价［M］．北京：化学工业出版社，2005

［11］李利．美容化妆品学［M］．北京：人民卫生出版社，2011

［12］袁辉，李校堃．现代生物技术与美容［M］．北京：化学工业出版社，2007